高等学校信息安全专业"十二五"规划教材

周学广 任延珍 孙艳 张立强 编著

信息内容安全

武汉大学出版社

图书在版编目(CIP)数据

信息内容安全/周学广,任延珍,孙艳,张立强编著.—武汉:武汉大学出版社,2012.11(2019.6 重印)

高等学校信息安全专业"十二五"规划教材

ISBN 978-7-307-10212-5

Ⅰ.信… Ⅱ.①周… ②任… ③孙… ④张… Ⅲ.信息安全—高等学校—教材 Ⅳ.TP309

中国版本图书馆 CIP 数据核字(2012)第 240093 号

责任编辑:黎晓方　　责任校对:刘　欣　　版式设计:马　佳

出版发行:**武汉大学出版社**　(430072　武昌　珞珈山)

(电子邮箱:cbs22@whu.edu.cn 网址:www.wdp.com.cn)

印刷:北京虎彩文化传播有限公司

开本:787×1092　1/16　印张:15.5　字数:387 千字

版次:2012 年 11 月第 1 版　　2019 年 6 月第 2 次印刷

ISBN 978-7-307-10212-5/TP · 451　　定价:39.00 元

高等学校信息安全专业规划教材

编　委　会

序 言

人类社会在经历了机械化、电气化之后，进入了一个崭新的信息化时代。

在信息化社会中，人们都工作和生活在信息空间（Cyberspace）中。社会的信息化使得计算机和网络在军事、政治、金融、工业、商业、人们的生活和工作等方面的应用越来越广泛，社会对计算机和网络的依赖越来越大，如果计算机和网络系统的信息安全受到破坏将导致社会的混乱并造成巨大损失。当前，由于敌对势力的破坏、恶意软件的侵扰、黑客攻击、利用计算机犯罪等对信息安全构成了极大威胁，信息安全的形势是严重的。

我们应当清楚，人类社会中的安全可信与信息空间中的安全可信是休戚相关的。对于人类生存来说，只有同时解决了人类社会和信息空间的安全可信，才能保证人类社会的安全、和谐、繁荣和进步。

综上可知，信息成为一种重要的战略资源，信息的获取、存储、传输、处理和安全保障能力成为一个国家综合国力的重要组成部分，信息安全已成为影响国家安全、社会稳定和经济发展的决定性因素之一。

当前，我国正处在建设有中国特色社会主义现代化强国的关键时期，必须采取措施确保我国的信息安全。

发展信息安全技术与产业，人才是关键。人才培养，教育是关键。2001年经教育部批准，武汉大学创建了全国第一个信息安全本科专业。2003年，武汉大学又建立了信息安全硕士点、博士点和博士后流动站，形成了信息安全人才培养的完整体系。现在，设立信息安全专业的高校已经增加到80多所。2007年，“教育部高等学校信息安全类专业教学指导委员会”正式成立。在信息安全类专业教指委的指导下，“中国信息安全学科建设与人才培养研究会”和“全国大学生信息安全竞赛”等活动，开展得蓬蓬勃勃，水平一年比一年高，为我国信息安全专业建设和人才培养作出了积极贡献。

特别值得指出的是，在教育部的组织和领导下，在信息安全类专业教指委的指导下，武汉大学等13所高校联合制定出我国第一个《信息安全专业指导性专业规范》。专业规范给出了信息安全学科结构、信息安全专业培养目标与规格、信息安全专业知识体系和信息安全专业实践能力体系。信息安全专业规范成为我国信息安全专业建设和人才培养的重要指导性文件。贯彻实施专业规范，成为今后一个时期内我国信息安全专业建设和人才培养的重要任务。

为了增进信息安全领域的学术交流，并为信息安全专业的大学生提供一套适用的教材，2003 年武汉大学出版社组织编写出版了一套《信息安全技术与教材系列丛书》。这套丛书涵盖了信息安全的主要专业领域，既可用做本科生的教材，又可用做工程技术人员的技术参考书。这套丛书出版后得到了广泛的应用，深受广大读者的厚爱，为传播信息安全知识发挥了重要作用。2008年，为了反映信息安全技术的新进展，更加适合信息安全专业的教学使用，武汉大学出版社对原有丛书进行了升版。2011年，为了贯彻实施信息安全专业规范，给广大信息安全专业学生提供一套符合信息安全专业规范的适用教材，武汉大学出版社对以前的教材进行了根本性的调整，推出了《高等学校信息安全专业规划教材》。这套新教材的最大特点首先是符合信息安全专业规范。其次，教材内容全面、理论联系实际、努力反映信息安全领域的新成果和新技术，特别是反映我国在信息安全领域的新成果和新技术，也是其突出特点。我认为，在我国信息安全专业建设和人才培养蓬勃发展的今天，这套新教材的出版是非常及时的和有益的。

我代表编委会向这套新教材的作者和广大读者表示感谢。欢迎广大读者提出宝贵意见，以便能够进一步修改完善。

编委会主任，中国工程院院士，武汉大学兼职教授

2012年1月8日

前 言

自 2003 年 7 月中办[2003]27 号文件转发以来，信息安全事业在我国已经得到十年的长足发展，信息安全学科研究问题更为体系化、结构化和全面化，根据国家教指委《信息安全专业指导性专业规范》项目组研究报告，信息安全学科已经细化为密码学、网络安全、信息系统安全和信息内容安全四个研究方向，其中，信息内容安全主要考虑信息内容在政治、法律和道德方面的要求，强调信息内容安全的基本概念、基本理论、基本技术和相关实践能力。

根据武汉大学计算机学院和武汉大学出版社关于信息安全系列教材编写规划，在武汉大学张焕国教授的倡议下，由海军工程大学信息安全系周学广教授组织《信息内容安全》教材写作组，历时一年完成了本书写作任务。其中，周学广完成本书第 1、2、3 章以及第 8 章的编著工作；由海军工程大学孙艳博士完成第 4、7 两章的编著工作；由武汉大学计算机学院副教授任延珍博士完成第 5、6 两章的编著工作；由武汉大学软件工程国家重点实验室张立强博士完成第 9 章的编著工作。全书由周学广完成统稿和定稿工作。

在本书编著期间，得到许多领导和专家的关注和指导，他们是：赵永甫、张焕国、高敬东、王丽娜、苗小伟、吴晓平、王永富、高俊、贲可荣等，在此一并表示感谢。另外，除书中各章后面所列的参考文献外，本书还可能无意地用到了一些学者的研究成果和文献，受篇幅所限无法一一列出，在此也对他们的工作表示衷心感谢。

周学广

2012 年 9 月于海军工程大学

目 录

第 1 章　绪　论

中国共产党第十七届六中全会提出关于发展健康向上网络文化。国家互联网信息办联合国家九个职能部委2012年2月提出在全国深入开展整治互联网和手机传播淫秽色情及低俗信息专项行动，净化网络环境、保护青少年健康成长，加大网络执法力度，严厉打击传播网络淫秽色情违法犯罪活动，坚决切断淫秽色情和低俗信息传播的利益链条，全面净化互联网和手机媒体环境。这里，互联网和手机媒体环境，就是本书的研究对象互联网信息内容安全。

信息内容安全是研究信息安全在政治、法律、道德层次上的要求，强调信息内容安全的基本概念、基本理论和基本技术的一门新兴学科。本章 1.1 节首先介绍信息内容安全概念，然后 1.2 节讨论信息内容安全与信息安全关系，1.3 节构建信息内容安全管理体系，1.4 节研究信息内容安全与法律。

1.1　信息内容安全概念

本节主要给出信息内容安全概念、信息内容安全威胁和信息内容安全起因。

1.1.1　信息内容安全定义及内涵

互联网在中国得到迅猛发展，已成为继报刊、广播、电视等传统大众媒体之后的第四媒体，它对社会政治、经济、文化等各个方面都产生了革命性的影响，它具有开放性、匿名性、自主性、交互性和广容性等特点。

截至 2011 年 12 月底，我国网民总数突破 5 亿大关，同时手机网民规模达到 3.56 亿[1]。广大网民利用网络进行交流，表达观点，参与政治，网络民意的影响越来越大。网民中出现了“网络敌手”、“网络水军”，这些人有时制造假民意，目的是左右舆论，误导受众，甚至影响政府决策，值得注意与警惕。在巨大的信息浪潮中，互联网信息内容安全问题无处不在，主要问题有：互联网已经成为敌对势力的舆论宣传工具和宣传场所；垃圾邮件像瘟疫一样蔓延、污染网络环境，影响网络的正常通信；网络上传播淫秽、色情、暴力等不良内容以及参与赌博、传销等非法活动的网站数量越来越多；企业网（Intranet）存在使用率、带宽利用率两方面的低效率现象；绿色免费网吧活动出现叫好不叫座现象。

定义 1　信息内容安全（Information Content Security, ICS）

我们把了解信息内容安全的威胁，掌握信息内容安全的基本概念，熟悉或掌握信息内容的获取、识别和管控基本知识和相关操作技术的学科，称为信息内容安全[2]。

我们要求信息内容是安全的，就是要求信息内容在政治上是健康的，在法律上是符合国家法律法规的，在道德上是符合中华民族优良的道德规范的。信息内容安全旨在分析识别信息内容是否合法，确保合法内容的安全，阻止非法内容的传播和利用。信息内容安全领域的主要研究内容有：信息内容安全的威胁；信息内容安全的法律保障；信息内容的获取；信息内容的分析与识别；信息内容的管控。信息内容安全涉及的关键技术包括：内容获取技术、内容过滤技术、内容管理技术以及内容还原技术。

广义的信息内容安全既包括信息内容在政治、法律和道德方面的要求，也包括信息内容的保密、知识产权保护、隐私保护等诸多方面。本书只考虑信息内容在政治、法律和道德方面的要求，强调信息内容安全的基本概念、基本理论和基本技术。表 1-1 归纳了信息内容安全内涵。

表 1-1　　信息内容安全内涵

领域	内涵	关键技术
政治方面	防止来自国内外反动势力的攻击、诬陷以及西方的和平演变阴谋，维护社会稳定	内容管理、内容还原
安全方面	防止国家、军队和企业机密信息被窃取、泄露和流失	内容管理
宗教方面	防止法轮功等邪教组织利用宗教信仰传播不利于和谐社会的内容	内容管理
破坏方面	防止病毒、垃圾邮件、网络蠕虫等恶意信息耗费或破坏网络资源	内容过滤、内容还原
健康方面	在传播过程中剔除色情、淫秽和暴力内容，使人们健康上网	内容过滤
生产方面	防止非生产力网络浏览、提高企业网络使用效率	内容管理
隐私方面	防止个人隐私被盗取、倒卖、滥用和扩散	内容管理、内容还原
产权方面	防止知识产权和数字化知识产权被剽窃、盗用	内容管理

1.1.2　信息内容安全威胁

信息内容安全威胁主要体现在以下三点：

（1）信息内容安全威胁国家安全。从地域的角度看，互联网信息传播的途径主要有两种：第一种是信息源在国外，信息由国外境外传入国内（包括国内信息由各种途径传送至国外境外，再由国外境外信息源传播至国内）产生影响；第二种是信息源在国内，信息主要也是在国内传播并产生影响。举两个事例。例一是伊朗政府切断其互联网与世界其他网络联系，直接导致数百万伊朗民众无法登录邮箱和社交网站①。伊朗政府此举，缘于伊朗核电站曾遭受十分严重的攻击，而“祸首”正是网上病毒。2010 年 11 月，伊朗核电站控制系统遭受一种名为“震网”电脑病毒的大规模攻击。据媒体报道，这次网络攻击很可能是外国策划实施的。虽然此次攻击没能摧毁伊朗核设施，但却导致伊朗浓缩铀工厂内约 1/5 的离心机报废，从而达到了延迟伊朗核进程的目的。后来，“震网”这种被设计成专门袭击离心机的病毒，经过“适当调整后”又转而攻击工业控制系统，这使得该病毒在全球范围内迅速扩散开来，仅 7 天时间就感染了近 4.4 万台电脑。例二是美国新法案《像保护国有资产一样保护互联网空间法案 2010》赋予美国总统于“国家紧急事态”下关闭互联网权力[3]。美国的国家信息安全战略已经进入“网络威慑”期[4]，经历了一个“从预防为主到先发制人”的演化过程，手段经历了

① http://www.anti-spam.cn/ShowArticle.php?id=11505

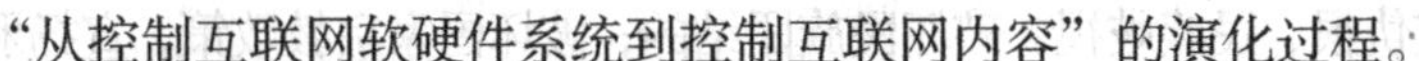

“从控制互联网软硬件系统到控制互联网内容”的演化过程。

（2）信息内容安全威胁公共安全。信息对公共安全构成影响主要有两种类型：一是网络谣言及网络假新闻（通过有公信力的网站发布的虚假新闻）；二是对集体行动进行动员组织的信息，以中国 2011 年的“谣盐”事件为例[①]。2011 年 3 月 11 日日本东北部地区突发 9.0 级大地震后，位于本州岛福岛的核电站发生爆炸并出现核泄漏；自 3 月 16 日开始，由于外界盛传服用碘盐可以抵抗核辐射，引发中国大陆沿海地区十多个省、市、区民众大量抢购、囤积碘盐。因为类似于“服用碘盐可以抵抗核辐射”及“此后一段时间内生产出来的盐将受到核污染”的说法并无科学事实依据，只是少数网民制造的谣言；又因为此事与盐有关，且与“言”谐音，故以“谣盐”代指“谣言”，亦代指此次抢购碘盐的事件。产生这种行为的反应，理论称为“惊遁”，说明民众心理太脆弱了，是一种不正常的现象。其实无论面对什么灾难、谣言，冷静都是最好的状态。盲从不理性的行为，只会造成社会恐慌，扰乱正常的社会生活秩序。

（3）信息内容安全威胁文化安全。文化在社会科学上表明的意义，是指日常生活中所持的信念、价值观和生活方式。身价过亿、一度被当做重庆互联网创业者的标杆、捧红网络歌手香香和热门网络歌曲《老鼠爱大米》的音乐网站分贝网 CEO 郑立，重庆彩蓝科技有限公司 CEO 戴泽焱，重庆“热点网络”公司 CEO 龚兆伟等人为首的 20 人组织淫秽表演犯罪团伙，一年多的时间里，光顾该视频聊天网站的注册人员高达 317 万多人，该团伙因此获取暴利 1980 万元。案件惊动了公安部[②]，2010 年该案件被重庆、湖北警方破获。

1.1.3 信息内容安全起因

网络信息内容安全的产生原因比较复杂，可能是原始信息不准确或是信息发布者在信息处理过程中的无意行为产生的，也可能是信息发布者为了政治斗争需要或是受到经济利益诱惑而对信息进行有意干扰后产生的。主要原因可归纳为以下四条：

（1）原始信息不准确。这是产生不良信息最直接的原因：首先，信息采集者的消息来源及信息的准确度受到信息采集的制约。其次，在网络传输过程中，信息的准确性受到带宽、传输延时、能量等因素影响。在传感器网络应用和 RFID 应用场合，周围环境也将影响原始信息的准确度，产生不良信息。再次，网络用户在信息传递中使用基于网络字典的“网络语言”，导致不良信息出现。最后，信息处理过程中的无意行为。很明显，信息处理过程中，人的行为是可能存在一定比率的无意识出错行为的。例如，在中文写作中存在错别字，就有可能导致与错别字相关的关键词成为不良信息。而在中文输入过程中经常出现的串行、漏行现象，也会造成相关文档出现不良信息。

（2）政治斗争需要。境内外敌对势力依托互联网，采用中文主动干扰技术，源源不断地制作和传播大量本应受到严格管制的有害信息和不良信息，将互联网演变为对我国进行西化、分化的新“阵地”，导致网络上出现大量的中文不良信息。网上有政治，网上有斗争。中国面临的上述两种情况的形势和斗争十分复杂、严峻。中国作为一个主权国家，必然要将国家安全置于首位，对于互联网有害信息内容的传播必须给予切断。中国颁布的互联网法规中明确规定，互联网信息服务提供者不得制作、复制、发布、传播含有下列内容的信息：反对宪法所确定的基本原则的；危害国家安全，泄露国家秘密，颠覆国家政权，破坏国家统一的；损

① http://baike.baidu.com/view/5380032.htm

② http://china.nfdaily.cn/content/2010-01/03/content_7754238.htm

害国家荣誉和利益的；煽动民族仇恨、民族歧视，破坏民族团结的；破坏国家宗教政策，宣扬邪教和封建迷信的；散布谣言，扰乱社会秩序，破坏社会稳定的；散布淫秽、色情、赌博、暴力、凶杀、恐怖或者教唆犯罪的；侮辱或者诽谤他人，侵害他人合法权益的；含有法律、行政法规禁止的其他内容的。含有以上内容的信息，就是通常指称的“不良信息”或“有害信息”。

（3）经济利益诱惑。以垃圾邮件和色情网站为例。据 RadicatiGroup 全球电子邮件相关数据预测，2011 年网络垃圾邮件增长率达到 85%①。2011 年第三季度，我国 PC 机用户每周接收垃圾邮件 14.9 封，占收到邮件总数 33.7%；手机邮箱用户每周收到垃圾邮件 12.7 封，占收到邮件总数 35.1%，每周处理网络垃圾邮件需要 8.4 分钟②。以每封垃圾邮件带给制造者 0.01 元利益计算，这些垃圾邮件每年将为制造者带来约 100 亿元以上的收入。巨大的经济利益诱惑众多的网络技术人员和信息技术爱好者成为网络垃圾信息和色情信息制造者，导致网络上出现大量的不良信息。

（4）中文语言特性不利于自动信息处理。由于汉语的词缺乏形态变化，且不同语言单位（语素、词、短语、句子乃至篇章）之间的界限不清，包括中文分词的困难性，造成中文文本自动处理一直是中文信息处理最困难的工作之一。别有用心的网络攻击者依据汉语同音字、繁体字与简体字并存的特点，采用同音字、繁体字代替文本关键词中的某个字，从而导致绝大多数现有的过滤器对这类遭受过中文主动干扰的关键词“视而不见”，造成中文 Web 不良信息泛滥。

1.2 信息内容安全与信息安全关系

作为新兴的边缘交叉学科，信息内容安全与相关学科、尤其是信息安全学科息息相关。本节分别从学科外延与内涵、学科科学研究方法以及《信息安全专业指导性专业规范》上分析这两者的关系，给出这两个学科明晰的研究结果。

1.2.1 学科外延及内涵的关系

信息安全学科是研究确保信息的完整性、可用性、保密性、可控性以及可靠性的一门综合性新型边缘学科[5]。信息安全学科研究内容包括信息设备安全、数据安全、内容安全和行为安全等四个方面问题。信息系统硬件结构的安全和操作系统的安全是信息系统安全的基础，密码、网络安全等技术是关键技术。只有从信息系统的硬件和软件的底层采取安全措施，从整体上采取措施，才能比较有效地确保信息系统的安全[6]。当前，信息安全学科的主要研究方向有：密码学，网络安全，信息系统安全和信息内容安全。可以预计，随着信息安全科学技术的发展和应用，一定还会产生新的信息安全研究方向，信息安全的研究内容将更加丰富。由此可知，信息安全包含信息内容安全。

根据表 1-1 和定义 1，信息内容安全主要是研究禁止非法的内容进入和有价值的内容泄露的一门学科。信息内容安全关键技术主要包括：信息内容管理（Information Content Management, ICMa）、信息内容过滤（Information Content Filtering, ICF）、信息内容监控（Information Content Monitoring，ICMo）和信息内容还原（Information Content Restore, ICR）。

---

① http://www.anti-spam.cn

② http://www.anti-spam.cn/pdf/2011-03.pdf

信息内容管理是根据设定的条件，用户受限浏览使用数字内容，但可以自由浏览使用非受限数字内容。信息内容过滤是指采用安全策略堵塞或过滤掉那些不良或恶意的数字内容。信息内容监控是由政府和军队执法机构（如公安、司法以及军队有关部门）采用安全策略监控和管理与国家安全、社会稳定、军队指挥紧密相关的数字内容，并有权直接处理与其安全策略不相符的内容。信息内容还原是指协议还原技术，网络为了起到安全高效传输的作用，在传输过程中包含了大量的协议，必须从有效信息中剔出协议数据，这就是网络协议还原。目前需要分析的协议主要包括 HTTP、FTP、SMTP、POP3、TELNET 和各类 IM 协议。

综上，在外延上，信息安全学科包容了信息内容安全学科；在内涵上，信息内容安全学科研究问题更为具体，而信息安全学科研究问题更为体系化、结构化和全面化。

1.2.2 学科科学研究方法区别

信息安全学科是综合计算机、电子、通信、数学、物理、生物、管理、法律和教育等学科发展演绎而形成的交叉学科。信息安全学科与这些学科既有紧密的联系和渊源，又具有本质的不同，从而构成一个独立的学科。信息安全学科是研究信息的获取、存储、传输和处理中的安全威胁和安全保障的新兴学科。信息安全学科已经形成了自己的理论、技术和应用，并服务于信息社会。信息安全学科归于工学，表 1-2 给出了信息安全支撑技术。由于信息安全理论与技术的内容十分广泛，信息安全学科仍在发展壮大中。

表 1-2 **信息安全支撑技术**

信息安全支撑技术	研究方向	关键技术
密码学	密码基础理论	密码函数、密码置换、序列及其综合、认证码理论、有限自动机理论等
	密码算法研究	序列密码、分组密码、公钥密码、哈希函数等
安全协议	安全协议设计	单机安全协议设计、网络安全协议设计
	安全协议分析	经验分析法、形式化分析
信息隐藏	数字水印	数字版权保护、匿名通信等
	隐蔽通信	隐写术、隐通道、阈下通信等
安全基础设施	PKI/KMI/PMI	产生、发布和管理密钥与证书等安全凭证
	检测/响应基础设施	预警、检测、识别可能的网络攻击，响应攻击并对攻击行为进行调查分析等
系统安全	主机安全	访问控制、病毒检测与防范、可信计算平台、主机入侵检测、主机安全审计、主机脆弱性扫描等
	系统安全	数据库安全、数据恢复与备份、操作系统安全等
网络安全	网络硬件安全	防火墙、VPN、网络入侵检测、安全接入、安全隔离与交换、安全网关等
	信息内容安全	内容管理、内容过滤、内容监控、垃圾邮件处理、恶意代码检测与防范等
	网络行为安全	网络安全管理、网络安全审计、网络安全监控、应急响应等

信息内容安全以网络为主要研究载体，对信息处理速度要求高（近实时）、处理吞吐量大（达到TB级）、自动处理功能需求强烈。信息内容安全属于通用网络内容分析技术，对特征选取、数据挖掘、机器学习、信息论、统计学、中文信息处理等多门学科的研究，不仅促进了信息分析技术的发展，也为信息内容安全研究提供了有力的技术支撑。

信息内容安全与信息安全研究方法的区别在于：

信息安全是使用密码学方法为信息制作安全的信封，解决信息的“形式”保护问题，而不需要理解信息的“内容”。换言之，采用密码学解决信息安全问题，使没有得到授权的人不能打开这个信封。

信息内容安全则需要“直接理解”信息内容，对海量、非结构化数据进行实时判断：哪些是“好信息”？哪些是“坏信息”？并尽可能地完成对坏信息的封堵和过滤自动处理。

研究信息内容安全问题的首要条件，是必须由用户明确定义信息的“安全准则”，包括：安全领域（关注什么领域的信息内容安全问题），安全标准（什么是安全的信息内容，什么是不安全的信息内容），这样才能据以判断具体的信息是否符合所定义的安全准则。可见，信息内容安全问题是“面向特定领域”的，取决于用户当时的关注域，而不是“全方位”的。

研究信息内容安全问题的过程，是在“理解信息内容”基础上的“三分类”过程[7]。

（1）句法分析：判断“信息是否为可读语句”，又称为语句分类。

（2）主题分类：判断“由可读语句表达的信息是否属于所关注的安全领域”，又称领域分类或主题分类。

（3）倾向分类：判断“落入某领域的信息是否符合所定义的安全准则”，又称安全分类。

这样，信息内容安全问题就可以归纳为“三分类”问题，“三分类”模型参见图1-1。

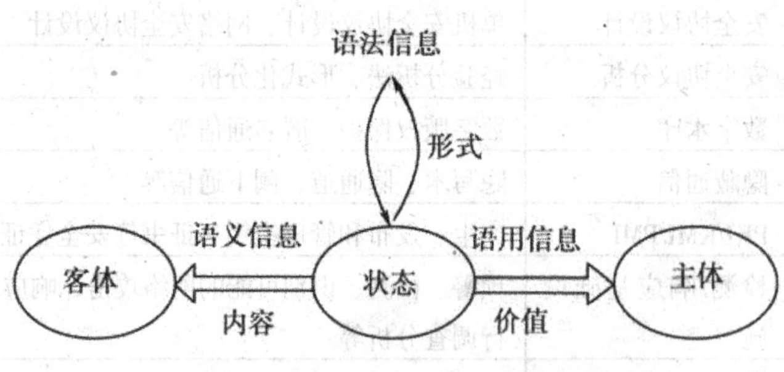

图1-1 信息内容安全“三分类”模型

1.2.3 学科专业规范区别

信息安全基础（Information Security Base，ISB）是信息安全学科的一些基础内容。信息安全基础知识领域由信息安全概念知识单元，信息安全数学基础子知识领域、信息安全法律基础知识单元和信息安全管理基础知识单元四个部分组成。而信息安全数学基础子知识领域又由数论、代数结构、计算复杂性、逻辑学、信息论、编码学和组合数学七个知识单元组成，由于内容丰富，该单元单独设课。图1-2示出了它们之间的结构。

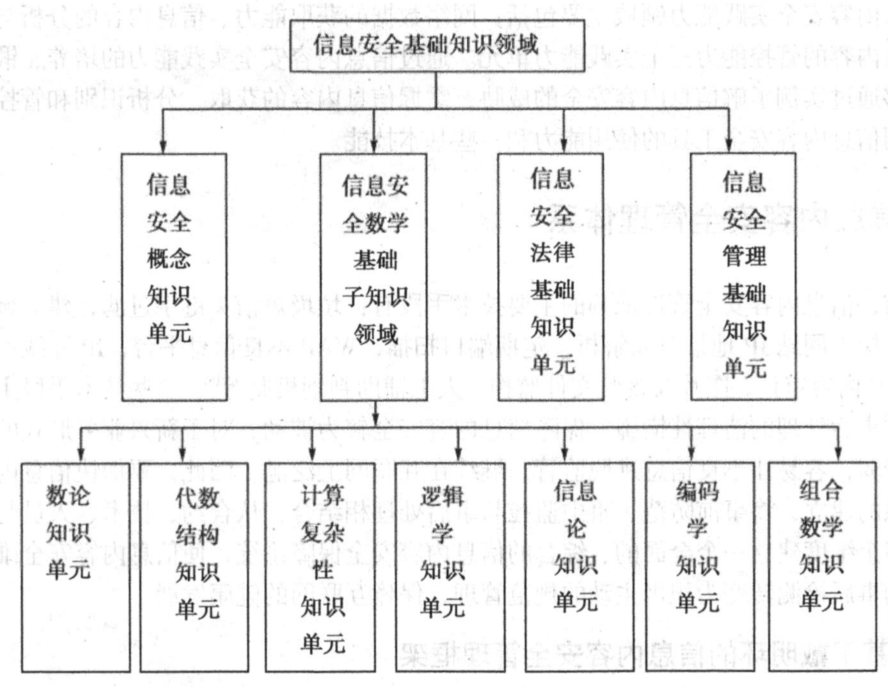

图 1-2　信息安全基础知识领域结构

信息安全基础中的信息安全概念主要介绍对信息安全的威胁、信息安全的基本概念和确保信息安全的措施等基本知识。信息安全数学是信息安全学的理论基础之一，如：数论、代数结构、组合数学、计算复杂性、信息论等是密码学的基础，逻辑学是网络协议安全的基础。信息安全法律基础介绍信息安全领域中的一些基本法律知识。信息安全管理基础介绍信息安全领域中的一些基本管理知识。信息安全法律和信息安全管理知识则是对整个信息安全系统的设计、实现与应用都有指导性作用的。

信息内容安全（ICS）旨在分析识别信息内容是否合法，确保合法内容的安全，阻止非法内容的传播和利用。信息内容安全的知识单元包括：信息内容安全的概念（ICS–1），网络数据的获取（ICS–2），信息内容的分析与识别（ICS–3）以及信息内容的管控（ICS–4）等。因为不再单独设立信息内容安全法律法规课程，所以在 ICS–1 中还包括了少量的与信息内容安全相关的法律法规内容。

信息内容安全的重点是 ICS–2、ICS–3 和 ICS–4。ICS–2 包括：网络数据获取的概念、网络数据的被动获取技术、网络数据的主动获取技术。学习目标：掌握网络数据获取的概念；掌握常用的网络数据被动获取技术；熟悉常用的网络数据主动获取技术；了解网络数据获取技术的应用。ICS–3 包括：信息内容分析与识别的概念、基于文本/多媒体的特征串匹配技术、文本/多媒体分类技术、文本/多媒体挖掘技术。学习目标：掌握信息内容识别的概念；掌握基于文本/多媒体的特征串匹配技术（单模式匹配，多模式匹配等匹配算法）；熟悉文本/多媒体挖掘技术；了解信息内容识别技术的应用。ICS–4 包括：信息内容安全管控的概念、基于网络地址的阻断技术、基于内容的阻断技术、信息内容管控的相关法律法规。学习目标：掌握信息内容安全管控的概念；掌握基于网络地址（IP 地址，域名）的阻断技术；了解基于内容的阻断技术；了解信息内容管控技术的应用。

信息内容安全实践能力领域主要包括：网络数据的获取能力、信息内容的分析与识别能力、信息内容的管控能力三个实践能力单元。通过信息内容安全实践能力的培养、锻炼，使学生能够通过实例了解信息内容安全的威胁，掌握信息内容的获取、分析识别和管控能力，具有常用信息内容安全工具的使用能力和一些基本技能。

1.3 信息内容安全管理体系

目前，信息内容安全管理依赖的主要技术手段有：垃圾短信关键字过滤，建立域名黑名单机制，接入网站 IP 地址双向解析，定期端口扫描，WAP 不良信息平台，IP 专线信息安全监测、IDC 内容审计，图片及视频文件监控，人工辅助判别机制等[8]。这些技术手段主要是一些分散的事后处理的清理性措施，保障信息内容安全较为被动，对于新兴业务形式的监管能力也比较弱，容易让不良信息逃脱监管，继续在互联网上泛滥。因此，要加快信息内容安全管理体系的建立，将事前防范、事中监控与事后处理相结合，从合约、技术、人员与组织、事件等多个维度建立一个全面的、综合的信息内容安全保障系统，使信息内容安全维护工作从被动的事后检测转变为积极主动的规范管理，保障互联网的健康发展。

1.3.1 基于戴明环的信息内容安全管理框架

"戴明环"由美国质量管理专家于 20 世纪 50 年代提出，按照计划（Plan）、实施（Do）、检查（Check）、处理（Action）这四个阶段按顺序开展管理工作，并且不断循环进行的一种科学方法，又简称为 PDCA 循环。PDCA 对总结检查的结构进行处理，对成功的经验加以肯定并适当推广、标准化，对失败的教训加以总结，未解决的问题放到下一个 PDCA 循环里。PDCA 强调应将业务过程看做连续的反馈循环，在反馈循环的过程中识别需要改进的部分，以使过程能得到持续的改进，实现阶梯式螺旋形上升[9]。

信息内容安全管理是一个持续发展的过程，遵循着一般性的循环模式，由系统组织强制实施，用以检验安全策略的完整性和一致性。它描述的是组织为贯彻实施安全策略而必须采取的所有安全机制的组合，根据信息内容安全管理的需求，结合戴明环理论，可以将信息内容安全管理划分为计划——实施——检查——改进四个阶段，如图 1-3 所示。

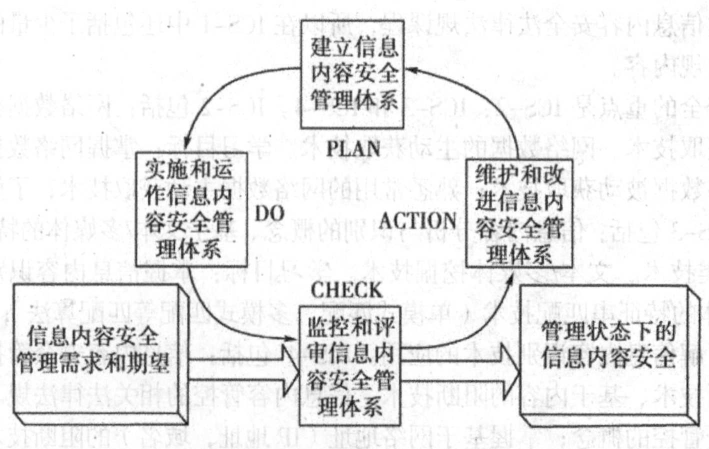

图 1-3 信息内容安全管理总体框架

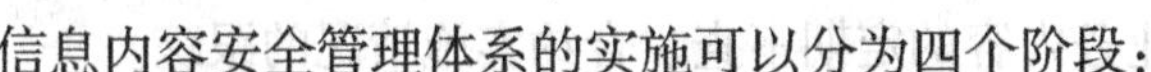

信息内容安全管理体系的实施可以分为四个阶段：

(1)计划阶段——建立信息内容安全管理体系：这是信息内容安全管理周期的起点，作为内容安全管理的准备阶段，为后续活动提供基础和依据。在计划阶段可以建立信息内容安全管理要素，如在电信企业总部和省份两个层面建立组织机构，明晰责任，确定内容安全目标、战略和策略，进行业务风险评估，选择安全措施，并在明确安全需求的基础上制定安全计划、业务持续性计划、规定与合作方的合约制度、信息报备制度，建立相关策略文档等。

(2)实施阶段——实施和运作信息内容安全管理体系：实施阶段时实现计划阶段确定目标的过程，包括安全策略、所选择的安全措施、安全意识和培训程序等的具体实施。

(3)检查阶段——监控和评审信息内容安全管理体系：信息内容安全实施过程的效果如何，需要通过监视、复查、评估等手段来进行检查，检查的依据就是计划阶段建立的管理要素，检查的结果是进一步采取措施的依据。

(4)改进阶段——维护和改进信息内容安全管理体系：如果通过检查发现安全实施的效果不能满足计划阶段建立的需求，或者有意外事件发生，或者某些因素引起了新的变化，经过管理层认可，需要采取应对措施进行改进，并按照已经建立的响应机制来行事，必要时进入新的一轮信息内容安全管理周期，以便持续改进信息内容安全管理工作。

1.3.2 信息内容安全管理体系构建

为了将信息内容安全管理框架与企业的实践相结合，本节提出一种适用于企业的信息内容安全管理体系。该体系从业务立项（申请）、审核、测试、上线开通、销售推广以及日常监测等各环节考虑，确定管理要素。

1. 建立信息内容安全管理体系的原则

信息内容安全管理体系的构建需要结合业务经营流程，从业务运营的每个环节把握信息内容安全的关键控制点，有针对性地建立信息内容安全保障措施。构建信息内容安全管理体系需要遵循以下原则：

(1)业务流程驱动原则。信息内容安全管理是以业务流程为导向的，要从业务流程上把握每个环节的信息内容安全控制点。

(2)持续改进原则。信息内容安全管理遵循“计划——实施——检查——改进”的路线，不断提升和完善管理水平。

(3)重视用户感知原则。企业进行信息内容安全管理不仅为了保障业务的持续健康发展，还应注重用户的感知，提高客户满意度。

2. 管理要素的确定

在管理要素确定的过程中，应参照先进的信息安全理论，如 IT service-CMM（信息技术服务能力成熟模型）、BS7799[10]及其系列 ISO/IEC 27001《信息安全管理体系，信息安全风险管理指导方针》①等信息安全管理标准，综合考虑可实施性、可管理性、可扩展性和完备性等方面，将企业信息内容安全管理体系分成三个过程类：管理、使能和传送。第一类与信息内容安全管理活动有关，第二类是通过技术支持活动和硬件配置确保信息内容安全管理的效果，第三类由根据适当质量级别产生一致、有效的信息内容安全理念传送过程组成[11]。具体内容包括：

(1)管理类体系约定管理。在业务开办阶段与合作商、接入网站、渠道商签订合作约定，合约中对信息内容安全责任等内容的明确。

管理计划。制定信息内容安全工作计划、工作目标、方针、策略等。

① http://baike.baibu.com/view/28995.htm

跟踪和监督。业务上线运行后对业务内容的定期审查、合约实施情况的跟踪。

人员和组织管理。考核是否有相关的机构及人员设置、职责划分是否明确。

集成信息内容安全管理。信息内容安全理念覆盖生产运营各环节，各部门有相关的信息内容安全职责。

（2）使能类体系。

技术保证。是否有保障信息内容安全的系统，有哪些主要技术手段。

事件管理。是否设置预防措施、纠错流程、应急处置流程等。

配置管理。与信息内容安全相配套的管理，如不良信息界定、信息内容安全管理目标备案管理等。

（3）传送类体系。

培训计划。是否有培训程序。

质量管理。评估信息内容安全管理的实施情况是否达到既定的信息内容安全管理目标。

3. 管理体系的实施、检查与改进

管理体系的实施主要通过过程管理的方法，对指标体系的维度进行流程上的细化，监控、管理流程每一个环节的执行情况，从而达到整个信息内容安全管理的目的。

信息内容安全管理要素确定后，组织应按照文件的控制要求进行审核与批准并发布实施。在此期间，组织应加强运作力度，充分发挥体系本身的各项功能，及时发现体系中存在的问题，找出问题根源，采取纠正措施，并按照更改控制程序要求对体系予以更改，以达到进一步完善信息内容安全管理体系的目的，参见表 1-3 信息内容安全管理体系列（管理类）、表 1-4 信息内容安全管理体系列（使能类）、表 1-5 信息内容安全管理体系表（传送类）所示。

表 1-3　　信息内容安全管理体系表（管理类）

<table>
<tr><td rowspan="11">信息内容安全管理计划</td><td>制定信息内容安全工作总体目标和方针</td><td rowspan="11">信息内容安全跟踪与监督</td><td>设定信息内容的审查制度</td><td rowspan="4">信息内容安全约定管理</td><td>审核合作者经营资质与业务许可</td></tr>
<tr><td>建立信息内容安全策略</td><td>及时更新审查制度</td><td>与合作伙伴签订信息安全责任书</td></tr>
<tr><td>及时更新信息内容安全策略</td><td>定期巡查接入方电信资源使用情况</td><td>在合同中明确双方的信息安全责任</td></tr>
<tr><td>界定不良信息</td><td>跟踪合约的实施情况</td><td>在合同中约定合作方提供的内容范围</td></tr>
<tr><td>将不良信息范围文件化</td><td>定期审查业务内容</td><td rowspan="4">人员与组织管理</td><td>设立相关职能部门</td></tr>
<tr><td>及时更新不良信息的范围</td><td>监督合作者的资源使用与业务开展情况</td><td>配备相关管理人员</td></tr>
<tr><td>建立新产品或业务的信息内容安全评估制度</td><td>建立业务定期拨测制度</td><td>确定相关职能分工</td></tr>
<tr><td>制定业务内容评审制度</td><td>开展业务的日常监测</td><td>落实相关安全责任人</td></tr>
<tr><td>制定系统信息内容安全方案评审制度</td><td>评估并反馈审查结果</td><td rowspan="3">集成信息内容安全管理</td><td>明确各部门业务范围内的信息内容安全工作</td></tr>
<tr><td>制定内容管理的分级标准</td><td></td><td>规范各部门内部的信息内容安全工作流程</td></tr>
<tr><td></td><td></td><td>各部门根据信息内容安全等级制度制定各自的监管手段</td></tr>
</table>

表 1-4 信息内容安全管理体系表（使能类）

信息内容安全事件管理	划分信息内容安全事件等级	信息内容安全事件管理	设置不同等级事件的应急处理流程	信息内容安全技术保证	建立内容安全技术保障体系
	制定信息内容安全事件通报整改制度		建立违法不良信息处置制度		完善内容安全技术保障体系
	制定内容安全事件预防措施		建立黑名单制度		配套升级技术手段
	制定内容安全事件纠正措施		制定内容安全事件事后责任追溯制度		跟踪内容安全技术前沿并主动开展相关研发
	制定应急预案		建立新内容安全事件事后评估制度		

表 1-5 信息内容安全管理体系表（传送类）

信息内容安全质量管理	建立信息内容安全绩效考核和责任追究制度	培训计划	通报业务及系统审核结果
	核实接入网站的备案信息		开展合作方信息内容安全培训
	备案涉及信息内容安全的网络资源调整、电信基础资源使用变更情况		考核运行及维护人员安全技能
	备案企业信息内容安全责任人或联系人的信息变更		加强培训与考核保障规划发展
	通报专项检查结果		
	通报业务及系统评测结果		

1.4 信息内容安全与法律

互联网在世界范围内取得了令人瞩目的成就，同时也为一些居心不良的人所利用，他们出于各种目的，利用互联网传播有害信息内容，引发诸多违法犯罪和社会问题。本节分别研究促进信息内容安全发展的重要法规、打击互联网信息内容犯罪相关法律以及互联网信息内容安全相关管理及处罚规定三方面内容，诠释信息内容安全与法律的关系。

1.4.1 促进信息内容安全发展的重要法规

随着美国 SOX Act[①]（我国简称萨班斯法案[②]）在 2002 年 7 月 30 日的正式生效意味着 NASDAQ 的全球上市公司不得不提前部署最新的信息内容安全技术，以迎接法律遵从挑战。中华人民共和国公安部颁发的 82 号令[③]于 2006 年 3 月 1 日正式生效，对中国的互联网组织提出了类似的要求——必须利用信息安全技术留存相关上网记录，以便用于调查取证，掌握犯罪证据。国际-国内两部不同的法规，均要求互联网组织采用最新的信息内容安全技术，这

① http://industry.ccidnet.com/pub/html/industry/zhuanti_itns/index.htm

② http://www.baidu.com.dn/百度百科.萨班斯法案_htm[EB/OL]

③ http://www.mps.gov.cn/gab/fifg/info_detail.jsp?infoId=373

使得内容安全技术研究开始走红。在美国旧金山召开的 RSA2010 Conference 上[12]，大多数参展的厂商都在强调产品符合 SOX、GRC（Governance, Risk Management and Compliance）和 PCI（Payment card industry）相关标准，符合法规正在成为刚性需求。

1. 萨班斯法案

2001 年 12 月，美国最大的能源公司——安然公司，突然申请破产保护。此后，公司丑闻不断，规模也“屡创新高”，特别是 2002 年 6 月的世界通信会计丑闻事件，“彻底打击了（美国）投资者对（美国）资本市场的信心”（Congress report，2002）。为此，美国国会和政府加速通过了由参议院“银行、住房和城市事务委员会”主席 Sarbanes 提交的报告有关“公众公司会计改革与投资者保护 2002 法案”。2002 年 7 月 25 日，该修正稿在参众两院顺利通过，7 月 30 日，美国总统布什签字，萨班斯法案正式成为美国的一项法律。

萨班斯法案的主要内容共分 11 章，第 1 至第 6 章主要涉及对会计职业及公司行为的监管，第 8 至第 11 章主要是提高对公司高管及白领犯罪的刑事责任，法案第 7 章要求相关部门在萨班斯法案正式生效后的指定日期内（一般都在 6 个月至 9 个月）提交若干研究报告，这些报告都已经完成。

美国总统布什在签署萨班斯法案的新闻发布会上称：“这是自罗斯福总统以来美国商业界影响最为深远的改革法案。”从表面来看，该法案的初衷并不激进，即提高经理对股东的责任，并由此解决人们在安然丑闻发生之后对美国资本市场的信任危机。然而，法案的内容却很偏激，尤其是其中的 404 条款，因严厉性和高昂的执行成本而闻名。

所谓严厉性，就是一旦公司的 CEO 或 CFO 不按照法规执行，有可能面临监禁的惩罚；所谓高昂的执行成本，意味着公司为此不得不投入昂贵的代价，包括大量的时间、人力和财力的投入，以至于一段时间内美国 NASDAQ 市场出现了大量的公司退市现象。

执行 404 条款究竟有多昂贵？根据国际财务执行官（FEI）对 321 家企业的调查结果，每家需要遵守萨班斯法案的美国大型企业第一年实施 404 条款的总成本将超过 460 万美元。这些成本包括 35000 小时的内部人员投入、130 万美元的外部顾问和软件费用以及 150 万美元的额外审计费用（增幅达到 35%）。全球著名的通用电气公司就表示，404 条款致使该公司在执行内部控制规定上的花费已经高达 3000 万美元。

404 条款对信息安全领域而言最重要的意义有两点：一是极大地刺激了对内容监控技术的需求，因为 404 条款规定，公司必须保留内部数据一切记录 8 年以上，包括对数据的查询、修改和删除信息，这正是目前国际上兴起的内容安全技术和产品的基本功能；二是在全球造就了一大批内容监控技术方案供应商。从这个意义上来说，萨班斯法案极大地刺激了全球内容安全和内容监控技术的发展。

2. 中国公安部第 82 号令

2005 年 11 月 23 日，公安部颁布第 82 号令：《互联网安全保护技术措施规定》，重申了链接到互联网上的单位要做好记录并留存用户注册信息；在公共信息服务中要发现、停止传输违法信息，并留存相关记录等内容。同时，明确规定联网单位要依此规定落实记录留存的技术措施，并至少保存 60 天记录备份。

该法令的出台是为了查找各种网络犯罪线索，并没有表明违规后的处罚措施，但毫无疑问，它与萨班斯法案殊途同归，极大地刺激了内容安全和内容监控技术在中国的应用。从国内的情况来看，使用内容安全系统的行业主要集中在军队、公安、政府等涉密较高的行业。我国即将全面启动的等级保护整改工作必将提出明确的技术要求，今后产品的研发和部署都

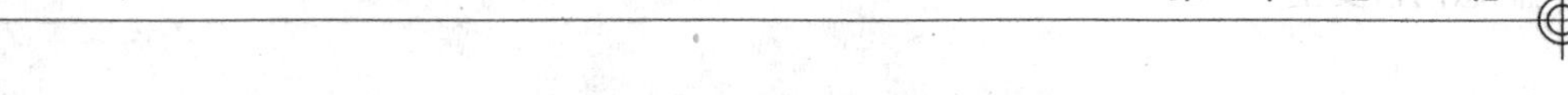

必须满足标准要求，各种解决方案首先要符合相应的法规需要。

1.4.2 打击互联网信息内容安全犯罪相关法律

1. 互联网信息内容安全犯罪概述

欧洲委员会签署的《网络犯罪公约》，将网络犯罪分为两类：一类是以网络或网上计算机为攻击对象的犯罪，另一类是以网络为工具的犯罪。从立法的角度看，对于上述第一类犯罪，各国多规定为关于计算机犯罪的特殊罪名；而对于第二类犯罪，其大多数形态是采用已有的犯罪罪名[13]。

我国刑法明文规定的利用计算机网络实施的犯罪种类如下：网上传播淫秽色情；网上洗钱；网上诈骗；网上盗窃；网上毁损商誉；网上侮辱、毁谤；网上侵犯商业秘密；网上组织邪教组织；网上窃取、泄露国家机密等。

我国网上犯罪出现了以下几个新动向：一是利用计算机制作、复制、传播色情、淫秽物品案件十分突出；二是利用互联网侵犯公私财物案件呈多发趋势；三是侵犯公民人身权利和民主权利的案件增多；四是利用互联网危害国家安全的案件持续上升。

我国互联网信息办是全国整治网络信息内容安全的牵头单位，全国“扫黄打非”办、工业与信息化部、公安部、文化部、国务院国资委、国家工商总局、广电总局、新闻出版总署九个部门是互联网信息内容安全管理职能部委。

2. 危害国家安全和社会稳定的犯罪

2000年12月28日第九届全国人民代表大会常务委员会第十九次会议通过了《全国人民代表大会常务委员会关于维护互联网安全的决定》（以下简称《决定》），《决定》第2条规定：“为了维护国家安全和社会稳定，对有下列行为之一，构成犯罪的，依照刑法有关规定追究刑事责任：（一）利用互联网造谣、诽谤或者发表、传播其他有害信息，煽动颠覆国家政权、推翻社会主义制度，或者煽动分裂国家、破坏国家统一；（二）通过互联网窃取、泄露国家秘密、情报或者军事秘密；（三）利用互联网煽动民族仇恨、民族歧视、破坏民族团结；（四）利用互联网组织邪教组织、联络邪教组织成员，破坏国家法律、行政法规实施。”

判定以上行为是否构成犯罪及追究何种刑事责任的法律依据是《决定》和刑法分则的相关规定。

3. 破坏社会主义市场经济秩序和社会管理秩序的犯罪

《决定》第3条规定：“为了维护社会主义市场经济秩序和社会管理秩序，对有下列行为之一，构成犯罪的，依照刑法有关规定追究刑事责任：（一）利用互联网销售伪劣产品或者对商品、服务作虚假宣传；（二）利用互联网损害他人商业信誉和商品声誉；（三）利用互联网侵犯他人知识产权；（四）利用互联网编造并传播影响证券、期货交易或者其他扰乱金融秩序的虚假信息；（五）在互联网上建立淫秽网站、网页、提供淫秽站点链接服务，或者传播淫秽书刊、影片、音像、图片。”

我国刑法中规定的与上述行为相关的几个罪名包括：销售伪劣产品罪；损害商业信誉、商品声誉罪；侵犯知识产权罪；编造并传播证券、期货交易虚假信息罪；制作、复制、出版、贩卖、传播淫秽物品牟利罪和传播淫秽物品罪。

4. 侵害个人、法人和其他组织的人身、财产等合法权利的犯罪

《决定》第4条规定：“为了保护个人、法人和其他组织的人身、财产等合法权利，对有下列行为之一，构成犯罪的，依照刑法有关规定追究刑事责任：（一）利用互联网侮辱他人或者捏造事实诽谤他人；（二）非法截获、篡改、删除他人电子邮件或者其他数据资料，侵犯公民通信自由和通信秘密；（三）利用互联网进行盗窃、诈骗、敲诈勒索。”

判定以上行为是否构成犯罪及追究何种刑事责任的法律依据是《决定》和刑法分则的相关规定。

1.4.3 互联网信息内容安全相关管理处罚规定

《决定》第6条规定："利用互联网实施违法行为，违反社会治安管理，尚不构成犯罪的，由公安机关依照《治安管理处罚条例》予以处罚。”另外，《计算机信息系统安全保护条例》第24条规定："违反本条例的规定，构成违反治安管理行为的，依照《治安管理处罚条例》予以处罚。”这两部法律法规是对利用互联网实施违法行为、违反社会治安管理的行为进行治安管理处罚的法律依据。这里需要注意的是，《治安管理处罚条例》已由《中华人民共和国治安管理处罚法》代替，自2006年3月1日起实施。

1. 给予治安管理处罚的几种行为

《中华人民共和国治安管理处罚法》第10条规定："治安管理处罚的种类分为：（一）警告；（二）罚款；（三）行政拘留；（四）吊销公安机关发放的许可证。对违反治安管理的外国人，可以附加适用限期出境或者驱逐出境。”

治安管理处罚法第23条第1款、第25条、第27条规定了扰乱公共秩序的行为，由于互联网技术的快捷性及传播的广泛性，可能产生比利用传统信息技术手段更为严重的法律后果及恶劣影响。在具体处罚时，我国治安管理处罚法根据违法行为造成的具体后果以及产生的现实影响，设置了适当的处罚幅度。

治安管理处罚法第42条详细规定了六种侵犯人身权利的行为。第47条规定了有关出版物、计算机信息网络中刊载民族歧视、侮辱内容的相关处罚规定。第49条规定了利用互联网实施盗窃和诈骗的行为的相关处罚规定。

针对利用互联网煽动、策划非法集会、游行、示威，不听劝阻的，治安管理处罚法第55条规定了相关处罚规定。相应的还有归于妨害社会管理的行为的第68、69和70条，都应该按治安管理处罚法规定的处罚种类和额度进行处罚。

2. 互联网信息内容安全一般行政管理处罚

行政处罚是指国家行政机关以及其他行政主体，对其认为违反行政法规的个人或组织给予行政制裁的具体行政行为。互联网信息内容安全行政处罚是指国家行政机关及其他行政主体，对其认为违反了互联网信息内容安全的相关法律规范的个人或组织给予行政制裁的具体行政行为。这里的国家行政机关及其他行政主体，主要指主管互联网信息内容安全的国家机关或其他相关机关。互联网信息内容安全法律规范，是指我国颁布的所有与互联网信息内容安全相关的法律、法规、部门规章及相关文件，如全国人民代表大会常务委员会《关于维护互联网安全的决定》、《计算机信息系统安全保护条例》、《计算机信息网络国际联网管理暂行规定》以及《计算机信息网络国际联网安全保护管理办法》等。

互联网信息内容安全行政处罚的特征如下：互联网信息内容安全行政处罚的主体是主管互联网信息内容安全的行政机关或法律、法规授权的其他行政主体。互联网信息内容安全行政处罚的对象是与行政机关没有组织隶属关系的公民或组织。互联网信息内容安全行政处罚以相对人违反互联网信息内容安全法律规范为法定前提，即只有相对人实施了违反互联网信息内容安全法律规范的行为，才能给予行政处罚。互联网信息内容安全行政处罚是一种以惩

戒违反互联网信息内容安全法律规范的违法行为为目的的具有制裁性的具体行政行为，即互联网信息内容安全行政处罚是一种惩戒行为，具有制裁违法行为的目的和性质。互联网信息内容安全行政处罚范围广、种类全、幅度大。

违反互联网信息内容安全法律规范的行为适用的行政处罚种类主要有：警告，罚款，没收违法所得、没收非法财物，责令停产停业，暂扣或者吊销许可证、暂扣或者吊销执照，行政拘留，法律、行政法规规定的其他行政处罚。

1.5　本章小结

信息内容安全的定义、内涵、威胁、起因等概念，是全书的核心概念，需要学生掌握。信息内容安全与信息安全的关系是本章学习的一个重点，1.2 节分别从学科外延、研究方法、专业规范等几方面进行了讨论。1.3 节从框架、体系构建两方面给出了信息内容安全管理体系构建原则、管理要素确定以及管理体系实施检查与改进。1.4 节信息内容安全与法律则讨论了三个内容，一是讨论了促进信息内容安全发展的两部重要法规，二是研究了我国打击互联网信息内容安全犯罪相关法律，三是介绍了互联网信息内容安全相关管理处罚规定内容。通过学习本章内容，为后续章节的学习奠定坚实的基础。

参考文献

[1] 中国互联网络信息中心，《第 29 次中国互联网络发展状况统计报告》[R]，北京：中国互联网络信息中心（CNNIC），2012.1.

[2] 张焕国，王丽娜，杜瑞颖等.《信息安全学科体系结构研究》[J].武汉大学学报（理学版），2010，56（5）：614-620.

[3] Eric Chabrow. Cyber security's Bipartisan Spirit Challenged. June 28, 2010.

[4] 孙立立. 美国信息安全战略综述[J]. 信息网络安全, 2009. （8）:7-10+35.

[5] 周学广，张焕国，张少武等. 信息安全学[M]. 北京：机械工业出版社，2008.

[6] 沈昌祥，张焕国，冯登国等. 信息安全综述[J]. 中国科学 E 辑, 2007, 37（2）：129-150.

[7] 王枞，钟义信. 网络信息内容安全[J]. 计算机工程与应用, 2003, 30: 153-154.

[8] 李建华. 信息内容安全分级监管的体系架构及实施探讨[J]. 技术市场，2001（2）: 22.

[9] 杨辉. 运用 PDCA 循环法完善信息安全管理体系[J]. 网络安全, 2006（2）: 78.

[10] ISO/IEC 17799《信息技术——信息安全管理实施细则》，2000.

[11] 杨洪敏，张勇气，王翕. 基于 PDCA 的电信企业信息内容安全管理体系研究[J]. 信息通信技术，2010，6：19-23.

[12] 毕学尧. 从 2010RSA 看信息安全发展趋势[J]. 计算机安全. 2010, （3）:75.

[13] 马民虎，黄道丽. 互联网信息内容安全管理教程[M]. 北京：中国人民公安大学出版社，2007.

本章习题

1. 信息内容安全概念是什么？

2. 信息内容安全要求有哪些？
3. 信息内容安全研究内容有哪些？
4. 信息内容安全内涵有哪些？
5. 信息内容安全威胁有哪些？
6. 举例说明信息内容安全起因，你是否还有不在上述范围内的更多实例？
7. 如何区分信息安全与信息内容安全研究方法？
8. 如何理解“三分类”模型？
9. 什么是戴明环？如何运用戴明环构建信息内容安全体系框架？
10. 你能否简化信息内容安全管理体系表中的管理类内容？
11. SOX 是如何促进信息内容安全产业发展的？
12. 我国公安部 82 号令对信息内容安全产业有什么促进作用？
13. 网上犯罪分为哪两类？我国网络犯罪有什么新动向？
14.《决定》规定了哪几类互联网犯罪行为？
15. 生活中你是否遭受过互联网诈骗或者电信诈骗？
16. 你能否运用准确而具体的法律武器来捍卫自己的网络使用权利？

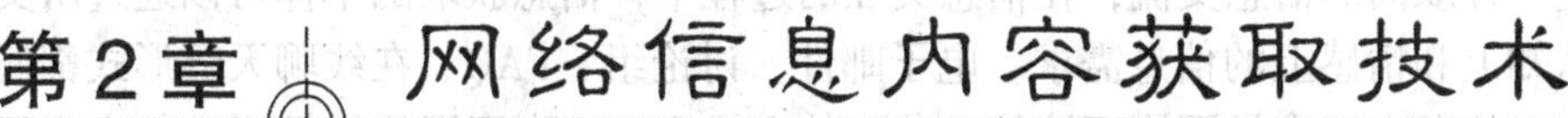

第 2 章　网络信息内容获取技术

如何快速、准确地获取所需要的信息，是信息内容安全的首要研究课题，是后续信息内容分析处理的基础。本章首先给出网络信息内容获取模型，然后深入研究信息内容获取技术；包括信息主动获取技术中的搜索引擎技术和数据挖掘技术，信息被动获取技术中的信息推荐技术和信息还原技术。

2.1　网络信息内容获取模型

网络信息内容获取是指从网络收集数据的过程，分为信息检索、信息推荐、信息浏览和信息交互四种，参见图 2-1。

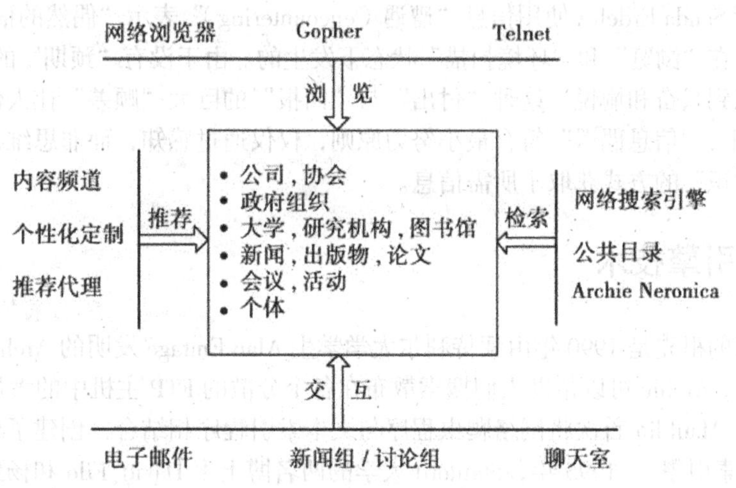

图 2-1　网络环境下的信息内容获取模型①

信息检索（Information Search, IS）是信息的需求者主动地在网上搜寻所需要的信息。1951 年，Calvin Mooers 首次提出了"信息检索（Information Retrieval, IR）"概念[1]，并给出了信息检索的主要任务：即协助信息的潜在用户将信息需求转换成一张文献来源信息列表，而这些文献包含对用户有用的信息。目前通常使用搜索引擎技术完成信息检索功能。

信息推荐（Information recommendation），又称为信息推送（Information Push），是指网络信息服务系统从网上的信息源或信息提供商获取信息，并通过固定的频道向用户发送信息的新型信息传播系统。如，聚合内容（Really Simple Syndication, RSS）新闻推荐、Google 公司推

① http://142.150.148.194/UFMG/Slides2/InernetServices.html

出的广告推荐服务（Google Adsense[①]）等信息获取行为。如果说信息检索和信息浏览属于个体信息用户积极主动的信息获取行为，那么，信息推荐则含有被动信息获取的“韵味”。只是这种被动的信息获取又含有主动获取的因素，像检索一样具有明确的目的性或计划性。

信息交互是一种双向的信息交流，在信息交互的过程中，信息获取的个体可以通过所交流的信息满足认知上和情感上的信息需求。电子邮件、讨论组、FAQ、在线聊天等形式都属于信息交互行为。信息交互也是网络环境信息获取的方式之一。由于网络缩短了人与人之间的时空距离，使得信息的交流更为直接、快捷。信息交互是在人与人之间进行，很少被认为是满足认知需求的手段，它属于满足个体情感需求的一种常用方式。

信息浏览方式相当于传统情况下的阅读、观看、倾听等获取信息的行为。浏览是一种检索策略，通过对网络信息的扫描可以发现或筛选与信息需求相关的信息。在网络环境下，由于文献获取相对更方便，浏览已经成为一种与检索同等重要的信息查询行为。浏览分为三种：①页内浏览（文件内浏览）；②系统内浏览（页面间浏览）；③系统间浏览（网站间浏览）。

还有学者提出“信息偶遇”[2]方式获取网络信息内容。“偶遇（Serendipity）”最初应用在艺术、人文和社会科学中，原意是指获得意外的、令人高兴的发现的运气，用在信息检索和信息查询方面则代表了意外的、相关信息或知识的获取。正是因为这种有价值的信息的获取是事先无法预见的，所以也无法有意识地构造信息获取策略，当然也无法在各种信息查询模型中来描绘这种现象。

著名学者 Sanda Erdelez 使用信息“遭遇（encountering）”表示“偶然的信息获取”[3]。信息遭遇一般是在“浏览”和“环境扫描”状态下发生的。由于没有“预期”的心理，“信息偶遇”使人们感到兴奋和愉悦。这种“付出”与“回报”的巨大“顺差”让人们感觉像“中了大奖”。事实上，“信息偶遇”符合最小努力原则，仅仅通过感知，而非思维加工方式，或者说通过“无意识”的方式获取了所需信息。

2.2 搜索引擎技术

搜索引擎的祖先是 1990 年由蒙特利尔大学学生 Alan Emtage 发明的 Archie[②]。在因特网还没有出现以前，Archie 可以帮助人们搜索散布在各个分散的 FTP 主机中的大量文件。1994 年 7 月，Michael Mauldin 首次将网络爬虫程序与文本索引程序相结合，创建了现在仍在提供服务的 Lycos 搜索引擎[③]。1995 年，Stanford 大学的两名博士生 David Filo 和杨致远共同创办了基于目录索引结构的雅虎（Yahoo!）搜索引擎[④]，并成功地使网络搜索概念深入人心，从此，搜索引擎进入了高速发展时期。目前，每天十亿次以上、以各种语言进行的查询提供可靠的、不到 1 秒的快速索引的是 GYM 搜索引擎，即 Google、Yahoo!和 Microsoft。

按照搜索引擎在收录的范围、信息的组织、提供的服务方式的不同可以分为以下三类：

（1）目录式搜索引擎。

目录式搜索引擎是以人工方式或半自动方式收集信息，在通过人工方式访问多个 Web 站

① http://www.google.com.adsense.

② 互联网上用来查找其标题满足特定条件的所有文档的自动搜索服务的工具。

③ http://www.lycos.com/

④ http://cn.yahoo.com

点后，对其加以描述，然后根据其内容和性质将其归为一个预先设定好的类别。例如：ODP（Open Directory Project），雅虎目录（Yahoo! Directory）。

（2）通用搜索引擎。

通用搜索引擎按照信息采集、建立索引、提供服务的一般流程运行，采用网络爬虫以某种策略对万维网遍历爬行、信息采集，然后对 Web 文档进行建立索引等预处理工作，最后通过服务系统对用户提交的各种检索要求返回结果。

（3）元搜索引擎。

元搜索引擎是一种调用其他搜索引擎的引擎，严格地说不能算真正的搜索引擎。它是通过一个统一的用户界面，帮助用户在多个搜索引擎中选择和利用合适的搜索引擎来进行检索，是对分布于网络的多种检索工具的全局控制机制。

据调查统计显示：全球以中文为母语的人口占总人口的 22%以上；2011 年底中国网民人数已经超过 5 亿人；中文网页数量已经占到了全球网页数量的 15%以上。搜索引擎已成为中国网民使用最为频繁的互联网应用。庞大的中文用户群、丰富的中文网页资源和中文信息处理特有的难度，以及搜索引擎作为互联网基础工具的重要地位，极大地推动了中文搜索引擎的研究和开发[4]。由于中文与西文的完全不同，使得在大多数使用西文的国家和地区较通用的 GYM 等搜索产品，通过简单的汉化，并不适用于中文环境中。所以，要关注中国互联网内容安全，必须关注和发展中文检索技术。

中文文本信息检索最早见于“748 工程”①中的汉字情报检索。到了 20 世纪 80 年代中后期，中文信息检索研究在计算机处理能力的支持下进入实用化，经典代表是清华大学的《中国学术期刊（光盘版）》。2001 年，百度搜索②面世并开始逐渐成为中文搜索引擎市场的领头羊。从 2003 年开始，中文网络信息服务的四大门户网站（新浪③、搜狐④、网易⑤和腾讯⑥）陆续推出了自己的搜索引擎服务，大大促进了中文信息检索技术的发展。

中文搜索引擎的关键技术包括网页内容分析、网页索引、查询解析和相关性计算。一个通用搜索引擎包括网上采集、索引、查询、排级和提交等算法，相关概念参见表 2-1。

表 2-1　网络搜索引擎词汇表

术语	定义
URL	网页地址，例如：http：//www.google.com
采集（Crawling）	通过从一个种子开始递归地跟踪链接来穿越互联网
索引（Indexes）	允许快速确定爬过的、包含特定词或短语的网页数据结构
垃圾信息（Spamming）	发布为获取经济利益所设计的操纵搜索排名的、人为的网页材料
哈希函数（Hashing function）	一种算法，用于在所希望的范围内根据一个字符串计算出一个整数，使得所有的整数都是从很大的字符串集生成的，分布较均匀，例如 URL

① 1974 年 8 月，我国启动包括汉字通信、汉字情报检索和汉字精密照排研究在内的“748 工程”科研项目。

② http://www.baidu.com.cn

③ www.sina.com.cn

④ www.sohu.com

⑤ www.163.com

⑥ www.qq.com

本节主要研究搜索引擎的核心：网上采集算法和排级算法，然后讨论搜索引擎与垃圾信息的关系。

2.2.1 网上采集算法

网上采集算法，又称为网络爬虫（Web Crawler）、网络蜘蛛（Web Spider）或 Web 信息采集器，是一个自动下载网页的计算机程序或自动化脚本，是搜索引擎的重要组成部分。网络爬虫工作原理：通常从一个称为种子集的 URL 集合开始运行，它首先将这些 URL 全部放入一个有序的待爬行队列里，按照一定的顺序从中取出 URL 并下载所指向的页面，分析页面内容，提取新的 URL 并存入待爬行 URL 队列中，如此重复上述过程，直到 URL 队列为空或满足某个爬行终止条件，从而遍历 Web。网络爬行（Web Crawling）工作需要庞大的数据结构，大约具有 200 亿条 URL 的、包含 1TB 以上数据的简单列表。一般通过编程让网络爬虫访问其拥有者所指示的新网站，或者是更新的网站。可以有选择地访问和索引整个网站或特定网页。

网络爬虫按照系统结构和实现技术，大致可以分为以下几种类型：通用网络爬虫（General Purpose Web Crawler）、聚焦网络爬虫（Focused Web Crawler）、增量式网络爬虫（Incremental Web Crawler）、深层网络爬虫（Deep Web Crawler）。实际的网络爬虫系统通常是几种爬虫技术相结合实现的。一个通用爬虫算法如图 2-2 所示。

算法 2-1：网上采集算法

输入：种子 URL 队列；

输出：新 URL 添加进队列，为索引而保存页面内容。

Step1： 解析在 JavaScript 脚本中计算出的超链接；

Step2： 提取来自诸如 PDF 和 Word 等二进制文档中的可索引的词和可能的链接；

Step3： 转换字符编码，为了进行一致性检索，将诸如 ASCII 码、Windows 代码和 Shift-JIS 格式等①转换为统一代码（Unicode）格式。

图 2-2 网上采集算法

2.2.2 排级算法

搜索引擎按照接入链接的频率估算网页链接普及度评分（Link Popularity Score, LPS）。网页排级（PageRank）是一种更复杂的网页普及度评分，它根据链接源的网页排名来确定链接的不同权重。PageRank 是 Google 核心创新技术，其他搜索引擎大多借鉴使用了该方法的变种。下面给出两种应用最广、最成功的排级算法 PageRank 和 HITS。

1. PageRank 算法

PageRank 算法由 Stanford 大学的 S. Brin 和 L. Page 提出[5]，算法的理论基础是图论，它将 Web 页面看做点，完全忽视访问内容。他们利用有向图的知识，建立了一个随机浏览行为模型：即以概率 d 顺着超链接点击访问；或者以概率 $(1-d)$ 从一个新的页面开始访问。在该模型下，页面 t 被访问到的概率 $\Pr(t)$ 通过计算所有的点的入度（in-degree）$\Pr(t_i)$ 与出度

①日本电脑系统常用的编码表，它能容纳全形及半形拉丁字母、平假名、片假名、符号和日语汉字。

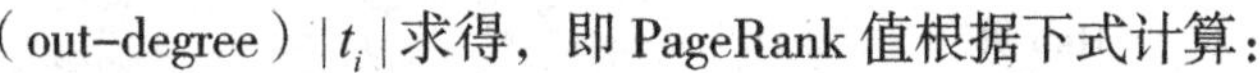
(out-degree) $|t_i|$ 求得，即 PageRank 值根据下式计算：

$$\Pr(t)=(1-d)+d\left(\sum_{i=1}^{n}(\frac{\Pr(t_i)}{|t_i|})\right) \tag{2-1}$$

其中，d 称为影响因子(damping factor)，是一个经验常数，L.Page 在实际使用公式(2-1)时取 $d=0.85$。图 2-3 给出了 PageRank 算法。

> 算法 2-2：PageRank 算法
>
> 输入：各页面赋予相同的初值 $\Pr(t)$；
>
> 输出：各页面新的 PageRank 值 $\Pr(t)$。
>
> Step1：给各页面赋初值 $\Pr(t)$；
>
> Step2：根据链接关系用 $\Pr(t)=(1-d)+d\left(\sum_{i=1}^{n}(\frac{\Pr(t_i)}{|t_i|})\right)$ 计算各页面新的 PageRank 值；
>
> Step3：将结果规范化，即按比例对所有结果进行缩小，使得所有页面的 PageRank 之和为 1，这时的 PageRank 可以视为各页面被访问到的概率；
>
> Step4：当前的结果规范否？不规范，转 Step2（即当前的结果是否收敛于 1？）；
>
> Step5：算法结束。

图 2-3 PageRank 算法

PageRank 算法的优点如下：

(1) 直接高效。PageRank 算法直接对从 Internet 上模糊得来的"第一手资料"进行挖掘操作，没有中间步骤，实时性较高。而且，其思路是利用一个迭代公式进行计算，算法简单，效率较高。

(2) 主题集中。PageRank 算法的操作完全针对某一主题，可以较精确返回与之相关的重要页面，较好克服"主题漂移"[6]问题。

PageRank 算法存在的缺陷如下：

(1) 完全忽略网页内容，干扰挖掘结果。例如，有相关内容的竞争对手网页没有链接，而无太多相关内容的合作伙伴网页互相链接的现象，会造成挖掘结果不准确。

(2) 结果范围窄。同 HITS 算法的"知识范围扩大"与"主题漂移"类似，PageRank 算法的结果范围窄，无联想，这是"主题集中"的负面影响。

(3) 影响因子与网页获取数量缺乏科学性。PageRank 算法的迭代公式中的影响因子参数取值是基于经验得来的，并无确实的科学依据。挖掘过程缺乏反馈与记忆机制，使机器在有限时间内很难获得更多好网页。

2. HITS 算法

HITS (hyperlink-induced topic search) 算法由 Kleinberg 等人提出[7][8][9]，是 Clever 搜索引擎的核心技术之一，解决了检索结果相关度排序问题。该算法的主导思想是页面的 Authority 权重与 Hub 权重分开考虑，且分别由网页的 Out-Link 与 In-Link 来决定。在网页根集(root set)上进行扩充，形成比较完备的基集(Base Root)。在基集内，利用迭代公式，计算网页的 Authority 权重与 Hub 权重，得出结果如图 2-4 所示。

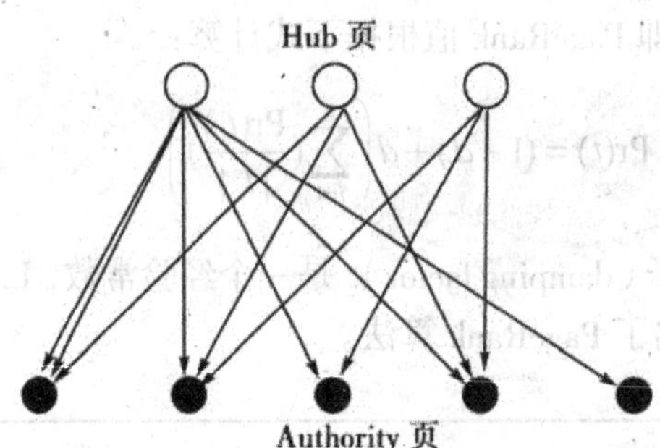

图 2-4 Hub 页与 Authority 页关系

根据 Kleinberg 的符号约定，HITS 算法如下。它由两个相继的过程 Subgraph（参见图 2-5）和 Iterate（参见图 2-6）构成。前者负责对由搜索引擎得到的结果根据页面链接线索扩展成与主题相关的图 $G=\langle V,E\rangle$；后者通过迭代从 G 中提炼 Authority 页面和 Hub 页面。Iterate 赋予 G 每个节点以 Authority 值和 Hub 值，形成图 G 的 Authority 向量 x 和 Hub 向量 y。Iterate 迭代施加

I 操作： $$x_i^{'<p>} = \sum_{q:(q,p)\in E} y_{i-1}^{<q>} \quad (2\text{-}2)$$

O 操作： $$y_i^{'<p>} = \sum_{q:(q,p)\in E} x_i^{<q>} \quad (2\text{-}3)$$

于向量 x 和向量 y。文献[33]已经证明，对于足够大的 k，x 和 y 将收敛于不动点。实际应用中，可在 k 次迭代后，从 x_k 中提取前 Num 个最大分量值所对应的页面作为关于主题的 Authority 页面，在 y_k 中提取前 Num 个最大分量值所对应的页面作为关于主题的 Hub 页面。

算法 2-3：HITS 算法-Subgraph

Input： 1. σ：a query string

2. E：a text-based search engine

3. t, d：natural numbers

Output： a collection of linked pages

1. Let $R\sigma$ be the top t results of E on σ
2. Set $S\sigma = R\sigma$
3. For each page $p\in R\sigma$
   a） Let $\Gamma^{+}(p)$ be the set of all pages p points to
   b） Let $\Gamma^{-}(p)$ be the set of all pages pointing to p
   c） Add all pages in $\Gamma^{+}(p)$ to $S\sigma$
   d） If $|\Gamma^{-}(p)| \leqslant d$ Add all pages in $\Gamma^{-}(p)$ to $S\sigma$ Otherwise Add d pages from $\Gamma^{-}(p)$ to $S\sigma$
4. Return $S\sigma$

图 2-5 HITS 算法（Subgraph）

算法 2-4：HITS 算法-Iterate

Input： 1. G：$S\sigma$ returned from Subgraph， denoted as $G=<N,E>, n=|N|$

2. k：a natural number

Output： a collection of linked pages

1. Let z be the vector $[11\ldots1]^T \in R^n$

2. Set $x_0 = z, y_0 = z$

3. For i=1，2，…，k

a） Apply the I operation： $x_i^{<p>} = \sum_{q:(q,p)\in E} y_{i-1}^{<q>}$

b） Apply the O operation： $y_i'^{<p>} = \sum_{q:(q,p)\in E} x_i^{<q>}$

c） Normalize x_i'， obtaining x_i

d） Normalize y_i'， obtaining y_i

4. Return (x_k, y_k)

图 2-6　HITS 算法（Iterate）

HITS 算法的优点如下：

（1）知识范围扩大。因为基集是在初步搜索所得到的根集基础上，通过链接扩充形成的。

（2）搜索时部分地考虑了页面内容。初步搜索结果的根集向分析挖掘对象的基集扩充过程，对于每个页面从 Authority 性与 Hub 性两方面考虑，部分考虑网页内容，挖掘结果科学性大大增强。

HITS 算法的缺点也十分明显：

（1）实时性差。挖掘对象（即基集） 的分析是在初步搜索结果（即根集）的基础上扩充而成的，有一定的时滞性。挖掘效率和实时性有所降低。

（2）"主题漂移"。由"知识范围扩大"特性决定，相关结果的回馈在一定程度上干扰了挖掘结果的精确性。

（3）根集的生成无确定依据。利用现有引擎确定根集，根据经验确定在 200 页左右，缺乏科学的搜索依据，带有一定的搜索盲目性。

作为对 Web 结构进行挖掘的主要算法，HITS 和 PageRank 还有一个重要区别：即 HITS 算法是对 WWW 的局部，即初步搜索得到的根集进行分析；而 PageRank 是对 WWW 的整体进行随机游走获取 Web 页进行分析。

2.2.3　搜索引擎与垃圾信息关系

Bernard J. Jansen 和 Amanda Spink 的研究结果显示，大约 80%的用户只需要搜索结果前 3 页[10]。为了让广大的网络用户能够看到自己的页面，网站管理者和网页制作者就想方设法让其站点和页面变得有名，以期用户在进行相关内容查询时，目标网页排在结果集的最前面。为此，搜索引擎优化（Search Engine Optimization）应运而生。从事搜索引擎优化的工作者称为搜索引擎优化师（Search Engine Optimizer, SEO），他们利用工具或其他手段，使目标网站符合搜索引擎的搜索规则，从而获得较好的排名。由于经济利益的诱惑，SEO 的这种追求是很自然的事情。

SEO 可分为两类，一类是具有良好素养和道德观念的 SEO，他们力图通过优化网站结构、提高页面质量等方法使自己的网页获得好的排名；另一类是通过寻找"捷径"提高网页的排名。后者有可能是垃圾信息的制造者，垃圾信息制造手段包括提高排名（Boosting）技术和隐藏（Hiding）技术两大类。

Boosting 技术包括关键字垃圾（term spamming）和链接垃圾（link spamming）。关键字垃圾是在对用户不可见的网页中插入误导性关键字①（如在白色背景上的白色文字，零点字体或元标记），使其内容和众多的用户查询尽可能地相关。垃圾信息制造者通常构造链接工厂[11]（link farm，一种专门提供到其他网站链接的网页）来提高目标页面的排名结果，并且相关的链接工厂之间还可以构成威力更大的工厂联盟（farm alliance）。

Hiding 技术是对所使用的 Boosting 技术进行隐藏，尽量不让用户和网络采集器发现，主要技术包括内容隐藏（content hiding）、伪装（cloaking）和重定向（redirection）[12]。内容隐藏是将正文和页面背景设定为相同的颜色，从而掩盖大量的无关正文，以便网络采集器能够发现这些网页。伪装指给网络采集器返回不同的页面，从而欺骗搜索引擎；重定向本质上和伪装类似，但它是针对浏览器返回不同的页面。

在与垃圾信息制造者的斗争中，搜索引擎排名算法的有效期越来越短，一旦垃圾信息制造者们掌握了某种排名算法特点，就会有大量新型的带"免疫"功能的垃圾信息出现在互联网上。加州大学洛杉矶分校的 Alexandros Ntoulas 等人指出：搜索引擎和网络垃圾信息制造者之间的斗争像一场"军备竞赛"[13]。

为此，必须考虑使用自然语言理解技术识别那些人工产生的页面内容，以保证排名算法的长期有效性。另外，从根本上说，必须设计有足够防范能力的系统和算法，使垃圾信息制造者的进攻代价大于预期收益，垃圾信息制造者才不会从事这项"无利可图"的工作，才能达到搜索引擎的理想目标。

2.3 数据挖掘技术

第二类重要的网络信息主动获取技术是数据挖掘技术。本节简要介绍数据挖掘技术历程、Web 挖掘技术以及 Web 文本挖掘技术。

2.3.1 数据挖掘技术历程

1989 年 8 月，第 11 届国际人工智能联合会议（IJCAI1989）在美国底特律举行，GTE 实验室的 G. Piatetsky-Shapiro 牵头组织了一个名为"在数据库中发现知识(Knowledge Discovery in Database，KDD)"的研讨会[14]，标志着数据挖掘[15]成为一个新领域。到 1995 年，在美国计算机年会（ACM）上，提出了数据挖掘（Data Mining，DM）概念，即通过从数据库中抽取隐含的、未知的、具有潜在使用价值信息的过程。由于数据挖掘是 KDD 过程中最为关键的步骤，在实际应用中对数据挖掘和 KDD 这两个术语的应用往往不加区别。数据挖掘的对象早就不限于数据库，而可以是存放在任何地方的数据，包括互联网上的信息内容。

① http://www-db.stanford.edu/pub/papers/google.pdf

常用的数据挖掘技术可以分成统计分析类、知识发现类和其他数据挖掘技术三大类[16]。其他数据挖掘技术包括：Web 数据挖掘、分类系统、可视化系统、空间数据挖掘和分布式数据挖掘等。

2.3.2 Web 挖掘技术

Web 数据挖掘[17]，即网络知识发现（knowledge discovery in Web, KDW）是一门交叉性学科，涉及数据库、机器学习、统计学、模式识别、人工智能、计算机语言、计算机网络等多个领域，其中，数据库、机器学习、统计学的影响无疑是最大的[18]。Web 挖掘是指从大量非结构化、异构的 Web 信息资源中发现兴趣性（interestingness）的知识，包括概念、模式、规则、规律、约束及可视化等形式的非平凡过程。这里，兴趣性是指有效性、新颖性、潜在可用性及最终可理解性。

Web 挖掘主要过程包括：

（1）资源发现：在线或离线检索 Web 的过程，例如用爬虫在线收集 Web 页面。

（2）信息选择与预处理：对检索到的 Web 资源的任何变换都属于此过程。包括：词干提取、高低频词的过滤、汉语词的切分等。

（3）综合过程：自动发现 Web 站点的共有模式。

（4）分析过程：对挖掘到的模式进行验证和可视化处理。

当前，Web 挖掘技术主要分为三种：Web 内容挖掘（Web content mining）、Web 结构挖掘（Web structure mining）和 Web 使用挖掘（Web usage mining）。相关比较参见表 2-2。

表 2-2　Web 内容挖掘、Web 结构挖掘及 Web 使用挖掘的比较

	Web 内容挖掘		Web 结构挖掘	Web 使用挖掘
处理数据类型	信息检索方法：无结构数据、半结构数据	数据库方法：半结构化数据	Web 结构数据	用户访问 Web 数据
主要数据	自由化文本、HTML 标记的超文本	HTML 标记的超文本	Web 文档内及文档间的超链接	Serverlog, **Proxy serverlog**, Client log
表示方法	词集、段落、概念、信息检索的三种经典模型	对象关系模型	图	关系表、图
处理方法	统计、机器学习、自然语言理解	数据库技术	机器学习、专用算法	统计、机器学习、关联规则
主要应用	分类、聚类、模式发现	模式发现、数据向导、多层数据库、站点创建与维护	页面权重	分类聚类

Web 内容挖掘就是从 Web 页面内容或其描述中进行挖掘，进而抽取（extract）感兴趣的、潜在的、有用的模式和隐含的、事先未知的、潜在的知识的过程[19][20]。其中，从挖掘对象上

分为两类[21]：对于文本文档的挖掘（包括 text 和 HTML 等格式）和多媒体文档（包括 Image，audio，video 等媒体类型）的挖掘。Web 文本挖掘可以对 Web 上大量文档集合的内容进行关联分析、总结、分类、聚类以及趋势预测等[22]。

2.3.3 Web 文本挖掘技术

Web 文本挖掘就是从 Web 文档和 Web 活动中发现、抽取感兴趣的、潜在有用的模式和隐藏的信息的过程[23]。Web 文本挖掘与普通的平面文本挖掘既有类似之处，又有其自身的特点。例如，通信网中的短信、互联网中即时聊天工具和聊天室产生的聊天记录等文本具有每条记录包含字符少，而文本数量巨大的特点；BBS、Weblog 等形式的网页越来越多地出现了带有个人情感色彩的文章、言论，这些由用户产生的文本包含大量不规范用语、网络流行语等。这些特点对传统文本挖掘的方法提出了新的任务和挑战。

Choon Yang Quek 在文献[24]给出 Web 文本挖掘定义如下：

Web 文本挖掘是指从大量文本的集合 C 中发现隐含的模式 p。如果将 C 当作输入，p 当作输出，那么 Web 文本挖掘的过程就是从输入到输出的一个映射 $f:C\to p$。

Web 文本挖掘过程一般包括文本预处理、特征提取及缩维、学习与知识模式的提取、知识模式评价 4 个阶段。文本预处理是文本挖掘的第一个步骤，其工作量约占整个挖掘过程的 80%左右，其后几个阶段均有成熟的产品和软件系统。因此，文本预处理阶段对于文本挖掘效果的影响至关重要。

文本挖掘不但要处理大量的结构化和非结构化的文档数据，还要处理其中复杂的语义关系，因此现有的数据挖掘技术无法直接应用于其上。对于非结构化问题，一条途径是发展全新的数据挖掘算法直接对非结构化数据进行挖掘，由于数据非常复杂，导致这种算法的复杂度很高；另一条途径就是将非结构化问题结构化，利用现有的数据挖掘技术进行挖掘，目前的文本挖掘一般采用该方法进行。对于语义关系，则需要集成计算语言学和自然语言处理等成果进行分析。

2.4 信息推荐技术

过量信息同时呈现使得用户无法从中获取对自己有用的部分，信息使用效率反而降低，这一现象被称为“信息过载（Information overload）”。解决信息过载当前最好的手段是信息推荐技术，信息推荐技术属于网络信息被动获取技术范畴。

信息推荐与信息检索最大的区别在于：信息检索注重结果之间的关系和排序，信息推荐还研究用户模型和用户的喜好，基于社会网络进行个性化的计算；信息检索由用户主导，包括输入查询词和选择结果，结果不好用户会修改查询再次检索。信息推荐是由系统主导用户的浏览顺序，引导用户发现需要的结果。高质量的信息推荐系统会使用户对该系统产生依赖。

信息推荐技术典型应用是在 B2C 电子商务领域。学术界自 20 世纪 90 年代中期开始关注信息推荐技术研究，并逐渐作为一门独立的学科呈现。本节主要给出信息推荐形式化定义、相关算法和研究进展[25]。

2.4.1 信息推荐概念和形式化定义

Resnick 和 Varian 在 1997 年给出了信息推荐的非形式化定义[26]：利用电子商务网站向客

户提供商品信息和建议，帮助用户决定应购买什么产品，模拟销售人员帮助客户完成购买过程。信息推荐有三个组成要素：推荐候选对象、用户、推荐方法。信息推荐过程如下：用户可以向推荐系统主动提供个人偏好信息或推荐请求；如果用户不提供，推荐系统也可主动采集；推荐系统可以使用不同的推荐策略进行推荐，推荐系统将推荐结果返回给用户使用。

文献[27]给出了信息推荐系统的形式化定义如下：

设 C 是所有用户（ *user* ）的集合，S 是所有可以推荐给用户的商品对象的集合。实际上，C 和 S 集合的规模通常很大，例如上百万的顾客和上亿的商品。设效用函数 u（ ）可以计算对象 s 对用户 c 的推荐度（如提供商的可靠性 vendor reliability）和产品的可得性（product availability），即 $u: C \times S \to R$，R 是一定范围内的全序的非负实数，信息推荐要研究的问题就是找到推荐度 R 最大的那些对象 s^*，如下式：

$$\forall c \in C, s^* = \arg\max_{s \in S} u(c,s) \tag{2-4}$$

根据实际面对的问题不同，用户和对象的度量与采样可以使用不同的属性和特征。推荐算法研究的中心问题是效用度 u 的计算，并非遍历 *CXS* 的整个空间，而是分布到一个流形子空间（manifold）上。对于某个数据集来说，必须先对 u 进行外推（extrapolation），也就是说，对象必须具备用户以前做的评分（rating），未评定（unrated）的对象的评分必须先根据已标注的对象进行标注外推后才可以使用。各类推荐算法在外推和评分预测（rating propagation）上采用了不同的策略，设计了不同的效用函数。

2.4.2 推荐算法

现有的推荐算法基本包括：基于内容推荐、协同过滤推荐以及组合推荐。

1. 基于内容推荐

基于内容推荐（content-based recommendation）是指根据用户选择的对象，推荐其他类似属性的对象作为推荐，属于 Schafer 划分[28]中的 Item-to-Item Correlation 方法。这类算法源于一般的信息检索方法，不需要依据用户对对象的评价意见。

对象内容特征（*Content*（*s*））的选取目前以对象的文字描述为主，如 TF-IDF。用户的资料模型 *ContentBasedProfile*（*c*）取决于所用机器学习方法，常用的方法有：决策树、贝叶斯分类算法、神经网络、基于向量的表示方法等，数据挖掘领域的众多算法都可以用于此，结合对象内容特征和用户资料模型，最终的效用函数定义如下：

$$u(c,s) = score(ContentBasedProfile(c), Content(s)) \tag{2-5}$$

Score 的计算有不同的方法，例如可以使用向量夹角余弦的距离计算方法：

$$u(c,s) = \cos(\tilde{w}_c, \tilde{w}_s) = \sum_{i=1}^{k} w_{i,c} w_{i,s} \Big/ \left(\sqrt{\sum_{i=1}^{k} w_{i,c}^2} \sqrt{\sum_{i=1}^{k} w_{i,s}^2} \right) \tag{2-6}$$

最后得到的 u 数值用于排序对象，将最靠前的若干个对象推荐给用户。

2. 协同过滤推荐

协同过滤推荐（collaborative filtering recommendation）技术是推荐系统中最为成功的技术之一，基本思想是：找到与当前用户 c_{cur} 相似的其他用户 c_j，计算对象 s 对于用户的效用值 $u(c_j, s)$，利用效用值对所有 s 进行排序或者加权操作，找到最适合 c_{cur} 的对象 s^*。以日常生活为例，我们往往会利用好朋友的推荐来帮助自己进行选择。协同过滤正是借鉴这一思想，基于其他用户对某一内容的评价向目标用户进行推荐。

图 2-7 是根据客户在系统订单记录由系统采用某种算法推荐商品的一个实际结果图。

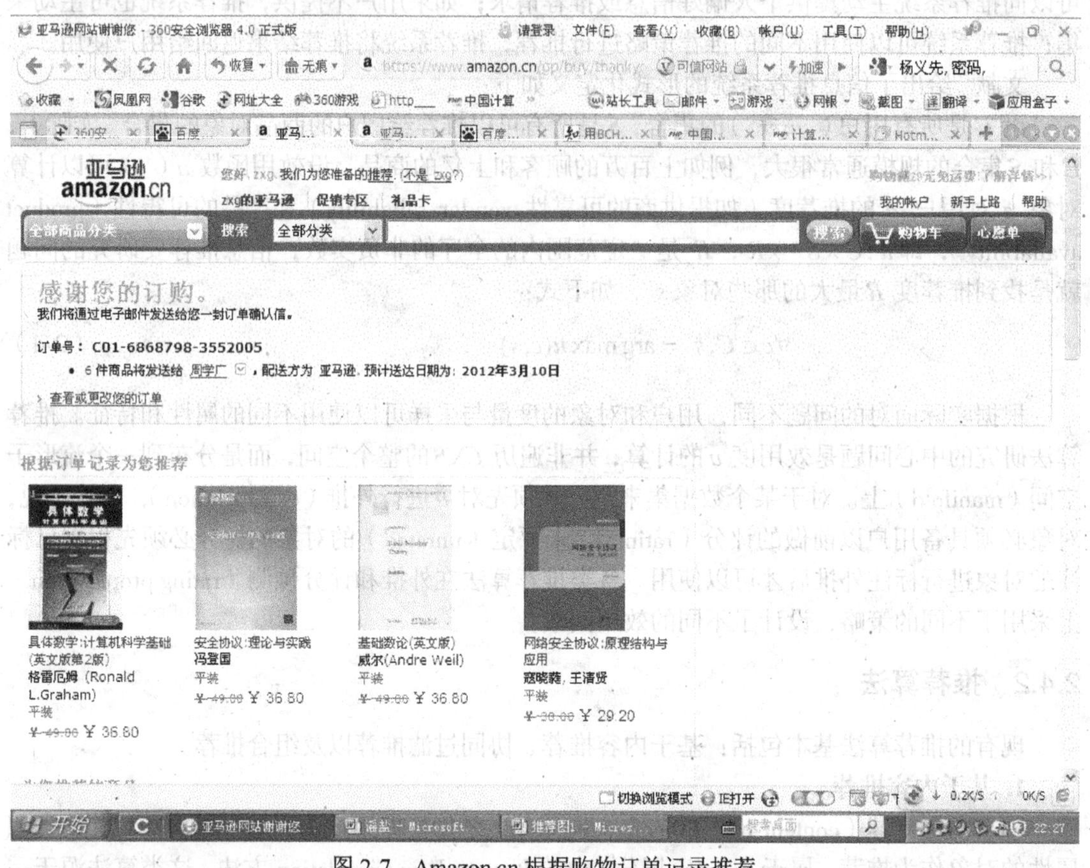

图 2-7　Amazon.cn 根据购物订单记录推荐

基于协同过滤的推荐系统是从用户的角度进行推荐的，并且是计算机自动处理的，用户所获得的推荐是系统从用户购买或浏览等行为中隐式获得的，不需要用户主动去查找适合自己兴趣的推荐信息。另外，对推荐对象没有特殊要求，能够处理非结构化的复杂对象。同时，研究用户之间的关系需要大量的用户访问行为的历史数据，与社会网络研究有交叉点，有丰富的研究基础和广阔的应用前景。协同过滤推荐又可分为两类：启发式（heuristic-based or memory-based）方法和基于模型（model-based）的方法。

（1）启发式方法。

启发式方法的基本思想是使用与新用户 c 相似的用户 c' 对一个对象的评价来预测 s 对新用户 c 的效用，进而判断是否推荐 s 给 c。显然，启发式方法的研究主要包括两点：计算用户之间的相似度；对所有与用户相似的用户对对象的评分进行聚合计算，以得到对新用户的效用的统计预测方法。

统计预测方法的计算公式可形式化表示如下：

$$r_{c,s} = \text{aggr}\, r_{c',s} (c' \in C) \tag{2-7}$$

下面给出计算 aggr 的几个启发式函数例子：

$$r_{c,s}=\frac{1}{n}\sum_{c'\in C}r_{c',s} \tag{2-8}$$

$$r_{c',s}=k\sum_{c'\in C}sim(c,c')\times r_{c',s} \tag{2-9}$$

$$r_{c,s}=\overline{r}_c+k\sum_{c'\in C}sim(c,c')\times(r_{c',s}-\overline{r}_{c'}) \tag{2-10}$$

这三类 aggr 函数都是利用以前用户的评价和用户之间的相似度来启发式地计算效用值。其中，式（2-8）形式简单；式（2-9）引入用户相似度加权，是应用最广泛的方法；式（2-10）提出平均归一化操作，消除不同用户在不同情况下作的评分可能存在的不同尺度。

（2）基于模型的方法。

基于模型的方法利用用户 c 对众多对象的评分来学习一个 c 的模型，然后使用概率方法对新的对象 s 的推荐效用进行预测，文献[29]给出的形式化描述如下：

$$r_{c,s}=E(r_{c,s})=\sum_{i=0}^{n}i\times\Pr(r_{c,s}=i\,|\,r_{c,s'},s'\in S_c) \tag{2-11}$$

基于模型的方法把一个用户归类到一种模型下或者一个类型中。其他的算法还有利用机器学习方法和统计模型、贝叶斯模型、概率相关模型、线性回归模型和最大熵模型等。

3. 组合推荐

组合推荐的一个重要原则是通过组合后应能避免或弥补各自推荐技术的弱点。研究和应用最多的内容推荐和协同过滤推荐的组合。尽管从理论上有很多种推荐组合方法，不同的组合思路适用于不同的应用场景，大体上，组合思路分为如下三类：

（1）后融合组合推荐。

融合两种或两种以上的推荐方法各自产生的推荐结果。最简单的做法就是分别用基于内容的方法和协同过滤推荐方法产生一个推荐预测结果，然后用某种方法组合其结果。此外，还可以分别考察两个推荐列表，判断使用其中的哪个推荐结果更好。这种结果层次上的融合称为后融合组合推荐。

（2）中融合组合推荐。

以一种推荐方法为框架，融合另一种推荐方法。例如，以基于内容的方法为框架，融合协同过滤的方法和以协同过滤的方法为框架，融合基于内容的方法。前者利用降维技术把基于内容的对象特征进行精简。后者为了克服协同过滤的稀疏问题，把用户当作对象，使用基于内容的特征提取方法把用户本身的特征使用到相似度计算中，不仅仅依赖用户的点击行为。文献[30]引入多种不同的用户描述符来归类用户，挖掘用户的内在联系，从而得到更好的推荐效果。

（3）前融合组合推荐。

直接融合各种推荐方法。如将基于内容和协同过滤的方法整合到一个统一的框架模型中。例如，文献[31]将用户和对象的特征都放到一个统计模型中计算效用函数，研究者使用用户属性 z、对象属性 w 及交互关系 x 来计算效用 r。对象 j 对于用户 i 的效用值 r_{ij} 计算式可以表示如下：

$$r_{ij} = x_{ij}\mu + z_i\gamma_j + w_j\lambda_i + e_{ij}, \text{Where } e_{ij} \sim N(0,\delta^2), \lambda_i \sim N(0,\wedge), \gamma_j \sim N(0,\tau) \quad (2\text{-}12)$$

这其中的三种正态分布的变量分别用于描述数据的噪声、用户属性的异质性和对象属性的异质性。上式表述效用值是由这几个因素共同决定的。这三种分布的三个参数可由马尔可夫蒙特卡罗方法估算得出。

2.5 信息还原技术

为了完成信息获取、信息内容取证以及信息内容安全分析，需要运用信息还原技术。信息还原技术包括：电脑还原技术、网页还原技术和多媒体还原技术三大类。本节针对电脑、网页以及多媒体三类不同媒介，分别开展信息还原技术研究。

2.5.1 电脑还原技术

目前，电脑还原技术主要有两种：软件还原方法和硬件还原方法。

1. 软件还原方法

软件还原包括本地还原和远程还原。本地还原是指：将镜像文件的内容写回存储分区。注意：不能还原当前镜像文件所在的存储分区。远程控制还原是指：软件服务端发送控制指令给软件客户端，软件客户端接收到指令之后，开始接收软件服务端发送过来的镜像文件；并将镜像文件写入服务端指定的存储分区中。

流行于计算机中的还原软件很多，影响力最大的是 GHOST 备份软件，使用较为普遍的是“还原精灵”类软件。以“还原精灵”为例，它采用新内核技术，在软件安装时由软件动态分配保留空间，无需考虑预先设置其位置及大小，从而能够最大限度地利用硬盘空间，并可自定义设置，即想还原哪个盘就设置哪个盘，较为方便。“还原精灵”能很好地保护硬盘免受病毒侵害，彻底清除以前安装并已遭破坏的程序，恢复被删除的文件，从而获取我们需要的数据。

根据还原工作原理，在使用一台新机器时，首先需要对机器的硬盘执行分区和格式化操作，然后再在上面安装操作系统才可以使用。经过上述安装操作后，硬盘将会被划分为五部分：主引导扇区、操作系统引导扇区、文件分配表、目录区和数据区。硬盘数据区是存放和保存数据的区域，它占据了除以上四部分之外的所有硬盘空间。当软件在安装时先把原 0 道 0 面 0 区的内容搬移到隐藏磁道的第 9 扇区，然后再把还原软件的代码写入 0 道 0 面 0 区和该磁道后序的若干扇区中，同时再把分区表信息加密成逻辑锁状态，并对当前活动分区的引导区内容进行修改。软件版还原精灵的程序代码编写完整，它可以对自身代码的完整性进行检测，如果代码不完整，就会自动修复被破坏的代码。在使用时，若主引导区的内容代码被修改，只要重新启动计算机，主引导区的还原精灵代码即可获得主机的控制权，并对自身的完整性进行检测；若发现当前活动区的内容被改动过，便把该扇区的内容改为还原精灵代码，其改动过程就是系统修复过程。还原精灵在防病毒策略上采取的是被动方式，因而无法阻挡或清除计算机病毒。该软件仅能支持 NTFS、FAT32、FAT 16 文件系统格式，对其他不同的文件格式则无法保护。该软件不具有网络发射功能。

2. 硬件还原方法

所谓硬件还原，就是将具有还原功能的软件固化在芯片上，或以插接卡的形式出现。当前市场上流行的硬件还原产品主要分为主板集成型和独立网卡型，前者多由知名计算机整机生产商提供，即将具有还原功能的芯片集成在主板上；独立网卡型硬盘还原卡的主体其实是一种硬件芯片，使用时直接插入主机板的PCI槽内与硬盘的MBR（主引导扇区）协同工作。二者硬件形式不同，但依据的还原思路与技术一样。工作时其加载驱动的方式十分类似DOS下的引导型病毒：接管BIOS的INT13中断，将FAT记录、引导区、CMOS信息、中断向量表等信息都保存到卡内的临时储存单元或是硬盘的隐藏扇区中，用自带的中断向量表来替换原始的中断向量表，再将FAT记录信息保存到临时储存单元中，用来应付对硬盘内数据的修改；接下来便在硬盘中找到一部分连续的空磁盘空间，将修改的数据保存到其中。直观的过程就是在计算机操作系统启动之前获得系统控制权，用户对硬盘进行的所有操作实际上并不是对原来数据的修改，而是对还原硬件虚拟的空间进行操作。如此操作达到了对系统数据恢复的功能。需注意，若还原操作是以卡的形式出现，使用时有可能会引起机器硬件冲突。

2.5.2 网页还原技术

网页还原技术涉及三个方面：数据包捕获技术、协议还原技术和网页内容还原技术。

1. 数据包捕获技术

一个网络设备通常只接收两种数据包：一是与自己硬件地址相匹配的数据包；二是发向所有机器的广播数据包。网络数据包的捕获技术采用的网卡接收方式为混杂方式，常见的网络数据包捕获方法有原始套接字、Libpcap、Winpcap和Jpcap四种。

（1）原始套接字。原始套接字是一种常用的网络应用编程接口，为通信应用程序提供了很好的抽象功能。分布在网络中不同主机上无联系的应用程序之间不需要知道底层通讯的细节，通过套接字即可进行网络通信。套接字一般分为流式套接字、数据报套接字和原始套接字三种类型。流式套接字定义了一种可靠的面向链接的服务，提供了双向、有序、无重复并且无记录边界的数据流服务，可实现无差错、无重复的顺序数据传输。数据报套接字支持双向数据流，定义了一种无链接的服务，数据通过相互独立的报文进行传输，无序且不保证可靠、无重复、无差错。原始套接字可以对底层协议进行直接访问，既能够用来收/发IP层以上层的原始数据包，如ICMP、TCP和UDP数据包，又能够对网络底层的传输机制进行控制。原始套接字的作用主要有：收/发本机的ICMP、IGMP数据包；接收发给本机的IP数据包；发送自定义IP数据包。

对网络中的数据包进行捕获就是利用原始套接字能够接收IP包的特性，利用套接字函数socket( )创建原始套接字，随后调用函数ioctlsocket( )，将网卡的接收方式设置为混杂方式，就可以使用函数recv( )进行数据包捕获操作了。

（2）Libpcap。Libpcap是一个系统独立的API函数接口，用于用户的数据包捕获工作。它为底层网络应用提供了一个易于移植的应用框架，这些底层网络应用包括网络数据收集、安全监控和网络调试等。编写Libpcap API函数库的最初目的是为了提供通用的、独立于具体系统的数据包捕获模块。该API函数接口在保持基本稳定的基础上，还在不断地进行更新和升级。Libpcap主要包括三个部分：底层部分是针对硬件设备接口的数据包捕获机制；中间层部分采用的是内核级的BPF包过滤机制；上层部分是提供给用户程序的接口。

BPF（BSD Packet Filter）是一种用于Unix操作系统的内核数据包的过滤机制。相对于早期的数据包过滤器，BPF使用了有向无环控制流图作为过滤规则表达方式，大大提高了运行性能。BPF使用基于寄存器的“过滤器虚拟机”，能够在RISC处理器上高效率地实现。BPF

使用非共享缓存模型，可以运行在现代计算机的巨大地址空间下，采用该模型能够大大提高数据包捕获的性能。

Libpcap 的工作原理。Libpcap 支持 BPF 数据包过滤机制。它主要由两部分组成：网络分接头和数据包过滤器。网络分接头从网络设备驱动程序中收集数据包拷贝，数据包过滤器决定是否接受该数据包。正常情况下当网络数据包到达网卡时，常规的传输路径是依次经过网卡、设备驱动器、数据链路层、IP 层、传输层，最后到达用户层。Libpcap 数据包捕获机制是在数据链路层增加一个旁路处理，它的工作流程如图 2-8 所示。

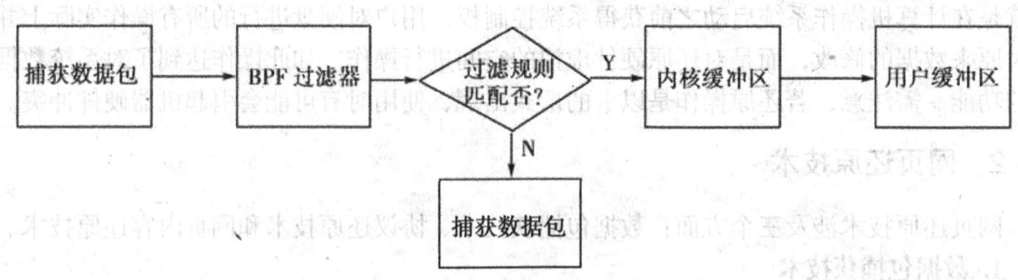

图 2-8　Libpcap 工作流程图

当一个数据包到达网络接口时，Libpcap 首先从数据链路层驱动程序获得该数据包的拷贝，再通过网络分接头函数将数据包传送给 BPF 过滤器。BPF 过滤器收到数据包后，根据用户已经定义好的过滤规则对数据包逐一进行匹配，它将符合过滤规则的数据包放入内核缓冲区，并传递给用户层缓冲区，等待应用程序对其进行处理；对于不符合过滤规则的数据包直接丢弃。如果用户没有设定过滤规则，则所有的数据包都将被放入内核缓冲区。

（3）Winpcap。Winpcap 是 Windows 平台下的一种数据包捕获方法，它是 Libpcap 的 Windows 移植版，从设计到实现完全兼容 Libpcap，使得原来许多 Unix 平台下的网络分析工具能被快速移植到 Windows 中。另外，Winpcap 除了与 Libpcap 兼容之外，还充分考虑了各种 Windows 平台下性能和效率的优化，包括对于 BPF 内核层次过滤器的支持、内核态统计模式的支持等。可以说，Winpcap 是在 Windows 平台下的首选数据包捕获方法。

Winpcap 由两个不同层次的 API 组成：位于应用层底层的 packet.dll 和位于应用层高层的 wpcap.dll，以及驱动层的虚拟设备驱动程序 npf.sys。它们之间的调用关系如图 2-9 所示。应用程序既可以调用应用层底层的 API packet.dll 实现一些更底层的操作，也可以调用应用层高层的 API wpcap.dll 来简化程序开发。通常定义 wpcap.dll 所在的应用层高层为外部捕获层，packet.dll 所在的应用层底层为内部捕获层。

（4）Jpcap。Jpcap 是一个用 Libpcap 改写的，能够捕获和发送网络数据包的 Java 类库。Jpcap 并不是一个纯粹的 Java 解决方案，它依赖于本地库的使用。如果想要在 Windows 环境下捕获 Java 程序中的网络数据包，必须要有 Libpcap 和 Winpcap 支持。

网络数据包捕获的主要过程是：①捕获原始数据包，包括在共享网络上各主机发送/接收的以及相互之间交换的数据包；②在数据包发往应用程序之前，按照自定义的规则（比如源 IP 地址、目的 IP 地址、端口号、系统时间等）将某些特殊的数据包过滤；③在网络上发送原始数据包；④将数据包送入指定文件以供后续处理。

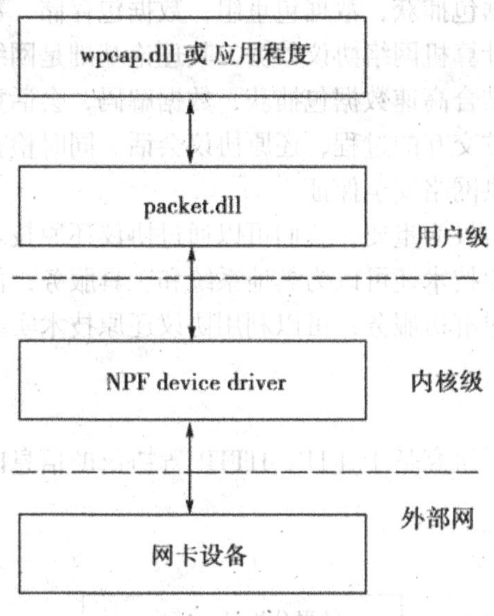

图 2-9　Winpcap 成员调用关系

2. 协议还原技术

协议还原技术是指当一个数据包从外部网络到达内部网络或者内部主机时，以链路层协议、TCP/IP 协议、应用层标准的协议基本原理为依据，系统依次对链路层数据包、IP 层数据包、TCP 成数据包、应用层数据包进行的一系列数据包处理过程。即当前捕获了网络数据包以后，为了解数据包中的内容和正在进行的服务而对数据包进行详细分解的过程，是数据包封装过程的逆过程，参见图 2-10。

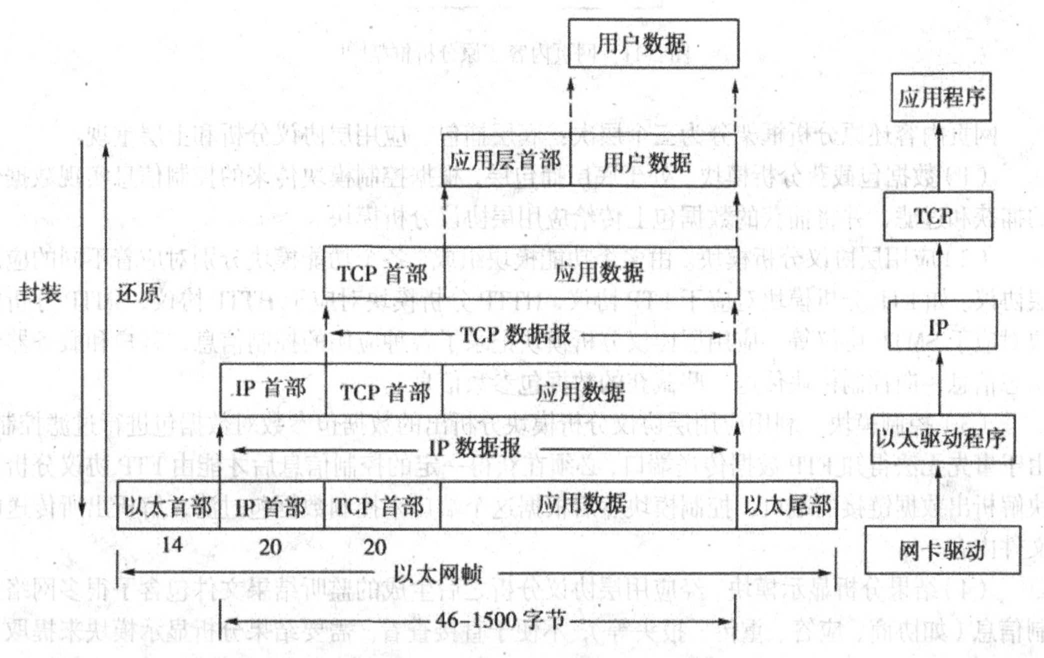

图 2-10　协议还原技术原理图[32]

协议还原技术涉及数据包捕获，数据包重组，数据包存储，数据包分发等各种技术。协议还原技术的研究对象是计算机网络协议数据，其理论基础是网络协议规范，根据各种不同网络协议格式化的特点，结合高速数据包捕获，数据解码，会话重组技术，从通信双方传输的协议数据中分析通信双方交互的过程，还原协议会话。同时检查协议会话的内容，完成对具体传输文件的重组，提供网络安全保证。

协议还原技术目前显得极为重要，我们可以通过协议还原技术迅速了解一个网络的流量状态和安全状态。协议还原技术还可以为其他系统和工具服务，例如，可以为入侵检测系统提供上层接口和原始数据包解析服务；可以利用协议还原技术实施监控网络、管理网络和保护网络。

3. 网页内容还原分析

网页内容还原分析主要研究基于 FTP、HTTP 等协议的信息内容的还原方法，其还原分析框架见图 2-11。

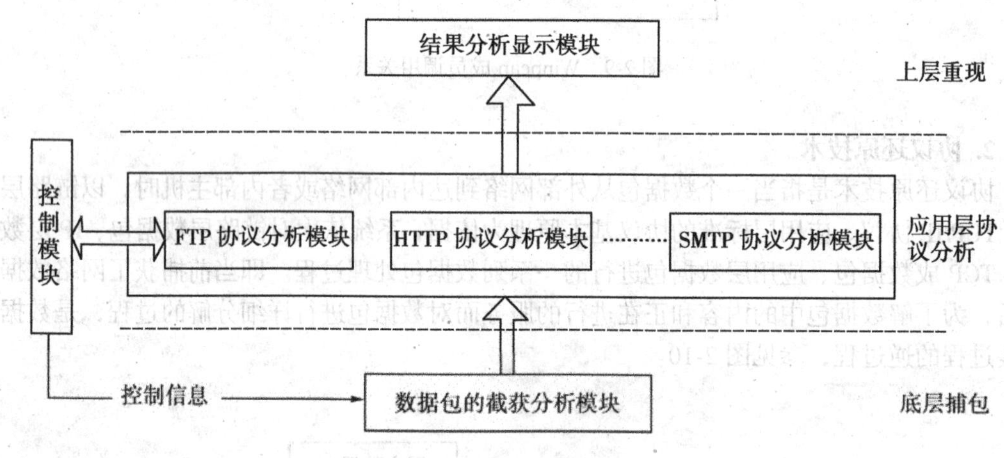

图 2-11　网页内容还原分析框架[33]

网页内容还原分析框架分为三个层次：底层捕包、应用层协议分析和上层重现。

（1）数据包截获分析模块。处于底层捕包层，根据控制模块传来的控制信息实现数据包的捕获和过滤，并将捕获的数据包上传给应用层协议分析模块。

（2）应用层协议分析模块。由多个功能模块组成，各个功能模块分别对应着不同的应用层协议。如 FTP 分析模块对应于 FTP 协议，HTTP 分析模块对应于 HTTP 协议，SMTP 分析模块对应于 SMTP 协议等。应用层协议分析模块记录了各种应用的控制信息，客户和服务器的状态信息，向控制模块传送一些截获的数据包参数信息。

（3）控制模块。利用应用层协议分析模块分析出的数据包参数对数据包进行过滤控制。由于事先无法得知 FTP 数据传送端口，必须在获得一定的控制信息后才能由 FTP 协议分析模块解析出数据链接的端口，控制模块然后根据这个端口来控制数据包过滤，解析出所传送的文件内容。

（4）结果分析显示模块。经应用层协议分析之后生成的监听结果文件包含了很多网络控制信息（如协商、应答、重传、报头等），不便于直接查看。需要结果分析显示模块来提取监听结果文件中的信息，重新生成方便查看的文件。

2.5.3 多媒体信息还原技术

不断探索网络多媒体信息还原的方法和技术有助于建立可靠、高效的信息网络安全保障体系，对于维护社会政治稳定、维护良好的经济发展秩序具有重要的现实意义。下面分别从多媒体协议、多媒体编码标准以及现有的多媒体信息还原技术三个方面介绍多媒体信息还原技术[34]。

1. 多媒体协议

实时传输协议/实时传输控制协议（RTP/RTCP）协议族是由 IETF 的 AVT 工作组开发的用于音频、视频等多媒体数据实时传输的协议，大部分多媒体网络应用数据传输都是基于该协议族的。RTP 负责数据传输，RTCP 负责反馈控制、传输检测的传输控制。RTP 的典型应用建立在 UDP 之上，RTP 本身只保证实时数据的传输，并不能为按顺序传送数据包提供可靠的传送机制，也不提供流量控制或拥塞控制，它依靠 RTCP 提供这些服务。RTCP 负责管理传输质量，并在当前应用进程之间交换控制信息。在 RTP 会话期间，各参与者周期性地传送 RTCP 包，其中含有已发送的数据包数量、丢失的数据包数量等统计资料，服务器可以利用这些信息动态地改变传输速率，甚至改变有效载荷类型。RTP 和 RTCP 配合使用，能以有效的反馈和最小的开销达到传输效率最佳化，特别适合于实时数据的传送。

非 RTP/RTCP 协议的多媒体信息传输，如微软的 MSN Messenger，直接采用 TCP 协议传输视频信息。

2. 多媒体编码标准

网络多媒体应用中常用的多媒体编码标准非常繁多，包括：H.263、WMV3、ML20 三种视频编码标准，以及 G.711、G.723 两种语音编码标准。

资源互换文件格式（RIFF）是微软公司提出的一种多媒体文件存储方式，不同编码标准的音频、视频文件都可以按此存储方式进行组织，AVI 文件和 WAV 文件都遵循此方式存储视频、音频信息。RIFF 规范以仿文件系统的方式组织文件数据。文件系统采用盘符、目录、子目录和文件为单位将所有文件组织起来。RIFF 文件利用 RIFF 头部、列表（List）、块（Chunk）为单位组织数据。RIFF 头部用于记录 RIFF 文件的全部信息，RIFF 文件由多个列表组成，每个列表可包含多个块。块是 RIFF 文件中保存数据的基本单元，每个块由标志符、数据大小和数据组成，其结构示意图如图 2-12 所示。

块标志符 (4字节)	块大小 (4字节)	块数据

图 2-12　RIFF 文件中块的结构示意图

3. 多媒体信息还原方法

（1）基于解码器的还原方法。

本方法是最直接的还原方法，它通过实现出相应多媒体编码标准的解码器来完成对此编码标准多媒体信息的还原。此方法具有普适性，实现复杂是其明显缺点。由于多媒体编码标准繁多，每种多媒体编码标准都有相应的编码、解码技术，要对每一种多媒体编码标准都能解码实现难度较大。

（2）基于封装的还原方法。

AVI 和 WAV 都是微软开发的多媒体文件格式，且都符合 RIFF 规范，其中 AVI 文件可以包含多种不同的媒体流（如视频流、音频流），WAV 文件仅包含音频流。AVI 文件和 WAV 文件均未限定编码标准，可以对采用不同编码标准的多媒体信息统一封装。统一封装使得本方法具有普适性，降低了实现难度。

（3）基于远程线程注入的还原方法。

对一些标准并不公开的编码标准，只能利用远程线程注入技术来完成对多媒体信息的还原，此方法的主要缺陷为普适性较差。

为实现多媒体信息还原，以基于封装的还原方法为主，以基于远程线程注入的还原方法为辅，对于大部分标准公开的多媒体编码标准，可以采用基于封装的还原方法；对于标准不公开的多媒体编码标准则采用基于远程线程注入的还原方法。

2.6 本章小结

网络信息内容获取是网络信息内容安全研究的基础，为后续研究提供原始素材。本章从信息内容获取模型开始，介绍信息检索、信息推荐、信息浏览和信息交互四种获取技术，并引入信息偶遇这一新奇的信息获取方式。由于信息内容获取技术分为主动获取和被动获取两类，在随后的 2.2 给出了主动获取技术之一的搜索引擎技术概念和发展历程，提炼了网上采集算法和排级算法。在 2.3 研究了另外一类广泛使用的主动信息获取技术——数据挖掘技术，引入 Web 文本挖掘技术概念和方法，为后面章节学习打好基础。在其后的 2.4 和 2.5 给出了被动信息获取技术。其中，2.4 中介绍了信息推荐技术，给出了非形式化定义和形式化定义，归纳了基于内容推荐、协同过滤推荐以及组合推荐三类信息推荐算法。2.5 分别从电脑还原技术、网页还原技术和多媒体信息还原技术等多角度研究了信息还原技术。本章重点是搜索引擎技术、数据挖掘技术和信息还原技术；难点是信息推荐技术和信息还原技术。通过本章学习，希望学生在网络信息内容获取方面掌握多种方法和手段。

参考文献

[1] Mooers C N. Data coding applied to the mechanical organization of knowledge [J]. American Documentation, 1951, 2:20-32.

[2] 朱婕，网络环境下个体信息获取行为研究[D]，吉林：吉林大学图书馆，2007.12, 第 100 页。

[3] Sanda Erdelez. Information Encountering: It's More Than Just Bumping into Information. Bulletin of the American Society for Information Science. 1999 （3）: 25

[4] 洪涛. 社区化搜索——满足用户需求的有效途径[J]. 中国计算机学会通讯, 2007, 3（4）: 29-33.

[5] L. Page, S. Brin, R. Motwani and T. Winograd. The PageRank citation ranking: Bringing order to the web[R]. Technical report. Stanford Digital Libraries, 1998.

[6] 杨炳儒,李岩. Web 结构挖掘[J].计算机工程,2003,29（20）: 28-30.

[7] Kleinberb J. Authoritative Sources in a Hyperlinked Environment[C]. Proc. of 9th ACMSIAM Symposium on Discrete Algorithms. Also Appeared as IBM Research Report RJ 10076, 1997.05.

[8] Chakrabarti S., Dom B E, Gibson D, et al. Mining the Link Structure of the World Wide Web[J]. IEEE Computer, 1999, 32（8）.

[9] Kosala R, Blockeel H. Web Mining Research: A Survey [J]. ACM SIGKDD, 2000-07.

[10] B. Jansen and A. Spink. An analysis of web documents retrieved and viewed[C]. In International Conference on Internet Computing. June 2003.

[11] Zoltán Gyõngyi, Pavel Berkhin, Hector Garcia-Molina, Jan Pedersen. Link Spam Detection Based on Mass Estimation[C]. VLDB 2006, September 12-15, 2006, Seoul. Korea.

[12] Baoning Wu and Brian D. Davison. Cloaking and Redirection: A Preliminary Study [C]. In the Proceedings of the First International Workshop on Adversarial Information Retrieval on the Web. May 2005.

[13] Alexandros Ntoulas, M. Najork, and M. A. Manasse. Detecting spam web pages through content analysis[C]. In Proceedings of the World Wide Web conference. Edinburgh. Scotland, 2006.

[14] G. Piatetesky-Shapiro, W. J. Frawley. Knowledge Discovery in Database [M]. Cambridge: MA: AAAI/MIT press, 1991.

[15] J. Han, M. Kamber. Data Mining: Concepts and Techniques [M]. 2nd edition. Singapore: Elsevier, 2006.

[16] 陈京民等. 数据仓库与数据挖掘技术[M]. 北京: 电子工业出版社, 2002: 264.

[17] Wang Bin, Liu Zhijing. Web Mining Research[C]. In: Proc. of the 5th International Conference on computational intelligence and multimedia applications（ICCIMA'03）. IEEE Computer Society Press, 2003.

[18] Z.-H. Zhou. Three perspectives of data mining [J]. Artificial Intelligence, 2003, 143(1): 139-146.

[19] Gravano L, et al. The Effectiveness of Gioss for the Text Database Discovery Problem [C]. SIGMOD'94. Minneapolis. MN, 1994, 126-137.

[20] Pitkow J. Insearch of Reliable Usage Data on the WWW[C]. In: Proc. of 6th International World Wide Web Conference. Santa Clara. California, 1997.

[21] Perkow Itz M, Etzioni O. Automatically Learning from User access Patterns[C]. Proceedings of 6th International World Wide Web Conference. Santa Clara. California, 1997.

[22] 王继成,潘金贵,张福炎. Web 文本挖掘技术研究[J]. 计算机研究与发展, 2000, 37（5）: 513-520.

[23] Yang Y. An evaluation of statistical approaches to text categorization. Information Retrieval, 1999, 1 (1), 76-88.

[24] Choon Yang Quek. Classification of World Wide Web Documents. School of Computer Science. Carnegie Mellon University, 1997.

[25] 许海玲，吴潇，李晓东等. 互联网推荐系统比较研究[J]，软件学报, 2009, 20(2):350-362.

[26] Resnick P., Varian H R. Recommender systems. Communications of the ACM, 1997, 40

（3）:56-58.

[27] Adomavicius G, Tuzhilin A. Toward the next generation of recommender systems: A survey of the state-of-the-art and possible extensions. IEEE Trans. On Knowledge and Data Engineering, 2005, 17（6）:734-749.

[28] Schafer J.B. Konstan J. Riedl J. Recommender systems in e-commerce. In: Proc. of the 1st ACM Conf. on Electronic Commerce. New York: ACM Press, 1999, 158-166.

[29] Adomavicius G, Tuzhilin A. Toward the next generation of recommender systems: A survey of the state-of-the-art and possible extensions. IEEE Trans. On Knowledge and Data Engineering, 2005, 17（6）:734-749.

[30] Good N, Schafer J.B., Konstan J. A., et al. combining collaborative filtering with personal agents for better recommendations. In: Proc. of the 16th National Conf. on Artificial Intelligence. Menlo Park: AAAI Press, 1999, 439-446.

[31] Ansari A. Essegaier S. Kohli R. Internet recommendations systems. J. of Marketing Research, 2000, 37（3）:363-375.

[32] 王耕. 基于通用平台的TCP/IP协议还原技术研究[D]. 成都：电子科技大学，2009.

[33] 张雯. 无线局域网监听系统的研究与实现[D]. 西安：西北工业大学，2007.

[34] 周森. 网络多媒体信息还原系统实现技术研究[D]. 武汉：华中科技大学，2007.

本章习题

1. 名词解释：信息检索、信息推荐、信息交互、信息浏览、GYM、URL、Crawler、Sniffer、Promiscuous、Web挖掘、SEO、数据挖掘。
2. 信息获取技术有哪些？如何分类？
3. 信息内容获取模型包括哪些内容？
4. Spider一般如何分类？
5. 信息检索一般如何分类？
6. 给出通用爬虫算法。
7. PageRank核心是什么？叙述其排级过程。
8. HITS算法核心是什么？叙述其排级过程。
9. 排级算法的主题漂移是如何产生的？
10. PageRank与HITS的重要区别是什么？
11. 为什么说搜索引擎和网络垃圾制造者之间的斗争像一场“军备竞赛”？
12. 数据挖掘如何分类？
13. 叙述Web挖掘过程。
14. 简要比较Web挖掘三种技术。
15. 叙述或图示Web文本挖掘过程。
16. 举例说明信息推荐的非形式化含义。
17. 信息推荐有哪些推荐算法？

18. 信息还原技术包括哪些方面?
19. 电脑还原技术有哪些?
20. 数据包捕获技术的核心是什么?
21. 如何实施网页内容还原分析?
22. 多媒体协议有哪些?
23. 多媒体信息还原方法有哪些?

第3章 文本内容安全

网络信息可以简单地分为文本和多媒体两类。在日常生活中接触到的信息，绝大部分是文本，其呈现方式是印刷品或电子文档。随着互联网的飞速发展，越来越多的文本表现为电子文档形式。在掌握信息获取技术的基础上，本章主要介绍文本预处理技术、文本内容分析方法、文本内容安全应用等相关内容。

3.1 文本预处理技术

文本（text），包括期刊、网页、博客、邮件、短信、微博等外在组织形式的，内涵为纯文字内容的文档对象。与之相关联的概念是文档（document），其内涵涵盖各种文本组织形式，其外延包括文本文档、图像文档、视频文档及其混合组织形式[1]。文本处理过程一般包括文本预处理、特征提取及缩维、知识模式提取、知识模式评价四个阶段，参见图 3-1。

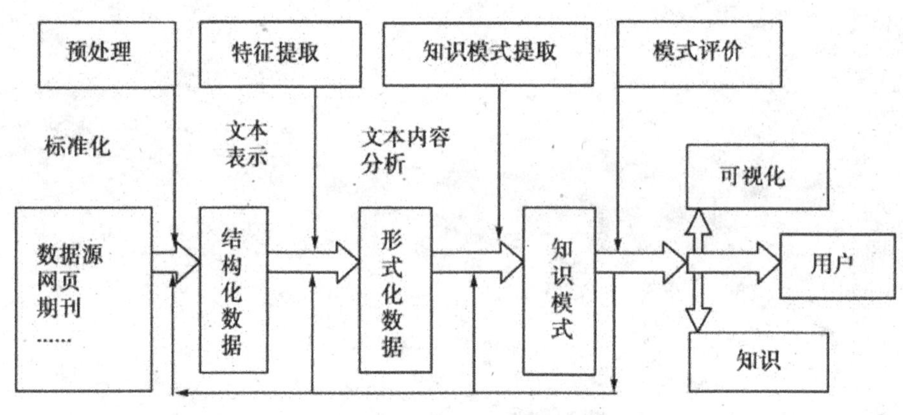

图 3-1 文本处理过程

通过信息获取技术得到的原始文本不能直接用于信息处理，必须通过文本预处理将文本转化为方便计算机识别的结构化数据，即对文本进行形式化处理。与数据库中的结构化数据相比，文本具有有限的结构（又称半结构），或者根本就没有结构。文档的内容是人类所使用的自然语言，计算机很难处理其语义。文本的这些特殊性使得文本预处理技术在文本处理中显得更加重要。文本预处理是文本处理的第一个步骤，其工作量约占整个文本处理过程的 80% 左右，其后几个阶段均有成熟的产品和软件系统。因此，文本预处理阶段对于文本处理的效果至关重要。本章研究对象是中文文本，因此，关注重点是中文文本预处理技术。

文本预处理技术主要包括分词技术和去除停用词、文本表示以及特征提取。对一篇文本进行中文分词后，其结果是由一组独立的词组成，其间有一些常用的、高频的、对文章的内

容判别不起作用的词，把这些词定义为停用词。去除停用词，就是按照一定的方法，去除文本中一般不包括有效的文本性质的代词、介词、助词等功能词。

去停用词方法较简单，首先由人工整理收集一张停用词表，一旦文档中出现停用词表中的词，就将它删除，只保留停用词表之外的词语。因此，文档的去停用词性能与停用词表的覆盖面息息相关。去停用词的具体步骤见图3-2。

输入：一份文档；
输出：去除停用词的文档。
Step 1：中文分词，保留所有的名词、动词、形容词以及副词；
Step 2：保留出现在文档标题或者主题中的数词，过滤其他部位的数词；
Step 3：用停用词表过滤剩余结果；
Step 4：输出结果文档。

图3-2　去停用词具体步骤

3.1.1　分词技术

分词技术又分为Stemming（英文）/分词（中文）。

英文需要进行Stemming处理，即提取词干处理。只要用空格作为英文文本的分隔符，对各个字符串提取英文基本词根即可达到分词效果。国内外Stemming技术已经很成熟。

中文文本以字为基元，在中文分隔符（，。、：等）之间的一般为短语或句子，词与词之间不像英文那样每个单词之间有明显的分隔符（即空格），以何种方式将这些连续的方块字进行分隔一直是汉语信息处理与计算机应用的一个难题。另外，汉语构词具有较大的灵活性和自由性，只要词汇意义和语言习惯允许，就能组合起来，很容易产生歧义。因此，理解汉语的首要任务就是把连续的汉字串分隔成词的序列，即自动分词。

自动分词主要分为机械分词法、语法分词法和语义分词法三种。

1. 机械分词法

机械分词法基本思想是：事先建立词库，其中包含所有可能出现的词。对给定的待分词的汉字串s，按照某种确定的原则（正向或逆向）取s的子串，若该子串与词库中的某词条相匹配，则该子串是词，继续分隔剩余的部分，直到剩余部分为空；否则，该子串不是词，则取s的子串进行匹配。根据每次匹配时优先考虑长词还是短词，机械分词法又分为最大匹配法（the Maximum Matching Method，MM）和最小匹配法。其中最大匹配法比较常用。机械分词法实现起来比较简单，但由于其切分依赖于其词库，不涉及语法和语义，很容易产生歧义。机械分词法具体可分为以下三种：

（1）最大匹配法。

最大匹配法的算法思想：对于文本中的字符串ABC，A∈w，AB∈w，ABC∉w，w为字典，那么就取切分AB/C。通过小规模语料测试的结果，最大匹配分词算法目前最好的切分正确率为95.422%，切分速度为65000字/分钟。

（2）逆向最大匹配法。

逆向最大匹配法的算法思想：对于文本中的字符串ABC，C∈W，BC∈W，ABC∉W，W

为字典，那么就取切分 A/BC。例如：对于文本中的字符串 ABCD，其中 CD∈W，BCD∈W，ABCD∉W，那么我们就取切分 A/BCD。

（3）最小匹配法。

最小匹配法的算法思想：对于文本中的字符串 ABC，A∈W，AB∈W，ABC∉W，W 为字典，那么就取切分 A/BC。最小匹配对词的划分粒度较小，在某些应用中会缺乏语义知识，不能满足应用需要。

统计结果表明，单纯使用正向最大匹配的分词错误率为 1/169，单纯使用逆向最大匹配的分词错误率为 1/245。这种精度远远不能满足实际工作的需要，但是这类算法实现简单，可作为一种较好的粗分算法。实际使用分词系统时，首先采用基于规则的分词方法作为粗分手段，然后通过利用各种其他的语言信息来进一步提高中文分词的准确率。

2. 语法分词法

语法分词法基本思想是：事先建立一套汉语语法规则，其中的规则不但给出某成分的结构（即它由哪些子成分构成），而且还给出它的子成分之间必须满足的约束条件。另外，还要事先建立一个词库，其中包含所有可能出现的词和它们的各种可能的词类。语法分词法能在一定程度上提高切分正确率。具体内容将在语法分析小节中给出。

3. 语义分词法

语义分词法基本思想是：在语法分析的基础上，建立一个词库，其中包含所有可能出现的词和它们的各种语义信息对给定的待分词的汉语句子 s，按照某种确定的原则取 s 的子串。若该子串与词库中的某词条相匹配，则从词库中取出该词的所有语义信息，然后调用语义分析程序进行语义分析。若分析正确则该子串是词，记下语义分析结果作为后继切分的基础，继续分隔剩余部分，直到剩余部分为空；否则，该子串不是词，则取 s 的子串进行匹配。语义分词法与上述两种分词法相比，能够更好地提高切分正确率。但它也不能完全解决歧义问题。通过上述研究，得到了三类分词算法的比较，参见表 3-1 中文分词算法性能比较表。它可为研制中文分词算法提供帮助。

表 3-1　**中文分词算法性能比较表**

分类	基于规则的分词算法	基于统计的分词算法	基于语义的分词算法
优点	不需训练，计算量小，实现简单	消除歧义	能识别未登录词，消除歧义
缺点	分词精度与词典相关，不能识别未登录词，产生歧义	概率词典需要训练产生，不能识别未登录词，计算量大，产生数据稀疏	分词精度与知识库相关，知识库的表示复杂，不能预知新的语法规则

近二十年来，汉语自动分词研究取得了很大成就，推出了一批有代表性的分词系统，如中科院计算所的汉语词法分析系统[2]，清华大学的 SEGTAG 系统[3]；北京航空航天大学的 CDWS 系统[4]；北大计算语言学研究所分词系统[5]等。还产生了许多新的分词算法，其中有一定代表性的方法是：最大匹配法（又可分为正向、逆向、双向三种）、最优路径（+词频选择）法（最少分词法）、特征词库法、邻接约束法、人工神经网络方法、无词典分词法，等等。这些算法各具特色。如果只考虑利用词条信息，不使用词性、语义等复杂特征的话，则最大匹配法和

全切分算法为好。基于全切分的分词法能够把所有可能的切分形式列出，以备后续语义分析得出正确切分形式，但切分结果呈现几何增长，句子越长，结果越多，分词系统效率急剧下降。

3.1.2 文本表示

文本结构化的结果称为文本表示，常见的文本表示模型[6]有：布尔模型（Boolean Model, BM）、向量空间模型（Vector Space Model, VSM）、概率模型（Probability Model, PM）、潜在语义索引模型（Latent Semantic Indexing Model, LSI）等，其中，LSI在语义分析小节中讲解。

1. 布尔模型

布尔模型[7]是建立在集合理论和布尔运算上的一种简单的检索模型。在布尔模型中用一组特征项（由字、词或短语组成）表示文本，每个特征项只考虑是否出现在文本中，通过布尔操作符把特征项表示成布尔表达式。链接特征项的布尔操作符包括AND、OR、NOT，其中如果两个特征项用AND相连则表示这两个特征项必须同时包含在待处理文本中，若用OR相连则表示这两个特征项只要有一个包含在待处理文本中即可，NOT表示该特征项不能包含在待处理文本中。这种模型最大的优点是简单、直观，但检索性能较差，无权重设计使得查询得到的结果不能进行排序。

2. 向量空间模型

向量空间模型是通过利用向量空间的数据表示和几何运算解决检索中数据表示和相似度量的问题，该模型是由Salton等人提出[8]。在向量空间模型中以特征项作为描述文本的基本单位，每个文本用一个向量来表示，向量的维数就是特征项的个数。每一特征项被赋予一个权重，用以刻画相应特征项在描述该文本内容时所起作用的重要程度。文本 d_i 可以用向量表示为 $\vec{d_i}=\{w_{i1},w_{i2},\cdots w_{im}\}$，其中 w_{ik} 表示第 k 个特征项 t_k 在文本 d_i 中的权重。

在向量空间模型中，关键是计算特征项的权重，其目的是要正确分配每个特征项在表示文本时的重要程度。1988年，Salton等人提出了TFIDF的特征权重计算方法[9]，公式如下：

$$w_{ik}=TF*IDF=tf_{ik}\times\log(N/n_k+0.01) \tag{3-1}$$

式中，w_{ik} 表示特征项 t_k 在文本 d_i 中的权重；TF（Term Frequency）表示特征项在文本中出现的频率，称为字项频度因子；IDF（Inverse Document Frequency）表示特征项在整个训练文本集中出现频率的倒数，称为反项频度因子，即倒排文本频率；tf_{ik} 表示特征项 t_k 在文本 d_i 中出现的次数（即词频），tf_{ik} 值越大，对文本 d_i 越重要；N 表示训练文本集中的文本总数，n_k 表示训练文本集中出现特征项 t_k 的文本数。

考虑到文本长度越长，被检索到的概率越大，故常将公式（3-1）做归一化处理[10]：

$$w_{ik}=\frac{tf_{ik}\times\log(N/n_k+0.01)}{\sqrt{\sum_{t_k\in d_i}[tf_{ik}\times\log(N/n_k+0.01)]^2}} \tag{3-2}$$

上式中的分母为归一化因子。

当所有文本都映射到向量空间，文本信息的匹配问题就转化为向量空间矢量匹配问题。文本间的相似度可以用向量空间中点的距离，即夹角余弦来表示。设两文本 d_i 和 d_j，则这两

文本的相似度 $Sim(d_i,d_j)$ 可由下式计算[11]。

$$Sim(d_i,d_j)=\cos\theta=\frac{\sum_{k=1}^{m}w_{ik}\times w_{jk}}{\sqrt{\sum_{k=1}^{m}w_{ik}^2\sum_{k=1}^{m}w_{jk}^2}} \tag{3-3}$$

式中，m 为向量维数，θ 为向量夹角，θ 越小说明文本间的相似度越高。

向量空间模型是一种简便高效的文本表示模型，它将文本内容的处理简化为向量空间中的向量运算，使问题的复杂性大为降低。但该模型假设特征项之间是相互独立的，由于汉语特征词之间往往存在某种联系，因此上述模型假设很难得到保证。

3. 概率模型

概率模型又称为“二值独立检索模型”，是一种基于概率排序原则的自适应模型，其提问不是由用户直接给出，而是通过某种归类学习方法构造一个决策函数来表示提问。最经典的概率模型是二元独立概率模型（Binary Independence Retrieval，BIR）[12]。该模型的目标是估计用户对文本 d_i 感兴趣的概率，模型假设这一概率只与特征项 t_k 和文本 d_i 有关。设模型中与检索相关的集合记为 R，不相关的集合记为 $\overline{R}$，文本 d_i 与 R 相关的概率估计记为 $P(R|d_i)$，与 R 不相关的概率估计记为 $P(\overline{R}|d_i)$，则文本 d_i 与特征项 t_k 的相似度度量为[13]：

$$Sim(d_i,t_k)=\frac{P(R|d_i)}{P(\overline{R}|d_i)} \tag{3-4}$$

概率模型的优点是把信息检索建立在概率理论上，检索的结果按照检索相关度的概率估计进行降序排列。其缺陷在于没有通用的 $P(R|d_j)$ 和 $P(\overline{R}|d_j)$ 概率估计方法，计算上比较复杂，且这种模型并没有考虑特征项在文本中出现的频率，因为所有的权重都是二元的。

综上所述，向量空间模型简单、易懂并且在实际应用中非常有效，在知识表示及模型理解上具有巨大的优势。目前最成熟的商业搜索引擎，如Google和百度等，以及开源工具Lucene①均采用该模型作为其中的文本表示方法。近年来随着统计概率的迅速发展出现的统计语言模型，有着坚实的数学基础，极易扩展和融入更多的信息特征。因此，也得到极大的应用。上述两种模型共同点是：文本都是在词典空间上进行表示的，一个文本将形成一个一对多（文本→词）的映射或者表示。

3.1.3 文本特征提取与缩维

文本特征提取算法通过构造评价函数，对特征集中的每一个特征进行独立的评估，这样，每一个特征都获得一个评估值，然后对所有的特征按照其评估值的大小进行排序，选取预定数目的最佳特征作为结果的特征子集。通常采用的评估函数有：信息增益、文档频率、互信息、x^2 统计、交叉熵等。

1. 信息增益

信息增益（Information gain）[14]反映词对整个分类提供的信息量，即在获知一个特征在文本中出现或不出现时，所获得的信息的比特数。设 $\{C_i\},i=1,2,\cdots,k$ 为 k 个类别的集合，那么特征 t 的信息增益定义为：

① http://lucene.apache.org

$$IG(t)=P(t)\sum_{i=1}^{k}P(C_i\mid t)\log\frac{P(C_i\mid t)}{P(C_i)}+P(\overline{t})\sum_{i=1}^{k}P(C_i\mid\overline{t})\log\frac{P(C_i\mid\overline{t})}{P(C_i)} \tag{3-5}$$

式中，$P(C_i)$ 表示训练集中类别 C_i 的概率，$P(t)$ 表示特征 t 出现的概率，$P(C_i\mid t)$ 表示 t 出现时，类别 C_i 出现的概率，$P(\overline{t})$ 表示特征 t 不出现的概率，$P(C_i\mid\overline{t})$ 表示 t 不出现时，类别 C_i 出现的概率。

信息增益考虑了文本特征未发生的情况，虽然特征不出现的情况可能对文本类别有贡献，但这种贡献往往小于考虑这种情况时对特征分值带来的干扰。

2. 文档频率

文档频率（Document frequency threshold）[14]是指在训练文本集中包含某一特征的文本的个数。若一个词的文档频率过大，如一些功能词几乎出现在所有的文档中，那么这个词对分类的作用不大，可以将其滤除；若一个词的文档频率过小（极端地，只在一个文档中出现），那么它对文档类没有代表性，甚至可能是噪声，应予以滤除。这种方法降维简单，计算量很小。但某些稀有词相对集中于某些类中，可能包含重要的判断信息，如果被滤除会影响分类的精度。另外对于类别较少的情况，很多DF高的特征反而会对分类起到重要作用。

3. 互信息

互信息（Mutual information）[15]用来衡量特征与类别之间的统计独立关系，在词语相关性的统计语言模型中广泛使用。特征 t 与类别 C_i 的互信息定义为：

$$MI(t,C_i)=\log\frac{P(t,C_i)}{P(t)P(C_i)}=\log\frac{P(t\mid C_i)}{P(t)} \tag{3-6}$$

式(3-6)中，$P(t,C_i)$ 表示特征 t 与类别 C_i 的同现概率，$P(t)$ 表示特征 t 出现的概率，$P(C_i)$ 表示类别 C_i 出现的概率，$P(t\mid C_i)$ 表示 C_i 类文本中 t 的出现概率。MI值越大，词和类的共现程度越大。

互信息对于边缘概率密度很敏感，在相同条件概率的情况下，训练集中稀有词将获得较大的MI值，因此在词频分布较宽时，分类性能得不到保证。

4. x^2 统计

x^2 统计量（CHI）[16]可用于特征和类别之间的统计独立关系，但与互信息不同的是，互信息是一个非规格化的值，取值范围大，特别是对于边缘分布很小的情况。x^2 统计量是一个规格化的值，CHI值越大，特征与类别间的独立性越小，相关性越大。

设 A 为特征 t 与类别 C_i 同现的文本数，B 为特征 t 出现而类别 C_i 不出现的文本数，C 为特征 t 不出现而类别 C_i 出现的文本数，D 为特征 t 与类别 C_i 都不出现的文本数，N 为训练集的文本总数，则 t 与 C_i 之间的 x^2 统计量为[17]：

$$x^2(t,C_i)=\frac{N(AD-BC)^2}{(A+C)(B+D)(A+B)(C+D)} \tag{3-7}$$

x^2 统计量可靠性好，比较稳定，无需因训练集的改变人为地调节特征阈值的大小。利用 x^2 统计量进行特征选择时，CHI值大的往往是高频特征，特别适合于两类分类问题，因此文本训练集的特征提取通常采用 x^2 统计量的思想。

5. 交叉熵

与信息增益类似，交叉熵（Cross Entropy）也是利用特征的出现情况来衡量分类性能的：

$$CE(w)=P(w)\sum_{i=1}^{k}P(C_i\mid w)\log\frac{P(C_i\mid w)}{P(C_i)} \qquad (3\text{-}8)$$

交叉熵只考虑特征发生时的情况，不能同时兼顾特征出现和不出现的情况。通过对公式（3-5）和（3-8）比较可以发现，交叉熵没有特征不出现时的权值分配。如果一个特征倾向于某个类，则该特征不出现也会提供类别的分布信息，这个信息是间接的、辅助的，不如直接信息有力度。根据试验表明，IG 和 DF 方法运用在文本特征提取和缩维方面效率最高。限于篇幅，文本证据权和几率比等方法请参考文献[18]。

3.2 文本内容分析

虽然可以不断提高文本表示模型的效率，但每个文本都是由大量的特征所组成这一事实，导致文本表示维数会达到数十万维的大小，对将要进行的文本内容分析可能带来灾难性的计算时间指数增长，而产生的特征子集分类结果与小得多的特征子集相近。因此，减少文本特征的维数至关重要[19]。本节在文本特征提取与缩维的基础上，分别从语法、语义和语用三个方面进行文本内容分析，为开展文本内容安全应用研究打好基础。

3.2.1 文本语法分析方法

文本语法分析（text grammar analysis）是指通过语言模型或语法模型来处理文本的过程，包括隐马尔科夫（Hidden Markov Model，HMM）词性标注、最大熵（Maximum Entropy, ME）命名实体识别和 N 元语法模型（N-gram）等。

1. HMM 模型词性标注

当马尔科夫模型中的状态对于外界来说不可见的时候，就转换成了隐马尔科夫模型（HMM）。一般说来，HMM 是一种随机模型，适合非平稳随机序列，具有统计特性，可以用于处理多个不同平稳状态过程中的随机转移。HMM 是一个双重随机过程，其中的一重随机过程是描述基本的状态转移，而另一重随机过程是描述状态与观察值之间的对应关系。HMM 适合序列标注问题，即给定一个观测序列 $X=\{x_1,x_2,\cdots,x_m\}$，求出最适合这个观察序列的标记序列 $Y=\{y_1,y_2,\cdots,y_m\}$，使得条件概率 $p(Y\mid X)$ 最大。HMM 中，条件概率通过贝叶斯原理变换后求得：

$$P(Y\mid X)=\frac{p(Y)p(X\mid Y)}{\sum_{Y}p(Y)p(X\mid Y)} \qquad (3\text{-}9)$$

在序列标注任务中，X 是给定一个给定的观察序列，上式中的分母对所有的 X 相同，因此可以不予考虑，同时应用联合概率公式可得：

$$Y^*=\arg\max_{Y}p(Y\mid X)=\arg\max_{Y}\frac{p(X)p(Y\mid X)}{P(X)}=\arg\max_{Y}p(X,Y) \qquad (3\text{-}10)$$

即隐马尔科夫模型实质上是求解一个联合概率。上式中标记序列 Y 即可以看作为一个马尔科夫链，进一步对（3-10）式应用乘法公式，有：

$$p(x_{1,m},y_{1,m})=\prod_{i=1}^{m}p((x_i,y_i)\mid x_{1,i-1},y_{1,i-1})$$
$$=\prod_{i=1}^{m}p(x_i\mid x_{1,i-1},y_{1,i})p(y_i\mid x_{1,i-1},y_{1,i-1}) \qquad (3\text{-}11)$$

上式中，$x_{1,i}=x_1,x_2,\cdots,x_i$，$y_{1,i}=y_1,y_2,\cdots,y_i$，$1\leqslant i\leqslant m$。公式（3-11）给出了不做任何假设的理想化的序列标注的概率模型。序列标注的任务便是寻找一个最佳的标记序列$\hat{Y}$，使得（3-11）式最大，即：

$$\hat{Y}=\arg\max_{Y}p(Y\mid X)$$
$$=\arg\max_{Y}\prod_{i=1}^{m}p(x_i\mid x_{1,i-1},y_{1,i})p(y_i\mid x_{1,i-1},y_{1,i-1}) \qquad (3\text{-}12)$$

公式（3-12）虽然反映了理想状况下的标记序列的概率模型，但是要求解该模型，需要估计的参数空间太大，无法操作。为此，隐马尔科夫模型作如下假设：

假设一：标记y_i的出现只和有限的前N-1个标记相关，即n-pos模型：

$$p(y_i\mid x_{1,i-1},y_{1,i-1})\approx p(y_i\mid y_{1,i-1})$$
$$\approx p(y_i\mid y_{i-N+1},y_{i-N+2},\cdots,y_{i-1}) \qquad (3\text{-}13)$$

如果N=2，则是我们常用的一阶隐马尔科夫模型。

假设二：一个观察值x_i的出现不依赖于其前面的任何观察值，只依赖于其前面的标记，并进一步假设只和该观察值的标记y_i相关，即：

$$p(x_i\mid x_{1,i-1},y_{1,i})\approx p(x_i\mid y_{1,i})\approx p(x_i\mid y_i) \qquad (3\text{-}14)$$

由（3-13）和（3-14）我们可以将一阶隐马尔科夫模型（3-12）式重写如下：

$$p(Y\mid X)=\prod_{i=1}^{m}p(y_i\mid y_{i-1})p(x_i\mid y_i) \qquad (3\text{-}15)$$

其中，$p(x_i\mid y_i)$被称为发射概率，$p(y_i\mid y_{i-1})$被称为转移概率。

隐马尔科夫模型有三个基本问题：

1）估值问题：假设已有一个HMM，其转移概率和发射概率均已知。如何计算该模型产生某一个特定观测序列的概率。

2）解码问题：假设有一个HMM和它所产生的一个观测序列，决定最有可能产生这个观测序列的隐状态序列。

3）学习问题：怎样调整现有的模型参数，使其描述给定观察序列最佳，即使得给定的观察序列概率最大。

对于以上三个问题的解决，衍生出了五个算法[20]。这五个算法都是动态规划算法。在实际使用HMM模型的时候，模型的转移概率和发射概率的估计方式通常有两种：无指导的Baum-Welch重估算法（即Forward-Backward算法）和有指导的极大似然估计方法（MLE）。对于HMM进行序列标注而言，最后为了求解最好的一个标记序列，需要对所有可能的路径寻优，即解码。常用的解码方法是Viterbi算法。

2. ME 模型

最大熵（ME）模型是通过求解一个有条件约束的最优化问题来得到概率分布的表达式。假设现有 n 个学习样本 $(x_1,y_1),(x_2,y_2),\cdots,(x_n,y_n)$，其中 x_i 是由 k 个属性特征构成的样本向量 $x_i=\{x_{i1},x_{i2},\cdots,x_{ik}\}$，$y_i$ 是类别标记 $y_i\in Y$。所要求解的问题是，在给定一个新样本 x 的情况下，其最佳的类别标记是什么。

最大熵的目标函数被定义如下：

$$H(p)=-\sum \tilde{p}(x)p(y\mid x)\log p(y\mid x) \tag{3-16}$$

上式即为条件熵，也就是说最大熵模型要求信息系统的目标状态的条件熵取得最大值，同时要求满足下述两个条件：

$$P=\left\{p \mid E_p f_i=E_{\tilde{p}} f_i,\ 1\leqslant i\leqslant k\right\} \tag{3-17}$$

$$\sum_y p(y\mid x)=1 \tag{3-18}$$

式中 f_i 定义在样本集上的特征函数，$E_p f_i$ 表示特征 f_i 在模型中的期望值，$E_{\tilde{p}} f$ 表示特征 f_i 在训练集上的经验期望值。两种期望分别定义如下：

$$\begin{cases} E_p f_i=\sum_{c,h}\tilde{p}(x)p(y\mid x)f_i(y,x) \\ E_{\tilde{p}} f_i=\sum_{c,h}\tilde{p}(y,x)f_i(y,x)=\dfrac{1}{N}\sum f_i(y,x) \end{cases} \tag{3-19}$$

$$f_i(y,x)=\begin{cases}1 & if: y=y', and, h(x)=TRUE \\ 0 & else\end{cases} \tag{3-20}$$

其中 $h(x)$ 为谓词函数，其类型的个数和系统特征模板的类型个数相等。通过对（3-16），（3-17）和（3-18）用拉格朗日变换，求出满足条件极值的概率如下：

$$p(y\mid x)=\frac{1}{Z(x)}\exp\left(\sum_i \lambda_i f_i(y,x)\right) \tag{3-21}$$

$$Z(x)=\sum_c \exp\left(\sum_i \lambda_i f_i(y,x)\right) \tag{3-22}$$

λ_i 是特征 f_i 对应的拉格朗日系数，只能通过数值计算方法求得。在最大熵模型中最多被使用的参数估计方法是 GIS（Generalized Iterative Scaling）算法，在实践中，为了方便计算，需要把指数形式变换为对数形式；所以最大熵模型也是对数线性模型的一种。

最大熵模型本身是分类模型，若在解决序列标注问题时，需要辅以一定的搜索策略。最简单的序列标注方法可采用顺序标注，即假设标记序列 $\{t_1,t_2,\cdots,t_n\}$，则在利用分类方法标记 t_1 后，顺序标记 $t_2,t_3,\cdots,t_n$。然而这种标注方法往往没有考虑 t_{i+1} 的变化对于 t_i 的影响。实质上，对于序列标注，若能考虑标记序列内部标记间的影响，往往能够获得更好的标注效果。给定一个句子，包含 n 个词，分别为 $\{w_1,w_2,\cdots,w_n\}$，一个对应的标记序列 $\{t_1,t_2,\cdots,t_n\}$ 的条件概率见式（3-23）：

$$p(t_1 \cdots t_n \mid w_1 \cdots w_n) = \prod_{i=1}^{n} p(t_i \mid h_i) \tag{3-23}$$

其中，h_i是第 i 个词 w_i 所对应的上下文环境。从式（3-23）可以看出，处理序列标注问题，可以枚举出对应句子的所有标记序列的候选，并且输出概率值最大的一个标记序列作为答案。常见的搜索算法主要有 Viterbi 算法，另外就是 Beam Search 算法。Beam Search 算法其实质是一个宽度优先搜索（Breadth First Search）；为了避免搜索过程中的组合爆炸问题，对每一步后续的所有候选中，只对前 K 个最优的候选进行扩展，其他的通过剪枝处理掉。

3. N-gram 模型

N-Gram 模型是目前各种统计计算方法中应用最普遍且效果最好的基于离散 Markov 模型[21]。n取 2 和 3 时分别叫 Bi-Gram 和 Tri-Gram。N-Gram 统计计算语言模型的思想是：一个单词的出现与其上下文环境（context）中出现的单词序列密切相关，第 n 个词的出现只与前面 n–1 个词相关，而与其他任何词都不相关，设 $W_1W_2\cdots W_n$ 是长度为 n 的字串，则字串 W 的似然度用方程表示如下：

$$P(W) = \prod_{i=1}^{n} P(W_i \mid W_{i-n+1}W_{i-n+2}\cdots W_{i-1}) \tag{3-24}$$

式（3-24）表明，在 N–Gram 中，每一个词出现的概率仅仅与前面 n-1 个最近的词有关，根据离散 Markov 模型的定义可知，它相当于 n-1 阶 Markov 模型。当 P（W）的值超过一定的阈值时表明这 n 个字的结合能力强，可以认为它们是一个词。

根据大数定理，可以通过统计大量训练（学习）样本中词串 $W_{i-n+1}W_{i-n+2}\cdots W_{i-1}W_i$ 的出现次数 $f(W_{i-n+1}W_{i-n+2}\cdots W_{i-1}W_i)$ 来计算。

$$P(W_i \mid W_{i-n+1}W_{i-n+2}\cdots W_{i-1}) \approx \frac{f(W_{i-n+1}W_{i-n+2}\cdots W_{i-1}W_i)}{\sum_{W_i} f(W_{i-n+1}W_{i-n+2}\cdots W_{i-1}W_i)} \tag{3-25}$$

不难看出，为了预测词 W_n 的出现概率，必须知道它前面所有词的出现概率。从计算上来看，这种方法太复杂了。如果任意一个词 W_i 的出现概率只同它前面的两个词有关，问题就可以得到极大的简化。这时的语言模型叫做 Tri-gram 模型。

$$P(W) \approx P(W_1)P(W_2 \mid W_1) \prod_{i=3,\cdots,n} P(W_i \mid W_{i-2}W_{i-1}) \tag{3-26}$$

符号 $\prod_{i=3,\cdots,n} P(W_i \mid W_{i-2}W_{i-1})$ 表示概率的连乘。一般来说，N 元模型就是假设当前词的出现概率只同它前面的 N-1 个词有关。重要的是这些概率参数都是可以通过大规模语料库来计算的。比如 3 元概率有

$$P(W_i \mid W_{i-2}W_{i-1}) \approx \frac{count(W_{i-2}W_{i-1}W_i)}{count(W_{i-2}W_{i-1})} \tag{3-27}$$

式中 *count*（.）是词频函数，表示一个特定词在整个语料库中出现的统计次数。

统计语言模型有点像天气预报中使用的概率方法，用来估计概率参数的大规模语料库好比是一个地区历年积累起来的气象记录。例如，用 3 元模型来做天气预报，就如同是根据前两天的天气情况来预测当天的天气情况。天气预报虽然没有做到百分之百准确，但是其高效的预测已经成为实用的生活助手。因此，采用 3 元统计模型实现词频统计是一种常用方法。

3.2.2 文本语义分析方法

文本语义分析（text semantic analysis）是将句子转化为某种可以表达句子意义的形式化表示，即将人类能够理解的自然语言转化为计算机能够理解的形式语言，做到人与机器的互相沟通。语义分析解决的是句中的词、短语、直至整个句子的语义问题，通过语义分析找出词义、结构意义及其结合意义，从而确定语言所表达的真正含义或概念。语义分析方法包括潜在语义索引模型、词义消歧、信息抽取和情感倾向性分析等内容。

1. 潜在语义索引模型

潜在语义索引模型[22]是通过特征项与文本对象之间的内在关系形成信息的语义结构，这种语义结构反映了数据间最主要的联系模式，忽略个体文本对词不同的使用风格。

潜在语义索引模型利用矩阵的奇异值分解（Singular Value Decomposition，SVD）来挖掘文本潜在的语义内容。奇异值分解原理是：给定一个字项文本矩阵 X，X 有 r（表示文本集中特征项的个数）行 c（表示文本集中文本的数量）列，对 X 进行奇异值分解[23]：

$$X = T_0 S_0 D_0^T \tag{3-28}$$

式中，T_0 是 $r \times m$ 矩阵，D_0 是 $m \times c$ 矩阵，都是正交矩阵；S_0 是 $m \times m$ 的对角阵，其中的正奇异值以降序排列，m 是矩阵 S_0 的秩。

潜在语义索引模型是通过潜在语义而不是词形去匹配文本，可以很好地解决同义问题；但该方法复杂，缺乏直观意义，不便理解。

2. 词义消歧

词义消歧（word sense disambiguation），是对多义词根据上下文给出它所对应的语义编码，该编码可以是词典释义文本中该词所对应的某个义项号，也可以是义类词典中相应的义类编码。词义消歧在自然语言处理的许多方面都有重要用途。汉语多义词（歧义词）在词典中只占总词语量的 10%左右，大约有 8000 个多义词。目前词义消歧的主要对象是多义实词，主要是名词、动词、形容词三大类，其中，动词在实词词义消歧中占有特殊地位。

利用机器学习理论进行词义消歧的方法可分为两种：有指导方法和无指导方法。这种划分的依据是基于该方法是否利用了手工标注语料。有指导的词义消歧模型需要事先对训练语料进行词义标注，而无指导的方法没有此要求。在有指导词义消歧方面，文献[24]提出基于依存分析改进贝叶斯模型的词义消歧；在无指导词义消歧方面，文献[25]提出了一种基于义原同现频率的汉语词义无指导消歧方法。

（1）有指导的词义消歧。

词义消歧需要根据上下文语境来确定正确的词义，这是一个典型的分类问题。设词条 w 有 n 个词义 $\{S_1, S_2, \cdots, S_n\}$，上下文语境为 C，词义消歧的任务就是根据上下文语境 C 来确定正确的词义 S'：

$$S' = \arg\max P\left(S_i / C\right) \tag{3-29}$$

因此在有指导的词义消歧中，很多机器学习方法用于其中，如贝叶斯分类器、决策树、决策表算法、最大熵模型以及支持向量机，等等。特征选择也是有指导的词义消歧中重要步骤，特征选择就是在一定的上下文语境 C 中选择最有效的消歧特征。词义消歧研究中用到的上下文特征主要是以下四个层面：话题、词汇、句法和语义。

话题层面的消歧特征主要是由一定上下文中的词来表示，即词袋（bag of words, BOW）。词汇层面的消歧特征主要有局部词（LW）、局部词性（POS）、局部共现（CON）等。话题层面和词汇层面的消歧特征来自于句子的表层信息，只需进行基本的词语切分和词性标注即可方便地获得，而且也可以达到较高的消歧准确率，可称为词义消歧的基本特征。有指导词义消歧研究中一般都要使用这两类基本特征，只是在具体运用时会稍有变化，比如词袋中是否包括虚词等。

句法层面的消歧特征主要是句法结构信息。词义消歧常用到的句法信息包括：是否带有主语、主语的中心词；是否带有宾语、宾语的短语类、宾语的中心词；是否带有 VP 类补语、VP 类补语是什么；是否带有 IP 类补语；是否带有双宾语；是否接有小品词等。语义特征是在句法关系的基础上加上了语义类信息。有研究表明将人工标注的语义角色（semantic role）用于词义消歧时，消歧准确率在句法特征的基础上又提高了约 3%。句法特征和语义特征确实可以提高词义消歧准确率，但需要付出的先期劳动却是巨大的。句法特征的获取需要一个高效的句法分析器，语义特征的获取需要一个高效的语义角色标注器。而另一方面，高效的句法分析器和语义角色标注器一定程度上又依赖于高效的词义标注器。

（2）无指导的词义消歧。

为解决消歧知识获取瓶颈的问题，无指导的词义消歧方法需要从无人工标注的资源中挖掘出可用于词义消歧的信息。那么，具体需要什么信息?这些信息从哪里来？如何才能得到这些信息？这些都是无指导方法必须要考虑的问题。

从词义消歧任务的实际效果来看，无指导方法的性能较有指导及半指导方法的性能要差。但是由于其无需人工标注的训练语料，在性能提高到一定程度的时候却更有希望能够进行大规模应用。

无指导方法所获得知识的来源大体有：单语语料库、双（多）语语料库、词典以及 Web 等。目前无指导方法已经逐渐体现出多种知识源合用的趋势，特别是单独利用词典的无指导方法已不多见。无指导的消歧方法依据所用资源大致可以分为四种：自动聚类词义辨析的方法、自动获取带标记语料的方法、双语语料法及基于 Web 的方法。从各类无指导词义消歧方法的分析中可以发现，由于首要问题是如何从含"隐性知识"的知识源中得到"显性知识"，而后再针对"显性知识"进行利用，因此，该类方法最关键的问题是知识获取及利用方法。

（3）词义消歧算法。

一般认为，词语的不同意义在句法组合上会显现出差异，当今的词汇语义研究主要根据词语的句法分布来分析词义。本小节采用《现代汉语语法信息词典》进行词义消歧，该词典以复杂特征集为形式手段，以词类为纲，描述了词语不同意义的句法组合特征。例如动词"保管"的属性特征描述如表 3-2 所示。

表 3-2　《语法词典》中"保管"的属性特征描述

词语	同形	释义	体谓准	动趋	动介	着了过	重叠	aabb	备注
保管	①	保藏，管理	体	趋	在	着了过	ABAB		~粮食
保管	②	担保，有把握	谓						~甜

“词语、同形、体谓准……”等都是属性名（Attribute）“保管、①、谓……”等是相对应的属性值（Value）。表3-2清晰地展示出了“保管①”和“保管②”在句法组合上的差异，借此差异可正确辨别出同形。例如下面句子：

“这份资料你先保管着，下午再交。”

“保管①”的属性“着了过=着了过”，“保管②”的属性“着了过=否”，由此可判定例句中是保管①。对于一个词条的多个同形条目，同一个属性字段相异的取值即构成同形词之间的区别特征（Distinguish Features）。例如对于“保管”，“着了过=着了过”构成“保管①”区别于“保管②”的一个属性特征，“体谓准=谓”构成“保管②”区别于“保管①”的一个属性特征。词语 W 可区分为 n 个同形 $S_1,S_2,\cdots,S_n(n>1)$，同形 S_i 用复杂特征集来描述：

$$S_i\begin{bmatrix} f_1=v_1 \\ f_2=v_2 \\ \cdots\ \cdots \\ f_m=v_m \end{bmatrix}\quad (m\geqslant 1) \tag{3-30}$$

词语 W 的不同同形 S_i,S_j 存在相同的属性特征 f_k，设 $S_i(f_k=v_{ki}),S_j(f_k=v_{kj})$，若 $v_{ki}\neq v_{kj}$，则称 $f_k=v_{ki}$ 是 S_i 对 S_j 的区别特征，对应的 $f_k=v_{kj}$ 是 S_j 对 S_i 的区别特征。

基于词条语法属性的词义消歧的基本思路是，检查待消歧的目标多义词所在的上下文是否满足词典中特定同形的属性特征约束，若满足则确定为该同形的意义。上下文语境是词义消歧的知识来源，语境范围的选取会影响到消歧的效率。本小节以多义词所在句子作为上下文语境范围，词义消歧算法描述如图3-3所示。

算法 WSD：词义消歧算法

输入：待消歧的词条；

输出：消歧后的词条。

①依据《现代汉语语法信息词典》，对每一个多义词 W，比较不同同形的属性特征进而找出相互之间的肯定性区别特征，对每一个同形 S_i，以 $f_k=vk_i$ 的形式列出其肯定性区别特征，对每一个多义词 W 生成一个属性特征文件 W_Lex_Rule（如上文“保管.txt”）；

②定位目标多义词 W，以句子范围作为其上下文语境 C；

③对 W 的不同同形赋值 $S_i.Score=0$；

④检索文件 W_Lex_Rule，提取同形 S_i 的肯定性区别特征，判断 W 所在的上下文 C 是否满足约束条件，若满足，则 $S_i.Score=S_i.Score+1$；

⑤若文件 W_Lex_Rule 中属性特征列表非空，重复④；

⑥Score 取值最大的同形 S_i 为标注结果。

图 3-3　词义消歧算法 WSD

3. 信息抽取

信息抽取（Information Extraction, IE）最早是在 Frump 系统背景下提出的[26]，后来得到了美国政府资助的 MUC（Message Understanding Conference）系列会议的支持[27][28][29][30]。

信息抽取是自然语言处理领域的重要研究方向之一，其研究内容包括命名实体识别

（Named Entity Recognition, NER）、术语自动抽取（Term Extraction Automatically）和关系抽取[31]。命名实体识别包括中国姓名、中国地名、组织机构、英译名的自动辨识，即是通常说的未登录词的自动辨识问题，详细内容可参考文献[32]。文献[33]提出了一种基于卡方检验的汉语术语抽取方法：先从网络上下载语料，然后使用改进的互信息参数抽取结构简单的质串，并在此基础上进一步使用卡方检验结合质子串分解方法抽取具有复杂结构的合串。文献[34]介绍了一种上下位关系（hyponymy 或 IS-A）自动获取的方法。该方法基于两个假设：一是相同的术语类型具有相似的上下文；二是两个术语如果具有上下位关系，则可被相似属性的名词和领域动词所描述。

信息抽取有两个特点：一是想获得的知识可以通过相对简单和固定的模板，或带有槽的框架来进行描述；二是文本中只有一小部分信息需要填入模板或框架，其他的都可以被忽略。最简单的信息抽取是实体抽取，没有框架，只有实体类型。

图 3-4 给出了信息抽取过程示意图。其中，信息抽取引擎的输入是一组文本，引擎通过使用一个统计模块、一个规则模块或者两个的混合进行信息抽取。IE 引擎的输出是一组从文本中抽取的标注过的框架，即填好了的一张表。目前，从文本中可以抽取到以下四种基本类型的元素：

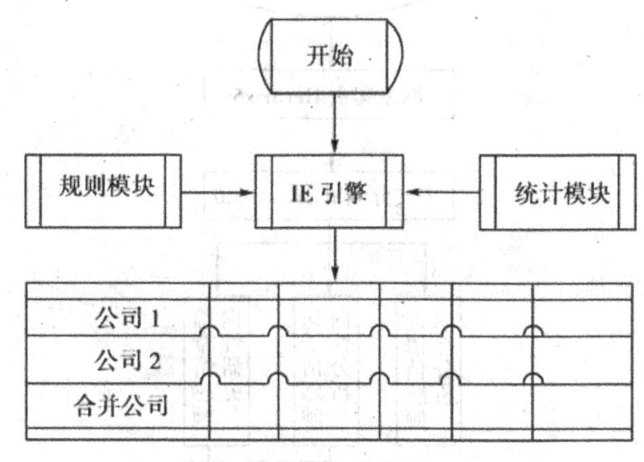

图 3-4 信息抽取过程示意图

（1）实体。实体是文本中的基本构成模块，如人、公司、地址等。

（2）属性。属性是所抽取实体的特征，如人的年龄、头衔，组织的类型等。

（3）关系。实体之间存在的联系即为事实，如公司与员工之间的雇佣关系、两个公司之间的关联关系等。

（4）事件。事件是实体的行为或实体因为兴趣而参加的活动，如参加一次有组织的旅游、两个公司间的合并、一次突发意外等。

4. 情感倾向性分析

文本情感倾向性分析，就是对一篇文章进行情感色彩判断；具体来说，就是对说话人的态度（或称观点、情感）进行分析，即对文本中的主观性信息进行分析。由于立场、出发点、个人状况和偏好的不同，民众对生活中各种对象和事件所表达出的信念、态度、意见和情绪的倾向性必然存在很大的差异。在论坛、博客等网络媒体上，这种差异表现得尤为明显。

文本倾向性分析近几年已经成为自然语言处理中的一个热点问题。文本所蕴含的情感（emotion）和观点（opinion）皆是任务主观意愿的反映，情感表达人物自身的情绪起伏，如快乐、悲伤等；观点则表达任务对外界事物的态度，如赞成、反对等。其中，对于文本情感的研究正得到越来越多研究者的关注。在ACL[35][36][37][38]、SIGIR[39][40][41]等国际会议上，针对这一问题的文章已开始出现；而对于文本观点倾向性的研究，国外早已开展得如火如荼，这类文章在WWW[42]、CIKM[43]、SIGHAN[44]等顶级会议上层出不穷，针对倾向性分析的国际评测也已经开展，例如TREC Blog Track[45]以及NTCIR等。

识别出网页文本中的倾向性语言是正确开展网络舆情倾向性判断，屏蔽不良网页，维护网络安全的关键工作之一。本小节通过作者课题组完成的一项基金课题[46]，介绍网页情感倾向性分析的具体过程。课题从中文网络舆情采集入手，借助中科院中文分词软件ICTCLAS完成中文分词，充分考虑到网络舆情信息表达的复杂性与共享性，把网络舆情倾向性分析模块分解为词语情感倾向性分析、句子情感倾向性分析和篇章情感倾向性研究三个子模块，如图3-5所示。

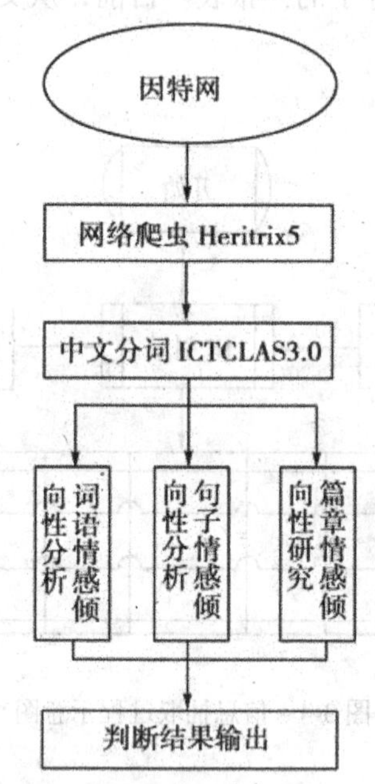

图3-5 网络舆情倾向性分析模块结构

（1）词语情感倾向性分析子模块。

词语情感倾向性研究是倾向性研究工作的前提。具有情感倾向的词语以名词、动词、形容词和副词为主，也包括人名、机构名、产品名、事件名等命名实体。其中，除部分词语的褒贬性（或称为极性，通常分为褒义、贬义和中性三种）可以通过查词典①的方式得到之外，其余词语都无法直接获得。

词语情感倾向性分析包括对词语极性、强度（如“谴责”强度远超过“批评”）和上下文模式的分析，分析结果甚至可以写入到语义词典中，如文献[47]。词语情感计算的方法有：

① http://www.keenage.com.

关键词测定（keyword spotting）、词汇类同（lexical affinity）、统计方法（statistical methods）、手工制作模式（hand craft models）等。具体实现可归纳为以下三种：

①由已有的电子词典或词语知识库扩展生成情感倾向词典。如英文词语情感倾向词典WordNet，中文词语情感倾向词典HowNet。这种方法的种子词数量的依赖比较明显。

②无监督机器学习方法：这种方法以词语在语料库中的词频同现情况判断其联系紧密程度。与第①种方法相比，这种方法的噪声比较大。

③基于人工标注语料库的学习方法。首先对情感倾向分析语料库进行手工标注。标注的级别包括文档集的标注（即只判断文档的情感倾向性）、短语级标注和分句级标注。在这些语料的基础上，利用词语的共现关系、搭配关系或者语义关系，以判断词语的情感倾向性。这种方法需要大量的人工标注语料库。

（2）句子情感倾向性分析子模块。

句子情感倾向性分析的处理对象是在特定上下文中出现的语句。其任务是对句子中的各种主观性信息进行分析和提取，包括对句子情感倾向性的判断，以及从中提取出与情感倾向性论述相关联的各个要素，包括情感倾向性论述的持有者、评价对象、倾向极性、强度，甚至是论述本身的重要性等。

通过对网络一些文章的分析提取，得到以下 16 个句子结构[48]作为句子结构分析的模板库，参见表3-3。

表3-3　句子结构分析模板库

句子结构分析模板库
评价对象/s.+形容词/a. / 名词/n.
评价对象/s.+副词/adv.+形容词/a. / 动词/v.
评价对象/s.+副词/adv.+动词/v.
评价对象/s.+形容词/a. / 动词/v. +转折连词 / 副词/adv.+形容词/a. / 动词/v.动词/v. +评价对象/s.
副词/adv.+动词/v. +评价对象/s.
评价对象/s.+否定词/d.+形容词/a. / 名词/n.
评价对象/s.+否定词/d.+副词/adv.+形容词/a. / 名词/n.
评价对象/s.+否定词/d.+副词/adv.+动词/v.
评价对象/s.+形容词/a. / 动词/v. +转折连词/c. / 副词/adv.+形容词/a. / 动词/v.
否定词/d.+动词/v. +评价对象/s.
否定词/d.+副词/adv.+动词/v. +评价对象/s.
评价对象/s.+'是'动词/vs. +形容词/a. / 名词/n.
评价对象/s.+副词/adv.+动词/v. +形容词/a. / 名词/n.
评价对象/s.+否定词/d.+'是'动词/vs. +形容词/a. / 名词/n.
评价对象/s.+否定词/d.+副词/adv.+动词/v. +形容词/a. / 名词/n.

依据概率树分析后，为每种句式设置一种算法，并依照情感词进行初步的句子倾向性的判断。句子倾向性分析的步骤为：

一是通过情感词库（含褒义词词库、贬义词词库）中的情感词定位含有情感词的句子，通过分词结果的词性调用，得到句子的情感程度。

二是初步情感判断完成以后，进行精细的分级程度判断，并依此为结果，得出句子的最终倾向值，具体实现步骤为：

第一遍扫描序列，找到所有程度副词（类别为 2），将其程度值乘到模板中离其最近的一个 1 类词的程度值上（考虑到副词可能位于其中心词的前面或者后面，所以这里的“最近”是前后双向的查找，同时由于副词在前的情况比较多，所以前向查找的优先级高）。具体的处理是标注程度为 3 的因子为 1.5，程度为 2 的因子为 1，程度为 1 的因子为 0.5。

第二遍扫描序列，找到所有否定词（类别为 3），将其往后碰到的第一个 1 类词的褒贬性取反。

第三遍扫描序列，以转折词为单位将序列分成几个小部分，对每个小部分累加其 1 类词的褒贬倾向值，然后按转折词类型的不同乘以转折词相应的权值（让步型如“虽然”，对应部分要减弱，因子为 0.7；转折型如“但是”，对应部分要加强，因子为 1.3）。

（3）篇章情感倾向性研究子模块。

如果说句子是点，篇章则是线。该模块的主要功能就是从整体上判断某个文本的情感倾向性，即褒贬态度。将篇章作为一个整体，笼统地进行主观性分析存在很大的局限性，其本质缺陷在于假设整体文本是针对同一个对象进行评论。而真实文本往往由包含多个对象、不同对象所涉及的观点、态度等主观性信息是有差异的。从另一方面看，篇章内的对象总数仍是有限的，不足以支撑对于整体倾向性的处理。因此，本模块研究以篇章内情感倾向性论述的分析以及在大规模数据集上进行整体倾向性分析为主要研究内容。

设定一定的阈值，并对含有情感的句子值综合相加，得出篇章的情感色彩，完成文本倾向性分析。根据得出的网页文本情感值与设定的阀值相比较的结果，将网页分为四级：恶性网页、消极网页、中性网页和积极网页，如图 3-6 所示。

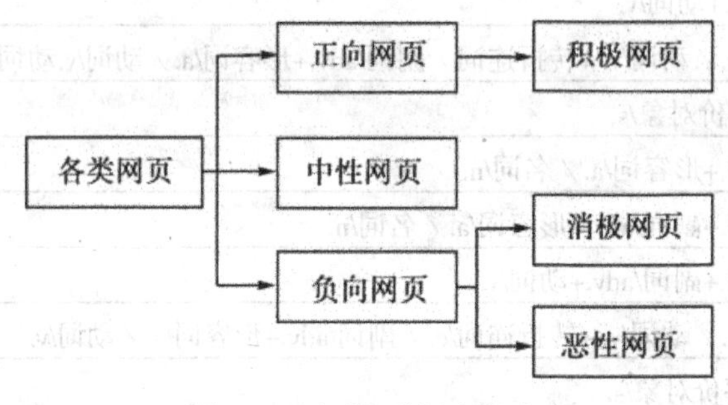

图 3-6　网页情感倾向性分类

篇章倾向性分析算法如图 3-7 所示。

3.2.3　文本语用分析方法

语用学是一门研究如何用语言来达成一定目的的学科，即，利用语用学进行文本分析，针对句子群（又称话题，Topic）开展高端分析，获取对文本内涵的掌握。话题是有因果关系的一些句子，它们必须连贯（coherence），如例句 1；把可独立理解并且是良构的几个句子放到一起的结果，并不能保证获取的是话题，如例句 2。

例句 1：张玉把车钥匙弄丢了，她喝醉了。

例句 2：张玉把车钥匙弄丢了，她喜欢吃菠菜。

为完成文本因果关系提取出现了话题检测与跟踪（Topic Detection and Tracking, TDT）方法；为了完成互联网上不同文本信息内容自动分类提出了文本分类器。

```
Input: 一篇待计算情感的文本/网页
Output: 该文本/网页经计算后的情感结果（积极/消极/恶意）
for（int nc=0;nc<ncount;nc++）
{
CString getpos（result[nc].sPOS）;//得到文本全体词的词性
//wj 句号，全角:。半角：.     ww 问号，全角：？ 半角：?
// wt 叹号，全角:！ 半角：!     ws 省略号，全角：……半角：...
if（getpos=="wj"||getpos=="wt"||getpos=="ww"||getpos=="ws"）
   {
      finish=nc;
      CSentence cen（result,start,finish,readtext）;//调用 CSentence 中的函数
                //寻找句中第（int）（ends-start）/2 个词
      float g=cen.getpolarity（（int）（ends-start）/2）;
      showresult=showresult+cen.MessageReturn;
      polaritysum+=g;
      start=finish+1;
      AllSentence.push_back（cen）;
   }
}
```

图 3-7　篇章情感倾向性分析算法

1. 话题检测与跟踪方法

在信息内容安全领域，为了检测出蓄意制造混乱的报道集，需要采用话题检测与跟踪技术对其内容进行分析，将具有混乱性质的报道聚集形成话题，分析其动向，一段时间内一旦某个话题的发展超过预期数目（阈值门限），就通知有关人员采取行动加以约束。话题检测与跟踪技术定位于连续的语音数据和多语言的网页文本，旨在根据事件进展对原始数据进行切分和再组织利用[49]，可应用于大规模动态信息中新热门话题发现、指定话题跟踪、实时监控关键人物动向和分析关键信息的倾向性、判定和预警有害话题等。

TDT 的研究方向主要分为五个任务[50]，即报道切分、话题跟踪、话题检测、关联检测以及跨语言 TDT。其中每一项研究都不是孤立存在，而是与其他研究相互依存与辅助。参见图 3-8。

（1）报道切分任务。

报道切分（Story Segmentation Task，简称 SST） 的主要任务是将原始数据流切分成具有完整结构和统一主题的报道。比如，一段新闻广播包括对股市行情、体育赛事和人物明星的分类报道，SST 要求系统能够模拟人对新闻报道的识别，将这段新闻广播切分成不同话题的报道。SST 面向的数据流主要是新闻广播，因此切分的方式可以分为两类：一类是直接针对音频信号进行切分；另一类则将音频信号翻录为文本形式的信息流进行切分。

（2）话题跟踪任务。

话题跟踪（Topic Tracking Task，简称 TT） 的主要任务是跟踪已知话题的后续报道。其中，已知话题没有明确的描述，而是通过若干篇先验的相关报道隐含地给定。通常话题跟踪开始之前，NIST 为每一个待测话题提供 1 至 4 篇相关报道对其进行描述。同时 NIST 还为话题提供了相应的训练语料，从而辅助跟踪系统训练和更新话题模型。在此基础上，TT 逐一判断后续数据流中每一篇报道与话题的相关性并收集相关报道，从而实现跟踪功能。

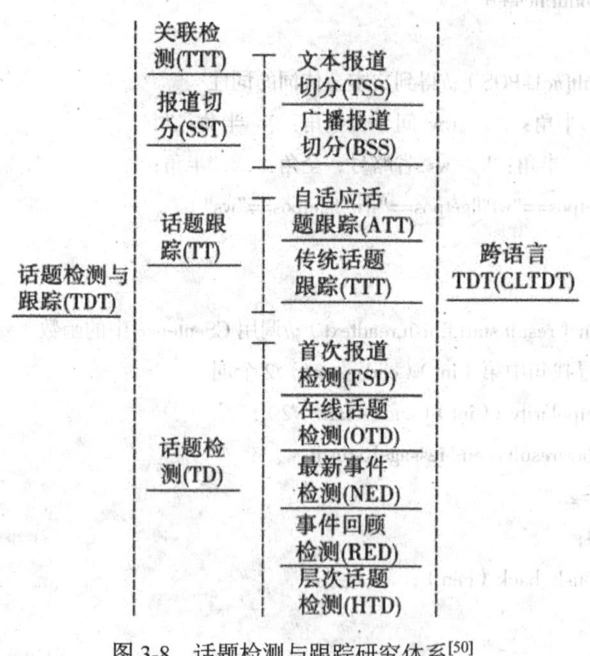

图 3-8　话题检测与跟踪研究体系[50]

已知话题的跟踪实质是针对话题模型的二元分类问题，从 TDT2004 开始报道与话题之间就由原先的三元关系转变为二元关系，即属于或者不属于。在处理此类问题上，常用的方法包括 k-最近邻（k-Nearest Neighbor, KNN）、决策树（Decision tree, D-tree）等方法。

（3）话题检测任务。

话题检测（Topic Detection Task，简称 TD）的主要任务是检测和组织系统预先未知的话题，TD 的特点在于系统欠缺话题的先验知识。因此，TD 系统必须在对所有话题毫不了解的情况下构造话题的检测模型，并且该模型不能独立于某一个话题特例。换言之，TD 系统必须预先设计一个善于检测和识别所有话题的检测模型，并根据这一模型检测陆续到达的报道流，从中鉴别最新的话题；同时还需要根据已经识别到的话题，收集后续与其相关的报道。

在话题检测任务中，最新话题的识别都要从检测出该话题的第一篇报道开始，首次报道检测任务（First Story Detection Task，简称 FSD） 就是面向这种应用产生的。FSD 的主要任务是从具有时间顺序的报道流中自动锁定未知话题出现的第一篇相关报道。大体上，FSD 与 TD 面向的问题基本类似，但是 FSD 输出的是一篇报道，而 TD 输出的是一类关于某一话题的报道集合；此外，FSD 与早期 TDT Pilot 中的在线检测任务（Online Detection）也具备同样的共性。C. Mario 等通过统计在一段时间内容多次出现但是在以往却很少出现的特征词，从而对 Twitter 社交网站中的热点突发话题实现了最新事件检测（New Event Detection, NED）[51]。

（4）关联检测任务。

关联检测（Link Detection Task，简称 LDT）的主要任务是裁决两篇报道是否论述同一个话题。与 TD 类似，对于每一篇报道，不具备事先经过验证的话题作为参照，每对参加关联检测的报道都没有先验知识辅助系统进行评判。因此，LDT 系统必须预先设计不独立于特定报道对的检测模型，在没有明确话题作为参照的情况下，自主地分析报道论述的话题，并通过对比报道对的话题模型裁决其相关性。

（5）跨语言 TDT。

TDT 本身在多语料环境下的应用需求催生了其在跨语言平台方面的发展。研究主要是利用机器翻译技术（Machine Translation, MT）将多源语言组织形式统一的语料，其基本思想是通过引入新增的机器翻译层，将其他形式的语言转换为本地语言在 TDT 平台上进行处理。

（6）TDT 评测。

NIST 为 TDT 建立了完整的评测体系①。评测标准建立在检验系统漏检率和误检率的基础上，TDT 评测公式如下式：

$$C_{Det} = C_{Miss} P_{Miss} P_{target} + C_{FA} P_{FA} P_{non-target} \tag{3-31}$$

其中，C_{Miss} 和 C_{FA} 分别是漏检率和误检率的代价系数；P_{Miss} 和 P_{FA} 分别是系统漏检和误检的条件概率；P_{target} 和 $P_{non-target}$ 是先验目标概率，并且有，$P_{target} = 1 - P_{non-target}$。$C_{Det}$ 是综合了系统漏检率与误检率得到的性能损耗代价。TDT 性能评价通常还采用 C_{Det} 的归一化表示 $(C_{Det})_{Norm}$，定义如下式：

$$(C_{Det})_{Norm} = \frac{C_{Det}}{\min(C_{Miss} P_{target}, C_{FA} P_{Non-target})} \tag{3-32}$$

2. 文本分类器

采用统计学习理论和传统语法/语义规则相结合的研究方法（统计学、模式识别、机器学习），在实现上采用文本自动分类方法、朴素贝叶斯法（Naïve Bayesian, NB）、K 近邻法（k-Nearest Neighbor，KNN）、支持向量机算法（参见本书 4.2.4 节）等，建立文本分类器，用以识别网络信息内容属于哪种类型（诸如：色情、反动、军事、政治、新闻、体育、宗教、金融等）。目前，比较成熟的文本分类器的识别选准率在 90%~97%之间。

（1）文本自动分类。

文本自动分类就是在给定的分类体系中，将自然语言表示的、类别未知的非结构化文本按照某种属性，划分到预先定义好的一个或多个类别当中去。文本分类是一种典型的有监督的学习过程，根据已经被标注的文本集合，通过学习得到一个文本特征和文本类别之间的关系模型，然后利用这个关系模型对新文本进行类别判断。

用数学语言评价，文本分类是一个映射过程。在给定的文本集合 $D = \{d_1, d_2, \cdots, d_{|D|}\}$ 和预先确定的文本类别 $C = \{c_1, c_2, \cdots, c_{|C|}\}$ 之间，存在着一个未知的理想映射 Φ，且有：

$$\Phi : D \to C \tag{3-33}$$

其中，映射 Φ 将 D 中的一个文本实例映射为 C 中的某一个类，即

$$\forall d_i, \exists \phi(d_i) = c_j \tag{3-34}$$

① Jonathan.fiscus@nist.gov

分类目的就是通过监督学习，找到一个与映射ϕ最接近的、用于实际分类的映射f使得对于文本集合D有：

$$f: D \to C \tag{3-35}$$

在给定的分类性能评估函数t条件下，学习到的映射f与理想映射ϕ之间满足$\mathrm{Min}\left(\sum_{i=1}^{|D|} t(\phi(d_i) - f(d_i))\right)$，映射$f$是分类系统的关键，是根据训练文本集学习到的类别判定规则，称之为分类器，应用于新文本的类别标识。

（2）朴素贝叶斯分类器。

朴素贝叶斯分类器：使用文本特征和类别之间的联合概率来估计给定一个文档属于某个类别的概率。该方法实现简单，算法复杂度低，分类性能好，适合实时性和可维护性要求较高的场合。朴素贝叶斯模型主要有两种：多变量贝努利模型和多项式模型[52]。现有基于内容分析的方法大都采用贝叶斯过滤技术。

沿用文本集合$D = \{d_1, d_2, \cdots, d_{|D|}\}$和预先确定的文本类别集合$C = \{c_1, c_2, \cdots, c_{|C|}\}$两个定义；增加特征集合$V = \{T_1, T_2, \cdots, T_{|V|}\}$定义，把文本表示成文档向量形式$\vec{d} = (t_1, t_2, \cdots, t_{|V|})$，$t_i$为特征$T_i$的取值，$i = 1, 2, \cdots, |V|$。贝叶斯分类器把文本向量看作由参数$\theta$确定的概率模型$P(D \mid C, \theta)$生成，训练阶段，在已知类别的文本向量集合上估计模型的参数θ；测试阶段，把样本生成概率最大的类别判定为测试文本的类别，见式（3-36）。

$$c^* = \arg\max_c P(c \mid \vec{d}; \theta) \tag{3-36}$$

朴素贝叶斯分类器使用式（3-37）计算生成概率。其中，$P(T_i \mid c_j; \theta)$是给定类别条件下特征的后验概率，$P(c_j \mid \theta)$是类的先验概率。因为对所有类别，式（3-37）的分母都相同，从而式（3-36）可以简化为式（3-38）：

$$P(c_j \mid \vec{d}; \theta) = \frac{P(c_j \mid \theta) \times \prod_{i=1}^{|V|} P(T_i \mid c_j; \theta)}{\sum_{c \in C} P(c \mid \theta) \times \prod_{i=1}^{|V|} P(T_i \mid c; \theta)} \tag{3-37}$$

$$c^* = \arg\max_c P(c \mid \theta) \times \prod_{i=1}^{|V|} P(T_i \mid c; \theta) \tag{3-38}$$

训练阶段需要从语料中估计的分类器参数是：

①每个类别的先验概率$\theta_{c_j} = P(c_j \mid \theta)$；

②给定类别条件下特征的后验概率$\theta_{T_i \mid c_j} = P(T_i \mid c_j; \theta)$。类的先验概率使用公式（3-39）计算，其中$n_j$为训练语料中$c_j$类文本的数量。

$$\theta_{c_j} = P(c_j \mid \theta) = \frac{n_j}{|D|} \tag{3-39}$$

估计特征的后验概率的不同方法对应着两种朴素贝叶斯模型：多变量贝努利模型和多项式模型；分类器测试时，计算生成概率的方法也不同。

（3）KNN。

K 最近邻（KNN）模型是一种传统的模式识别方法，最简单和最直观的方法就是基于距离函数的分类方法，可以用于文本分类。其思想是使用某类的重心来代表这个类别，计算待分类文档到各类重心的距离，从而将其归入到最接近的类。常见的通用数值型属性距离计算包括有明可夫斯基距离、二次型距离以及余弦距离。

明可夫斯基距离（Murkowski Distance）计算公式如下：

$$dist(x_i,x_j)=(\sum_{k=1}^{r}|x_{ik}-x_{jk}|^h)^{\frac{1}{h}} \quad (3\text{-}40)$$

其中 x_i 与 x_j 表示 r 维空间两个数据特征向量，h 表示明可夫斯基距离公式的阶，为一个正整数，当 h=1 时，明可夫斯基距离退化得到了曼哈顿距离，即

$$dist(x_i,x_j)=\sum_{k=1}^{r}|x_{ik}-x_{jk}| \quad (3\text{-}41)$$

当阶 h=2 时，明可夫斯基距离演化成为欧几里德距离，即

$$dist(x_i,x_j)=(\sum_{k=1}^{r}|x_{ik}-x_{jk}|^2)^{\frac{1}{2}} \quad (3\text{-}42)$$

二次型距离（Quadratic Distance），对于 r 维空间中的两个待测数据对象 x_i 与 x_j，其二次型距离的测算函数为：

$$dist(x_i,x_j)=((x_i-x_j)^T A(x_i-x_j))^{\frac{1}{2}} \quad (3\text{-}43)$$

其中 A 表示一个 r*r 的非负定矩阵，可以看出数据对象 x_i 与 x_j 之间的二次型距离完全由二次距离矩阵 A 决定，当矩阵 A 取不同值时，二次型距离可以演化为特殊的距离测度。当 A 为单位矩阵时，二次型距离演变为欧式距离；当 A 为对角阵时，二次型距离演变为加权欧氏距离，即：

$$dist(x_i,x_j)=(\sum_{k=1}^{r}a_{ii}|x_{ik}-x_{jk}|^2)^{\frac{1}{2}} \quad (3\text{-}44)$$

其中 a_{ii} 表示矩阵 A 对角线上的元素，其实质可以理解为特征对应的重要度。

如果容许某类中全部样本都可作为该类代表的方法，就是最近邻法，它不仅要比较与各类均值的距离，而是比较与该类所有样本的距离，只要有距离最近者就归入所属类别。最近邻法错判率较高，K 最近邻不是只选取一个最近邻进行分类，而是选取 k 个近邻，然后计算它们的类别，归入比重最大的那一类。K 最近邻的决策规则可以用以下公式表示：

$$y(x,c_j)=\sum_{d\in KNN} sim(x,d_i)y(d_i,c_j)-b_j \quad (3\text{-}45)$$

其中，x 是待分类文档的向量表示，d_i 是训练集中的一个实例文档的向量表示，c_j 是某一类别，$y(d_i,c_j)\in\{0,1\}$（当 d_i 属于 c_j 时取 1，否则取 0）。b_j 为预先计算得到的 c_j 的最优截尾阈值，各个分类的 b_j 是通过训练集合的交差检验（cross-validation）获得的。$sim(x,d_i)$ 是

待分类文档与文本实例 d_i 之间的相似度，目前大多采用余弦相关性度量来计算文本和样本之间的相似度。假如选择余弦相似度公式，就可以由下面公式计算：

$$sim(x,d_i)=\cos\langle x,d_i\rangle=\frac{x \bullet d_i}{|x||d_i|} \tag{3-46}$$

KNN 算法本身简单有效，它属于懒惰学习算法，即它存放所有的训练样本，且直到新的样本需要分类时才建立分类。这与急切学习算法不同，急切学习方法在分类之前就已经构造好了分类模型。当训练样本数量很大时，懒惰学习算法可能会导致很高的计算和存储开销。

3.3 文本内容安全应用

内容安全的研究目的是禁止非法的内容进入和有价值的内容泄露。为了加强学生理论联系实际的能力，本节主要从网页过滤、网络监控两方面开展文本内容安全应用研究。

3.3.1 基于内容的网页过滤

基于内容的网页过滤技术是一个双重概念：既要能够过滤从因特网进入终端的内容，也要能够过滤从终端出去的内容。包含三个方面的应用：一是过滤用户互联网请求从而阻止用户浏览不适当的内容或站点；二是过滤从因特网“进来”的其他内容从而阻止潜在的攻击进入用户的网络系统；三是为了保护个人、公司、组织内部的数据安全，避免敏感数据通过互联网暴露给外界而实施的堵塞过滤。只有具备这些过滤能力才在真正意义上实现基于内容的网页过滤。

目前网络的内容过滤主要采用以下四种方法：基于分级标注的过滤、基于 URL 的过滤、基于关键词的过滤和基于内容分析的过滤[53]。

基于分级标注的过滤通常使用浏览器本身或第三方特别是 PICS（Platform for Internet Content Selection）和 ICRA（Internet Content Rating Association）分级标注过滤，具体是用户或管理员通过浏览器的安全设置选项实现网页内容过滤。如使用 IE 浏览器时可以通过“工具\Internet 选项\内容\分级审查\启用”选项开启这项功能。但是，并不是所有的网站都遵守 ICRA 标准，使得基于分级标注的过滤形同虚设。

基于 URL（Uniform Resource Locate）的过滤是最早出现的内容过滤方式，是指将已知有害页面和网站收集到 URL 禁止列表库，将允许访问的网页和网站收集到 URL 允许列表库，即设置网页黑白名单。过滤系统检测到某网络地址在黑名单中时，将过滤该网络地址以阻止用户访问，否则放行。该方法包括数据包过滤和 URL 过滤。

数据包过滤。所有的内容作为 IP 数据包在互联网上传输，每一个数据包都包含它的源 IP 地址和目标 IP 地址。数据包过滤机制检查每个数据包中的源 IP 地址，如果它们从被禁止的站点而来，就禁止。

数据包过滤技术常常由硬件来完成，如防火墙、交换机或路由器等网络硬件。数据包过滤技术的主要问题就是它的粒度和对网络硬件的影响。每个 IP 地址表示一个特定的计算机，而不是一个网址。通过特定的 IP 地址来过滤网站可能阻止该计算机上的其他合法的站点。此外，实现包过滤技术的网络硬件包含有限的存储空间，不可能存储日益更新增长的“禁止的”IP 列表（黑名单）。因此，包过滤技术没有普及，主要集中在 ISP 和公司级使用。

URL过滤是最普通、最有效的源过滤技术。URL过滤提供比包过滤更精细的控制。因为它过滤单个的网页而不是整个计算机系统。URL过滤结合“白名单”和“黑名单”一起来决定是否禁止内容。白名单包含适当的、用户想要的、允许访问的站点。黑名单包含被禁止的站点列表。

基于URL（IP）的过滤技术简单易实现，但是具有以下几个缺点：一是不够灵活。由于网络的无地域性，许多新的色情、反动网站不断出现，导致黑名单具有滞后性和不完整性。二是管理难度大。由于这种过滤方式主要依靠人工，随着网页的动态变化和网页数量的递增，导致采用URL过滤会给管理人员带来很大的难度。三是数据库维护难度大。随着黑白名单的不断扩大，过滤系统需要维护的数据库越来越庞大，过滤速度也会随之逐步下降，最终会导致达不到实时过滤的需求。

基于关键词的过滤，就是首先对文本内容、文档的元数据、检索词、URL等进行关键词匹配，再对满足匹配条件的网页或网站进行过滤[54]。具体就是从网页中提取出关键词与预先建立的不良或敏感关键词数据库匹配，通过设定阈值计算匹配程度来判断是否为不良网站，是则过滤该网站，否则放行该网站。基于关键词的过滤技术简单易行，但是具有以下几个缺点：一是错误率较高。单纯用关键词很难把握上下文语义，如一篇宣传抵制法轮功的文章有可能被认为是宣传弘扬法轮功的反动文章。二是过滤范围窄。只能匹配网页中以字符编码形式出现的关键词，对于嵌入在图片中的文字无法匹配。三是不够灵活。近年来用拼音、繁体字、特殊符号等手段代替或夹杂不良信息的情况频频出现，对于这些变形关键词（如夹杂符号、繁体、同音、英文）无法过滤。

基于内容分析的过滤是指通过语义分析、机器学习、图像处理等技术分析用户浏览的网页内容来判断该网页是否该过滤[55]。基于内容分析的过滤准确度高，但是其过滤速度依赖于机器学习、图像处理等技术，技术难度较大，导致过滤速度相对较慢。

前三种内容过滤技术虽然已被广泛应用于当前的过滤中，但也被证明了其低效性和受限性，基于内容分析的过滤是今后内容过滤的主要发展方向[56]。

实际应用中，基于内容的网页过滤解决方案包括一系列安全工具：Web过滤器、垃圾邮件过滤器、反病毒工具、防火墙、入侵检测系统、应用过滤器、发送内容过滤器、Web访问和监控系统等。这些工具集成一起共同完成如下的功能：

（1）识别：能通过IP地址识别用户；

（2）监控：能跟踪用户的网上行为如浏览的网页和下载的文件等；

（3）控制：限制网络的访问和阻止特定的行为；

（4）度量：记录日志和储存访问的数据以及访问日期和时间；

（5）报告：基于日志信息形成报告。

3.3.2　基于内容的网络监控

网络信息内容监控技术能够增强互联网运用和驾驭能力，为传播社会主义先进文化提供新的空间，为维护国家文化安全和意识形态安全提供重要保障。网络信息内容监控涉及国家政治安全、军事安全和经济安全等多方面，需求一直很迫切。网络内容监控系统不仅可以监控和过滤其所管辖系统的各种网络高层应用协议内容，还可以作为互联网监测中心使用，对来自互联网的短信进行监控和过滤。及时屏蔽和删除网上传播的有害出版物，严厉打击网站传播各类“翻墙”软件行为。深入开展网上治理，大力整治利用微博客、搜索引擎、音视频网站、社交网站、娱乐网站、手机 WAP 网站、会员专区、网上聊天室、即时通信工具等传播淫秽色情和低俗信息行为。充实内容审读鉴定力量。建立新闻报道快速反应机制，有效引导社会舆论。切实加强互联网建设、运用和管理，努力掌握信息化条件下意识形态工作的主导权。

网络内容监控目前主要是对文本类型的网络信息进行搜索过滤，主要涉及两类关键技术：文本挖掘和模式匹配。前者用于将新出现的具有相同特征的文本信息挖掘出来；后者根据已知的特征码对文本信息进行分析，以便实施拦截。

国外相关研究基本情况包括:美国的舆情研究协会①，欧盟舆情分析官方网站②，Canterbury 大学欧洲舆情研究中心③等机构广泛开展了基于调查问卷、网页统计、文本分析等方式的舆情分析工作。目前已有的舆情分析系统主要分为三大类：调查问卷型、Web 数据自动分析型、文本数据自动分析型。

调查问卷型主要通过调查问卷、电话和面谈等方式了解舆情。如 StatPacsurvey software 公司的 survey software solutions 系统④采用问卷方式进行调查，问卷由计算机辅助设计，系统自动分析问卷答案，形成舆情分析结果；加州大学伯克利分校社会科学计算实验室的 CSM 系统, CASES 系统，可以针对问卷调查结果进行自动分析，形成舆情分析报告。

Web 数据自动分析方式是自动搜集和分析网络上的 Web 数据，形成舆情分析报告，如加州大学伯克利分校社会科学计算实验室的 SDA 项目⑤，主要针对网页数据进行自动分析，该项目在 2000 年获得了美国舆情研究协会和美国政策科学协会的两项奖励，目前该项目仍在进行中；NESSTAR 是一个广泛使用的 Web 数据发布和分析系统⑥，该系统提供实时 Web 数据分析功能。

文本数据自动分析方式是通过搜集报纸、杂志、网上报道等文本信息，对其进行分析汇总后形成舆情分析结果。如在美国专利局一项编号为 4930077 的专利，该专利提出了一种通过文本分析来预测舆情的方法⑦；英国科波拉公司推出了“感情色彩”舆情分析软件，该软件可以在 1 秒内读取 10 篇新闻资料并判断文章的政治立场。

国内在互联网舆情信息挖掘方面的相关研究工作起步较晚。国内在这方面开展研究的有：上海交通大学的刘琪、李建华提出的一种内容安全监管系统的框架及其关键技术[57]；北京图形研究所的孙春来等人[58]阐述了基于内容过滤的网络内容监控系统（DFNMS）的总体设计框架以及各个模块的主要功能；电子科技大学的张清[59]提出的高速网络的内容监控过滤技术的研究与实现；中国科学院的谭建龙[60]采用串匹配算法对网络内容安全进行了分析；北京邮电大学的陈伟[61]针对通信网的内容安全建立了一套集成系统，以提高系统安全效率；上海交通大学的王伟[62]等人设计开发了一个基于 SOAP 协议的分布式可扩展的内容安全监管平台原型系统，用于满足新闻主管部门对网络内容的监管需求。西北工业大学朱烨行[63]等人提出

① http://www.aapor.org/

② http://europa.eu.int/comet/public_opinion/ndex_en.htm

③ http://www.europen.Canterbury.ac.nz/appp/public_opinion_analysis/

④ http://www.statpac.com/

⑤ http://sda.berkeley.edu/

⑥ http://www.nesstar.org/

⑦ http://www.freepatentsonline.com/4930077.htl

了一种对在网上传送的信息内容进行检查的方案,符合要求的内容才可以在我国的网上传播,不符合的就予以堵塞，以实现对网络内容的管理。南京理工大学代六玲[64]提出了主动型网络内容监管模型，设计并开发了一套主动型网络内容监管原型系统。

近些年来该领域软件也不断涌现，比较出色的包括：北大方正技术研究院的智思舆情预警辅助决策支持系统，成功地实现了针对互联网海量舆情自动实时的监测分析，有效地解决了政府部门以传统的人工方式对舆情监测的实施难题，对于促进加强互联网信息监管，组织力量展开信息整理和深入分析，起到了一定的作用。方正智思舆情预警辅助决策支持系统提供了以下功能：全文检索、自动分类、自动聚类、主题检测/追踪、相关推荐与消重、关联分析与趋势分析、自动摘要与自动关键词提取、突发事件分析、生成统计报表等功能。

中科院自动化研究所实施的“天网”工程舆情安全体系，采用了信息技术手段、综合运用认知科学、系统科学、社会科学等多学科知识，通过所建立的开源情报信息系统，为保障国际安全、国家安全、社会安全、商业安全和个人安全提供信息服务与决策支持。其中各个子系统均采用了信息预处理、数据挖掘与抽取、信息检索、数据的统计报表分析、信息的社会网络化分析等技术，提供可靠的网络舆情数据决策分析与支持的同时，也提供了良好的人机交互界面。

出于两方面的考虑，我们使用网络内容监控产品。第一，明确内容监控的目的，从大的方面讲是维护国家利益，从小的方面讲是维护企业和个人的利益。第二，内容监控对我们来说越来越重要，很多单位都有安全保密条例，所有的内容监控都应在统一到单位的保密策略下，密切围绕单位的信息安全条例来展开。内容监控涉及两个方面：一是规范访问互联网的行为，比如，在上班时间员工不得浏览与工作无关的网页、打网络游戏、聊天等；学生不得在校园网上浏览色情网页、观看不健康影视片等。二是封锁互联网上不良网页，该项内容也是内容安全过滤发展的趋势和方向，目前已经得到世界各国的重视。

3.4　本章小结

本章从文本预处理技术、文本内容分析方法、文本内容安全应用三个方面介绍了文本内容安全专题。文本预处理技术涉及中文分词技术，文本表示，和文本特征提取；中文分词涉及机械分词法、语法分词法和语义分词法；文本表示提及布尔模型、向量空间模型和概率模型等内容；文本特征提取与缩维给出了信息增益、文档频率、互信息、x^2 统计以及交叉熵等内容。在文本内容分析小节里，教材分别从文本语法分析、语义分析以及语用分析三个方面进行了文本内容分析，从而为后续的文本处理提供量化的指标。文本内容安全应用包括两个方面的内容，一是网页过滤，二是网络监控；这些内容已经形成潮流和产业化，因此，本小节内容仅从宏观上进行了介绍。本章重点是文本内容分析方法，难点也是文本内容分析方法。

参考文献

[1] 何慧. Web 文本挖掘中关键问题的研究[D]，北京：北京邮电大学，2009.5

[2] 中国科学院计算技术研究所. 汉语词法分析系统 ICTCLAS[CP/OL]. http://ictclas.org/, 2009.

[3] 陈小荷.现代汉语自动分析[M]. 北京: 北京语言文化大学出版社, 1999.

[4] 马晏.基于评价的汉语自动分词系统的研究及实现[M].语言处理专论. 北京：清华大学出版

社，1996.

[5] 王雪松.汉语语言的多层面优化统计语言模型研究[D].北京：中科院声学所硕士论文，1997.

[6] 张晓冬，张书杰，邢俊丽等. 关于信息过滤模型的探讨[J]. 计算机工程与应用，2002，38（5）：99-100，236.

[7] Gudivada V，Raghavan V，Grosky W，et al. Information Retrieval on the World Wide Web[J]. IEEE Internet Computing，2001：38-45.

[8] Salton G，Lesk M E. Computer Evaluation of Indexing and Text Processing[J]. Journal of the ACM，1968，15（1）：8-36.

[9] Salton G，Buckley C. Term-weighting Approaches in Automatic Text Retrieval[C]. In：Int. Proc. of Mgt，1988：513-523.

[10] 雷景生. 基于模糊相关的 Web 文档分类方法[J]. 计算机工程，2005，31（24）：13-14.

[11] 李强，李建华. 基于向量空间模型的过滤不良文本方法[J]. 计算机工程，2006，32（10）：4-5.

[12] Robertson S.E，SparckJones K. Relevance Weighting of Search Terms[J]. Journal of the American Society for Information Science，1976，27（3）.

[13] 邹萍，纪沙. 网络信息过滤机制的研究[J]. 哈尔滨师范大学自然科学学报，2008，24（2）：75-80.

[14] 司德睿. 基于文本内容的网页过滤技术研究[D]. 甘肃：兰州大学，2008.

[15] Kenneth W C，Patric K H. Words Association Norms，Mutual Information and Lexicography[C]. In Proceedings of the 27th Annual Meeting. Association for Computational Linguistics，Vancouver，1989：76-83.

[16] Dunning T E. Accurate Methods for the Statistics of Surprise and Coincidence[J]. Computational Linguistics，1993，19（1）：61-74.

[17] 李强，李建华. 基于向量空间模型的过滤不良文本方法[J]. 计算机工程，2006，32（10）：4-5.

[18] 王伟强，高文. Internet 上的文本数据挖掘[J]，计算机科学，2000，27（4）：32-37.

[19] Yang Yiming, Jan O Pedersen. A comparative study on feature selection in text categorization[z]. Proc. of the 4th Intl. Conf. on Machine Learning （ICML'97）, Nashville, TN Morgan Kaufmann, 1997.

[20] Sergios Theodoridis, Konstantinos Koutroumbas. 模式识别（第四版）[M]，北京：电子工业出版社，2010.

[21] 于津凯，王映雪，陈怀楚. 一种基于 N-Gram 改进的文本特征提取算法[J]，图书情报工作，vol.48（8）：48-50+43.

[22] Peter W，Foltz，Dumais S T. Personalized Information Delivery：An Analysis of Information Filtering Methods[J]. Communications of the ACM，1992，35（12）：51-60.

[23] 张志明，周学广. 采用奇异值分解的数字水印嵌入算法[J]，微计算机信息，2006，20: 69-71.

[24] 卢志茂，刘挺，张刚等. 基于依存分析改进贝叶斯模型的词义消歧[J]，高技术通讯，2003，5：1-7.

[25] 杨尔弘，张国清等. 基于义原同现频率的汉语词义排歧方法[J]. 计算机研究与发展，2001，

38 （7）: 834-837.

[26] DeJong, G. F. An overview of the FRUMP system. In Lehnert, W. G. and Ringle, M. H. （Eds.）, Strategies for Natural Language Processing, 149-176. Lawrence Erlbaum, Hillsdale, NJ.1982.

[27] Sundheim, B.（Ed.）.Proceedings of the 3rd Message Understanding Conference, San Mateo, CA. Morgan Kaufmann.1991.

[28] Sundheim, B.（Ed.）.Proceedings of the 4th Message Understanding Conference, San Mateo, CA. Morgan Kaufmann.1992.

[29] Sundheim, B.（Ed.）. Proceedings of the 5th Message Understanding Conference, Baltimore, MD. Morgan Kaufmann.San Mateo, CA.1993.

[30] Sundheim, B.（Ed.）.Proceedings of the 6th Message Understanding Conference, San Mateo, CA. Morgan Kaufmann.1995.

[31] 赵铁军，郑德权，宗成庆. 中国计算语言学研究进展[C]，2008 中国计算机科学技术发展报告[A]，北京：机械工业出版社，150-192.

[32] 刘开瑛，中文文本自动分词和标注[M]，北京：商务印书馆，2000.

[33] 胡文敏，何婷婷，张勇. 基于卡方检验的汉语术语抽取[J]，计算机应用，2007，27（12）: 3019-3020+3025.

[34] Yongwei Hu, Zhifang Sui. Extracting Hyponymy Relation between Chinese Terms[C]. Proc. of the 4th Asia Information Retrieval Symposium （AIRS 2008）[A]，Harbin，China：Harbin Institute of Technology，2008：567-572.

[35] Kenneth Ward, Church, Patrick Hanks, Word association norms, mutual information and lexicography, In:ACL27.1989. Vancouver, Canada. pages: 76-83

[36] Hiroya Takamura, Takashi Inui, Manabu Okumura Mining WordNet For Fuzzy Sentiment Sentiment Tag Extraction From WordNet Glosses, 11th Conference of the European Chapter of the ACL, E06-1027,2006.

[37] Alina Adreevskaia, Sabine Bergler Latent Variable Models For Semantic Orientations Of Phrases 11th Conference of the European Chapter of the ACL E06-1026 2006.

[38] Michael Gamon and Anthony Aue. 2005. Automatic identification of sentiment vocabulary: exploiting low association with known sentiment terms[A]. In Proc. of the ACL 2005 Workshop on Feature Engineering for Machine Learning in NLP.2006.

[39] Soumen Chakrabarti, Mukul M. Joshi and Vivek B. Tawde. Enhanced Topic Distillation Using Text, Markup Tags, and Hyperlinks. In SIGIR，2001.

[40] Yiming Yang, T.Au1t,T. Piercee tal. Improving Text Categorization Methods for Event Tracking. Proc. of the 23rd International Conference on Research and Development in Information Retrieval （SIGIR-2000）, Athens, 2000.

[41] Lewis D et al. Training algorithms for linear text classifiers. In Proc. of the 9th International ACM SIGIR Conference on Research and Development in Information Retrieval, 1996: 298-306.

[42] Kushal Dave, Steve Lawrence, and David M. Pennock. Mining the Peanut Gallery: Opinion Extraction and Semantic Classification of Produce Reviews[C]. Proc. of the 12th International

World Wide Web Conference. 2001:567-575.

[43] Jing Jiang, ChengXiang Zhai. A Two-Stage Approach to Domain Adaptation for Statistical Classifiers[C]//CIKM. Lisbon, Portugal, 2007: 401-410.

[44] Suxiang Zhang, Ying Qin, Juan Wen and Xiaojie, Wang. Word Segmentation and Named Entity Recognition for SIGHAN Bakeoff3, 5th SIGHAN Workshop on Chinese Language Processing 2006.

[45] Iadh Ounis, Maaten de Rijke, Craig Macdonald, Gilad Mishne, Ian Soboroff. Overview of the TREC-2006 Blog Track, Proc. of TREC2006, Gaithersburg, USA.

[46] 周学广，孙艳，王洋等. 抗中文主动干扰关键词过滤模型及实验系统[R]，武汉：海军工程大学，2011.

[47] Zhiming Wang, Recent advancement in Chinese Lexical Semantics [A], Proc. of 5th Chinese Lexical Semantics Workshop （CLS-5）, 2004, Singapore.

[48] 王灿辉，张敏，马少平. 基于相邻词的中文关键词自动抽取[J]. 广西师范大学学报（自然科学版），2007（2）：161-164.

[49] 李保利，俞士汶. 话题识别与跟踪研究[J]. 计算机工程与应用，2003，17（7）：7-10.

[50] 洪宇，张宇，刘挺等. 话题检测与跟踪的评测及研究综述[J]，中文信息学报，2007，21（6）：71-87.

[51] Mario C，Luigi D C，Claudio S. Emerging Topic Detection on Twitter based on Temporal and Social Terms Evaluation[C]. IWMDM. NY：ACM，2010：1-10.

[52] A. McCallum, K.Nigam. A Comparison of Event Models for Naïve Bayes Text, Classification[C], In Proc. of AAAI98 Workshop on Learning for Text Categorization, 1998, 137-142.

[53] Christopher D H. Internet Filter Effectiveness: Testing Over and Under inclusive Blocking Decisions of Four Popular Filters[C]. Proc. of the 10th Conference on Computers，Freedom and Privacy：Challenging the Assumptions, 2000: 287-294.

[54] Lee P Y, Hui S C, and Fong A C M. Neural Networks for Web Content Filtering[J]. IEEE Intelligent Systems，2002：48-57.

[55] Lee J S, Jeon Y H. A Study on the Effective Selective Filtering Technology of Harmful Website Using Internet Content Rating Service[J]. Communication of KIPS Review, 2002, 9（2）.

[56] 程显毅，杨天明，朱倩等. 基于语义倾向性的文本过滤研究[J]. 计算机应用研究，2009，26（12）：4460-4462.

[57] 刘琪，李建华. 网络内容安全监管系统的框架及其关键技术[J]. 计算机工程, 2003, 29(2): 287-289.

[58] 孙春来，段米毅，毛克峰. 基于内容过滤的网络监控技术研究[J]. 高技术通讯，2001，11（11）：36-38.

[59] 张清. 高速网络的内容监控过滤技术的研究与实现[D]. 成都：电子科技大学硕士学位论文, 2005.

[60] 谭建龙. 串匹配算法及其在网络内容分析中的应用[D]. 北京：中国科学院研究生院博士学位论文, 2003.

[61] 陈伟. 通信网内容安全集成系统研究[D]. 北京：北京邮电大学博士学位论文, 2006.

[62] 王伟，薛质，张全海. 基于 SOAP 协议的网络媒体内容安全监管技术[J]. 计算机工程，2005, 31（20）: 154-155+167.

[63] 朱烨行，戴冠中，慕德俊，李艳玲. 基于内容审查过滤的网络安全研究[J]. 计算机应用研究，2006, 23（10）: 130-132.

[64] 代六玲. 互联网内容监管系统关键技术的研究[D]. 南京：南京理工大学博士学位论文，2004.11.

本章习题

1. 名词解释：文本、文档、停用词、分词、词义消歧、LSI、TDT、ME、HMM、N-gram、文本表示、最大匹配法、逆向最大匹配法、最小匹配法、语义分词法。
2. 试比较中文分词算法性能。
3. 试解析 VSM 表示文本的过程。
4. 如何进行文本特征提取？
5. HMM 有哪些基本问题？
6. 实现词频统计常用方法是什么？
7. 文本语义分析要解决什么问题？有哪些代表性方法？
8. 什么是有指导（监督）学习？什么是无指导学习？
9. 上下文语境涉及哪些层面？
10. 无指导词义消歧的关键问题是什么？
11. 信息抽取研究内容有哪些？
12. 从文本中可以抽取到哪些元素？
13. 什么是文本情感倾向性分析？包括哪些子模块？
14. 词语情感倾向性分析有哪些方法？
15. 网页是如何分级的？能分为哪几级？
16. 为什么说句子群是否连贯决定是不是话题？
17. 分别简述 TDT 任务，TT 任务，TD 任务，LDT 任务。
18. 文本分类的数学评价。
19. 叙述贝叶斯分类器的分类过程。
20. KNN 为何又被称为“lazy-learning algorithm”？
21. 网页过滤有哪些应用？目前主要有哪些方法？
22. 为什么要进行网络监控？目前已有的舆情分析系统分为哪几类？

第4章 网络多媒体内容安全

多媒体技术是一种把文本、图形、图像、动画和声音等形式的信息结合在一起，并通过计算机进行综合处理和控制，能支持完成一系列交互式操作的信息技术。多媒体技术在互联网越来越普及，一个有图片、声音、动态的网页比静态的只有文字的页面更能引起网民的注意，更具有吸引力，正因为如此，网络中不良多媒体信息的数量也与日俱增，给社会和国家带来的影响不容忽视。

本章4.1首先对网络多媒体的内容安全现状进行了介绍；4.2介绍图像的获取、不良图像的特征提取和识别；4.3介绍视频流的发现与流量的获取、视频关键帧提取；4.4介绍音频的特征提取和不良音频的识别。

4.1 概述

随着多媒体通信技术的迅速发展，大量的文本、语音、视频、图片等多媒体信息成为了互联网的主要信息元素，匿名加密多媒体等业务也广泛使用。P2P技术和安全加密技术传送多媒体信息的广泛应用，使得通信变得越来越安全和高效，然而这些多媒体信息流也成为了大量反动、色情、无用垃圾信息的“传送带”，侵占了网络带宽等资源，从而破坏了互联网健康有序的绿色环境。为营造健康、和谐与稳定的互联网环境，必须实现对特定多媒体信息流的有效、灵活、可扩展地识别和过滤。

目前对互联网不良多媒体信息的过滤主要采用以下四种方法：基于分级标注的过滤、基于URL的过滤、基于关键词的过滤和基于内容分析的过滤。

（1）基于分级标注的过滤。

基于分级标注的过滤通常使用浏览器本身或第三方特别是PICS（Platform for Internet Content Selection）和ICRA（Internet Content Rating Association）分级标注过滤，具体是用户或管理员通过浏览器的安全设置选项实现网页内容过滤。如使用IE浏览器时可以通过“工具\Internet选项\内容\分级审查\启用”选项开启这项功能。

但是，并不是所有的网站都遵守ICRA标准，使得基于分级标注的过滤成为形同虚设。

（2）基于URL的过滤。

基于URL（Uniform Resource Locate）的过滤是最早出现的内容过滤方式，是指将已知有害页面和网站收集到URL禁止列表库，将允许访问的网页和网站收集到URL允许列表库，即设置网页黑白名单。过滤系统检测到某网络地址在黑名单中时，将过滤该网络地址以阻止用户访问，否则，将放行。

基于URL（IP）的过滤技术简单易实现，但是具有以下几个缺点：一是不够灵活。由于网络的无地域性，许多新的色情、反动网站不断出现，导致黑名单具有滞后性和不完整性。二是管理难度大。由于这种过滤方式主要依靠人工，随着网页的动态变化和网页数量的递增，

导致采用URL过滤会给管理人员带来很大的难度。三是数据库维护难度大。随着黑白名单的不断扩大，过滤系统需要维护的数据库越来越庞大，过滤速度也会随之逐步下降，最终会导致达不到实时过滤的需求。

（3）基于关键词的过滤。

对文本内容、文档的元数据、检索词、URL等进行关键词匹配，再对满足匹配条件的网页或网站进行过滤，称为基于关键词的过滤。具体就是从网页中提取出关键词与预先建立的不良或敏感关键词数据库匹配，通过设定阈值计算匹配程度来判断是否为不良网站，则是过滤该网站，否则放行该网站。

基于关键词的过滤技术简单易行，但是具有以下几个缺点：一是错误率较高。单纯用关键词很难把握上下文语义，如一篇宣传抵制法轮功的文章有可能被认为是宣传弘扬法轮功的反动文章。二是过滤范围窄。只能匹配网页中以字符编码形式出现的关键词，对于嵌入在图片中的文字无法匹配。三是不够灵活。近两年用拼音、繁体字、特殊符号等手段代替或夹杂不良信息的情况频频出现，对于这些变形关键词（如夹杂符号、繁体、同音、英文）无法过滤。

（4）基于内容分析的过滤。

基于内容分析的过滤是指通过语义分析、机器学习、图像处理等技术分析用户浏览的网页内容来判断该网页是否该过滤。

基于内容分析的过滤准确度高，这种技术已经成为了一个研究热点，但是其过滤速度依赖于机器学习、图像处理等技术，技术难度较大，导致过滤速度较慢。

前三种网页内容过滤技术虽然已被广泛应用于当前的过滤中，但也被证明了其低效性和受限性，基于内容分析的过滤是今后内容过滤的发展趋势。

4.2　网络不良图像内容识别

在不良多媒体信息中，不良图像是色情信息的重要载体。图像内容过滤技术是根据图像的色彩、纹理、形状、轮廓以及它们之间的空间关系等外观特征和语义作为索引，通过与人体敏感部位相关数据进行相似度匹配而进行的过滤技术。针对敏感图像，可以建立肤色模型、皮肤纹理模型、人脸模型、人体模型等，建立这些模型的一般方法是：先提取一些颜色、纹理、形状特征等低层次特征，然后采用统计方法和机器学习方法进一步转化为较高层次的特征。

根据不良图像自身的特点，一般从三个角度来进行不良图像的判定识别：

（1）从皮肤裸露情况来判断。

对于皮肤裸露面积较大的情况，可以先从图像的低层特征出发，找出多个可以较好区分不良图像和正常图像的特征，再组合这些特征应用于智能分类器实现不良图像分类。这一实现方法思路简单，可行性强，是目前研究者们的首选。

（2）从敏感部位（比如前胸、性器官）来判断。

对于敏感部位裸露的情况，可以为敏感部位建模，以此建立起分类器。这一方法较为接近人类理解敏感图像的方式，是过滤不良图像的最直接途径，但由于不良图像过于复杂，这些特殊部位的定位和模型建立又很困难，因此实现起来难度很大。

（3）从猥亵的人体姿态来判断。

此种情况可以尝试识别出图像中的人体肢体，再根据模板或内建的规则进行组建，如果组建成功，则该图像为不良图像，否则为非敏感图像。这一方法的困难是：一方面在复杂的图像背景下如何正确识别出人体肢体，另一方面在于适当的模板和组建规则的确定。由于不良图像本身姿态的不确定性，目前通过这种方法进行人体检测的系统相对较少。

4.2.1 肤色检测

肤色检测是在图像中选取对应于人体皮肤像素的过程，通常包括颜色空间变换和肤色建模两个步骤。

（1）颜色空间。

颜色的描述是通过颜色空间来实现的，不同的颜色空间应用于不同目的和处理情况。颜色空间的分类有很多，常见的有 RGB、YUV、HSV、HIS 等。

RGB 颜色空间是摄像机和显示器上使用的面向硬件设备的颜色空间，用红、绿、蓝三基色按不同比例来表示所有的颜色。RGB 颜色空间模型在三维坐标中是一个立方体，如图 4-1 所示。立方体的六个角点分别为红、黄、绿、青、蓝和品红，在立方体的主对角线上，三基色的强度相等，产生由暗到明具有不同灰度值的灰色，其中是(0,0,0)为纯黑色,(255,255,255)为纯白色。

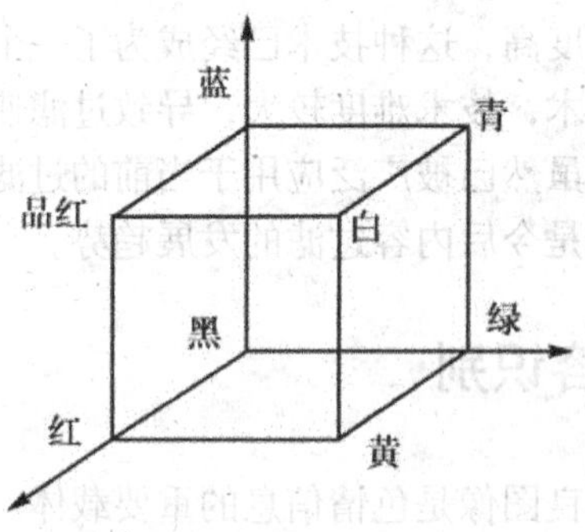

图 4-1 RGB 颜色空间

R、G、B 三分量之间的相关性很高，色度和亮度混合在一起，不符合人们对颜色相似性的主观判断，不能直观地反映人类观察颜色的结果，如亮度、色调、饱和度等颜色属性。肤色在颜色空间的分布相当集中，但会受到照明和人种的很大影响。为了减少肤色受照明强度影响，通常将颜色空间从 RGB 转换到亮度与色度分离的某个颜色空间，比如 YCbCr 或 HSV，然后放弃亮度分量。

YCbCr 颜色空间是被欧洲电视系统采用的一种颜色编码方法，它是一种用于 JPEG 数字图像的颜色标准，常用于彩色图像压缩。Y 分量表示亮度，两个色差分量 Cb 和 Cr 表示色度，其中 Cb 为蓝色分量和一个参考值之差，Cr 为红色分量和一个参考值之差。RGB 到 YCbCr 的转换如公式（4-1）所示：

$$\begin{bmatrix} Y \\ Cb \\ Cr \end{bmatrix} = \begin{bmatrix} 0.299 & 0.587 & 0.114 \\ -0.169 & -0.331 & 0.500 \\ 0.500 & -0.419 & -0.081 \end{bmatrix} \begin{bmatrix} R \\ G \\ B \end{bmatrix} + \begin{bmatrix} 0 \\ 128 \\ 128 \end{bmatrix} \tag{4-1}$$

从式（4-1）可以看出，YCbCr 颜色空间是由 RGB 线性导出的颜色空间，类似的线性变换颜色空间还有 OPP、YIQ、YUV 等颜色空间。

HSV 颜色空间是面向色调的由颜色心理三属性表示的颜色空间，其中 H 表示色彩信息，即所在的光谱颜色的位置；S 为饱和度，表示所选颜色的纯度和该颜色最大的纯度之间的比率；V 为色彩的明亮程度，越接近白色明度越高，越接近灰色或黑色，明度越低。RGB 颜色空间与 HSV 颜色空间的转换公式为：

$$\begin{cases} H = \arccos\dfrac{\frac{1}{2}\left[(R-G)+(R-B)\right]}{\sqrt{(R-G)^2+(R-B)(G-B)}} \\ S = \dfrac{\max(R,G,B)-\min(R,G,B)}{\max(R,G,B)} \\ V = \dfrac{\max(R,G,B)}{255} \end{cases} \tag{4-2}$$

HSV 颜色空间是由 RGB 非线性导出的颜色空间，类似的非线性颜色空间还有 HSI、HSL、HSB 等颜色空间。更多关于颜色空间和转换可参考文献[1]。

（2）肤色模型。

肤色模型是关于肤色知识的计算机表示，通过训练样本集建立肤色模型是肤色检测的关键[2]，常用的三种肤色建模方法是：肤色区域模型、高斯分布模型和统计直方图模型。

①肤色区域模型。

最简单的肤色检测器是把在 RGB 空间中符合公式（4-3）的像素认为是皮肤像素：

$$1 < R/G < f \tag{4-3}$$

其中 f 为阈值，此模型虽然简单，但正检率很高[3]。也可以采用公式（4-4）在 RGB 颜色空间内进行肤色检测。

$$\begin{cases} R > 95, 且 G > 40, B > 20 \\ \max(R,G,B)-\min(R,G,B) > 15 \\ |R-G| > 15 且 R > G, R > B \end{cases} \tag{4-4}$$

在 RGB 颜色空间内进行肤色检测不需要转换颜色空间，运算简单，系统开销小，正检率高，但是误检率也很高。

Chai 等人在 YCbCr 颜色空间内进行肤色检测[4]，将像素点的 Cb 值和 Cr 值满足式（4-5）的像素认为是肤色像素。

$$\begin{cases} 77 \leqslant Cb \leqslant 127 \\ 133 \leqslant Cr \leqslant 173 \end{cases} \tag{4-5}$$

YCbCr 颜色空间的优点是亮度与色度分离，且二维独立分布，是离散空间，受亮度变化的影响小，易于实现聚类算法。

在 HSV 颜色空间中，通常将像素点的值满足式（4-6）像素认为是肤色像素。

$$\begin{cases}0\leqslant H\leqslant 0.1388\\0.23\leqslant S\leqslant 0.68\\0.35\leqslant V\leqslant 1\end{cases}\tag{4-6}$$

此外，在其他的颜色空间中有不同的肤色检测器，肤色区域模型的优点是方法简单，容易实现，但是如何选择合适的颜色空间以及怎样确定皮肤过滤器的参数是肤色区域模型需解决的两个重要问题。另外，肤色区域模型的错检率比较高，其原因是这类模型只是给出了肤色在颜色空间中的分布范围，而没有更进一步地去找出肤色在颜色空间中的分布。在这个相对粗略的分布范围里，存在许多皮肤和非皮肤像素的重叠区，导致许多非皮肤像素也被检测为皮肤像素。

②高斯分布模型。

高斯分布模型是一种参数化模型，可分为单高斯模型[5]和高斯混合模型[6]，单高斯模型是高斯混合模型的一种特殊情形，两者的差别在于模型的复杂度和拟合肤色分布的能力不同。

单高斯模型用正态分布来拟合皮肤颜色的概率密度分布，通常是丢弃强度分量，在两维色度平面上进行高斯密度函数估计，其联合概率密度函数如下式所示：

$$p(x|skin)=\frac{1}{2\pi|\Sigma|^{1/2}}\exp\left[-\frac{1}{2}(x-\mu)^T\Sigma^{-1}(x-\mu)\right]\tag{4-7}$$

其中 x 是像素颜色向量，μ 和 Σ 是高斯分布参数，μ 为均值向量，Σ 为协方差矩阵，可以用最大似然估计法得到，如下式所示：

$$\begin{gathered}\mu=\frac{1}{N}\sum_{i=1}^{N}X_i\\\Sigma=\frac{1}{N-1}\sum_{i=1}^{N}(x_i-\mu)(x_i-\mu)^T\end{gathered}\tag{4-8}$$

其中 N 为样本总数。单高斯模型有两种方法衡量 x 属于肤色的可能性，法一是通过公式（4–7）得到像素 x 属于肤色的概率 $p(x|skin)$，法二是通过公式（4-9）计算像素 x 与均值 μ 的马氏距离 $d(x)$ 得到像素与肤色的接近程度。

$$d(x)=(x-\mu)^T\Sigma^{-1}(x-\mu)\tag{4-9}$$

高斯混合模型是多个单高斯密度函数的加权和，其混合概率密度函数如下式所示：

$$p(x,\mu,\Sigma)=\sum_{i=1}^{M}\omega_i\frac{1}{(2\pi)^{n/2}|\Sigma_i|^{1/2}}\exp\left[-\frac{1}{2}(x-\mu_i)^T\Sigma_i^{-1}(x-\mu_i)\right]\tag{4-10}$$

其中 x 为 n 维像素颜色向量，混合概率密度函数 $p(x,\mu,\Sigma)$ 由 M 个单高斯密度函数线性加权组成，μ_i 为均值向量，Σ_i 为协方差矩阵，ω_i 为权重，代表各高斯密度函数对混合模型的贡献大小，有 $\omega_i>0$ 且 $\sum_{i=1}^{M}\omega_i=1$。对于高斯混合模型的参数 $\lambda=(\omega_i,\mu_i,\Sigma_i),i=1,2\cdots M$，可以用标准的期望最大化 EM 算法计算得到[7]。高斯混合模型通过计算其 $p(x,\mu,\Sigma)$ 是否大于阈值来判断是否为皮肤像素。

③统计直方图模型。

统计直方图模型是一种非参数模型。通过肤色样本的直方图统计构造肤色概率图 SPM

（Skin Probability Map）进行皮肤检测[8]，利用SPM检测肤色像素主要有两种方法：规则化查找表和贝叶斯分类器。

规则化查找表直接利用SPM作为肤色概率查找表。输入像素的颜色向量经过与SPM相同的颜色空间变换和量化后，所得到的向量作为查表的索引，查表得到的值是该输入像素属于肤色的概率，即将大于式（4-11）的像素认为是肤色[9]。

$$p_{skin}(x)=\frac{count(x)}{Norm} \tag{4-11}$$

其中$count(x)$表示皮肤颜色直方图中颜色空间x中的像素个数，规则化参数$Norm$是皮肤直方图中的像素总数目。

上述直方图统计量$p_{skin}(x)$实际上只是估计条件概率$p(x|skin)$，对肤色检测更合适的量度应该是$p(skin|x)$，由贝叶斯公式可得

$$p(skin|x)=\frac{p(x|skin)p(skin)}{p(x|skin)p(skin)+p(x|-skin)p(-skin)} \tag{4-12}$$

其中$p(x|skin)$和$p(x|-skin)$可由颜色直方图计算得到，$p(skin)$和$p(-skin)$是皮肤直方图中肤色和非肤色像素数目比例。当$p(skin|x)$大于一个阈值时，则有颜色x的像素被判定为皮肤像素。

SPM方法的思想很直观，检测速度很快，但需要大量的存储空间，特别是维数和量化级较多的直方图需要更多的统计样本，因此更适合于具有大量的训练和测试图像数据。为了减少存储需求和避免训练数据不足，通常采用粒度较大的颜色空间量化。高斯肤色模型的参数化所需的存储空间相对很小，能够内插和归纳不完整的训练数据，因此能适应容量较小的训练和测试数据集，但速度较慢，并需要考察所选颜色空间中肤色分布的形态，高斯混合模型的高斯密度函数个数的选定通常在2~16之间[10]，个数多了会有过度训练之嫌，个数少了又恐怕估计不准，容易造成高误检率。

4.2.2 纹理分析

纹理特征的提取是对图像的某种局部性质的一种描述，对局部区域中像素之间关系的一种度量，它不依赖于颜色或亮度。

纹理特征是刻画像素的领域灰度空间分布规律，一般用像素点的灰度值来描述纹理，图像像素点的灰度即为纹理基元。粗纹理意味着在某个邻域内像素点的灰度值变化较大，反之，细纹理表示在某个邻域内像素点的灰度值变化较小。

按照Bordatz[11]的纹理说明，常使用区域的尺寸、可分辨灰度元素的数目以及这些灰度元素的相互关系来描述一幅图像中的纹理区域。通过对区域的不同选择，对灰度元素的不同分辨，以及对灰度元素相互关系的不同确定，就产生出对纹理特征提取的多种描述模型。

对皮肤纹理进行分析的目的在于提高对不良图像皮肤区域检测的准确性。人体皮肤纹理作为一种特殊的纹理，没有明显的纹理基元，没有明显的周期性和方向性，它的一个重要特征是光滑，所以皮肤区域中的灰度变化比较小，区域灰度方差值也比较小，反映在灰度上就是图像的灰度包络平滑，变化缓慢，而非皮肤图像一般没有这个特征。针对皮肤纹理的特殊性，介绍三种皮肤纹理检测算法：Gabor滤波法、灰度共生矩阵法和简单灰度统计法。

（1）Gabor 滤波法。

Gabor 滤波器纹理分析方法可以通过不同尺度和方向滤波器的设计来反映图像空间局部方面的特征，有选择地利用频域信息而不是整个图像的频率信息，表现出了非常强的纹理描述能力。Gabor 滤波器是一个带通滤波器，可以从图像中抽取一个具体带宽的频率分量，Gabor 滤波器的空间形状与人的视觉系统中视网膜上简单细胞的接受区域（Receptive Field）的轮廓非常类似，一些视觉生理学上的实验可以通过 Gabor 滤波器来实现，因此 Gabor 滤波器分析方法可以在视觉上得到一定的解释。Gabor 滤波器纹理描述方法在纹理分析方法中占有重要的地位，受到众多学者的研究和关注[12][13][14][15]。

Gabor 滤波器纹理分析方法就是选用某一特定的 Gabor 函数，然后设计一种 Gabor 滤波器，用设计好的 Gabor 滤波器去过滤图像，对过滤后的图像再提取能量统计特征作为纹理特征。

（2）灰度共生矩阵法。

纹理是由灰度分布在空间位置上反复交替变化而形成的，因而在图像空间中相隔一定距离的两像素间会存在一定的灰度关系，这种关系被称为是图像中灰度的空间相关特性。灰度共生矩阵是对图像上保持一定距离的两像素分别具有某灰度的状况进行统计得到的，描述了成对像素的灰度组合分布，可以看成是两个灰度组合的联合直方图。灰度共生矩阵反映了纹理关于方向、相邻间隔、变化幅度的综合信息，既反映纹理的粗糙程度，也反映纹理的方向性。

若将图像的灰度级定义为 L 级，那么灰度共生矩阵为 $L\times L$ 矩阵，可以表示为 $M_{(\Delta x,\Delta y)}(h,k)$，其中位于 (h,k) 的元素 m_{hk} 的值表示一个灰度为 h 而另外一个灰度为 k 的两个相距为 $(\Delta x,\Delta y)$ 的像素对出现的次数。

设 S 为目标区域 R 中具有特定空间联系的像素对集合，那么共生矩阵 M 可以定义为：

$$M_{(\Delta x,\Delta y)}(h,k)=\frac{num\{[(x_1,y_1),(x_2,y_2)]\in S\mid f(x_1,y_1)=h\ \&\ f(x_2,y_2)=k\}}{num(S)} \quad (4\text{-}13)$$

上式等号右边的分子是具有某种空间关系、灰度值分别为 h 和 k 的像素对的个数，分母为像素对的总和个数，这样得到的 M 是归一化的。由于灰度共生矩阵的计算量很大，为简便起见，一般采用下面四个最常用特征来提取图像的纹理特征：

①角二阶矩：$ASM=\sum_h\sum_k(m_{hk})^2$

②熵：$ENT=-\sum_h\sum_k m_{hk}\log m_{hk}$

③对比度：$CON=\sum_h\sum_k|h-k|m_{hk}$

④相关性：$COR=\left[\sum_h\sum_k hkm_{hk}-u_xu_y\right]\Big/\sigma_x\sigma_y$

其中 u_x，u_y 和 σ_x，σ_y 分别为 m_x 和 m_y 的均值和标准差，$m_x=\sum_k m_{hk}$ 是矩阵 M 每行元素的和，$m_y=\sum_h m_{hk}$ 是每列元素的和。

（3）灰度统计法。

灰度统计法是数字图像处理的基本方法。由于皮肤区域更多的是体现光滑平坦特性，所以可以利用简单灰度统计方法进行皮肤纹理（光滑平坦）特征的提取。具体实现过程中，首先对收集的皮肤区域像素进行灰度统计，得到皮肤区域的统计信息，作为皮肤纹理特征的经验值；当进行皮肤纹理提取时，就可以将待检测区域像素同经验值相比较，满足一定关系时，也就可以判定为皮肤纹理。这里选择均值和差分方差作为皮肤纹理特征。为了减少运算量，提高处理速度，可以对区域的对角线像素进行处理。

4.2.3　其他特征

1. 形状特征

形状是描述图像内容的一个重要特征。形状常与目标联系起来，有一定的语义。而从不同视角获取的图像，目标形状可能差别较大，因此对形状的表达从本质上要比颜色与纹理复杂得多。

要对图像进行形状特征分析，首先需要利用形态学对分割后的二值图像进行预处理。形状是物体的重要特征，它是一种空间特性，好的形状表示应该与位置，大小和方向无关。Hu不变矩是描述形状的有力工具[16]，在模式识别领域被广泛地用于描述物体的几何特征。基于边缘的不变矩分析对物体的形状特征贡献大的由灰度突变所形成的边缘形状，而不是内部的平稳灰度区域，能更有效地反映物体的形状信息。

2. 视觉单词特征

传统方法在检测到多数的成人图像的同时会产生大量的误检，主要的原因是其所用的颜色、纹理等类型的全局特征区分能力有限。此外，传统方法严重依赖肤色检测的结果，除了人物类图像会引起混淆，包含大量类似肤色的图像（如风光、动物等）也会被误检。因此，局部特征，也称局部不变特征成为近年来图像分析处理利于的一个新的研究热点。事实上，成人图像与其他图像关键性的区别在于各种与人体有关的局部形态（如敏感器官），这些局部形态与肤色分布信息结合在一起，构成了我们对成人图像的认知[17]。从局部特征着手，从全新的角度捕获成人图像更高层次的语义信息。这里所说的局部特征，是对局部形态（视觉元素）的描述，并通过聚类被量子化为视觉单词，每个视觉单词对应一定的局部形态。依据视觉单词的出现规律，可以分析图像的语义。

4.2.4　不良图像的识别

经验阈值法是最早出现且最简单的不良图像识别方法，它利用皮肤颜色分布聚合在一块压缩区域特点，从色彩空间上规定阈值来区分出皮肤。该法过度依赖样本和样本空间选择，且阈值选择缺乏一定适应性。支持向量机分类器已成功应用于图像识别，并以明显优势取得了比以往分类器更好的效果。

1. 支持向量机SVM

支持向量机（Support Vector Machines，SVM）是由Vapnik于20世纪90年代初提出的一种新的机器学习方法[18]，该方法建立在基于统计学习理论的VC维（Vapnik-Chervonenkis Dimension）理论和结构风险最小（Structural Risk Minimization，SRM）准则基础上，在样本数有限的条件下比传统的基于经验风险最小化（Empirical Risk Minimization，ERM）准则的学习方法，如前向神经网络、最大似然法等，获得更好的性能和推广能力。因此近年来支持向量机已经成为机器学习领域的一个研究热点。支持向量机以训练误差为优化问题的约束条件，以置信范围值最小化为优化目标，与传统的学习方法相比，具有小样本、良好的推广性能、全局最优等优点。

SVM 在高维空间求得最优分类函数，在形式上类似于一个神经网络，其输出是中间层节点的线性组合，而每一个中间层节点对应于输入样本与一个支持向量的内积。作为一种新的机器学习方法，支持向量机克服了神经网络方法的一些缺点。在神经网络的应用中，通常需要使用者结合自己的经验和相关领域的先验知识来选择网络的结构以及学习参数，以避免欠学习、过学习、陷入局部极值、算法不收敛以及推广性差等问题。因而作为一种学习机器，神经网络是不易控制的。而这些问题对于 SVM 来说，都在理论上证明了可以通过对 VC 维数的控制，自动地得到解决。SVM 的构造是通过在特征空间中构造最优分类超平面（Optimal Hyperplane），最优分类超平面是指两类的分类空隙最大，即每类距离超平面最近的样本到超平面的距离之和最大。距离这个最优超平面最近的样本被称为支持向量（Support Vector）。如图 4-2 所示，在线性可分的情况下，存在多个超平面（Hyperplane）如 H1、H2 等，使得这两类被无误差的完全分开，这个最优分类超平面被定义为：

$$W \bullet X + b = 0, W \in R^n, b \in R \tag{4-14}$$

其中 $W \bullet X$ 是内积（dot product），b 是标量。

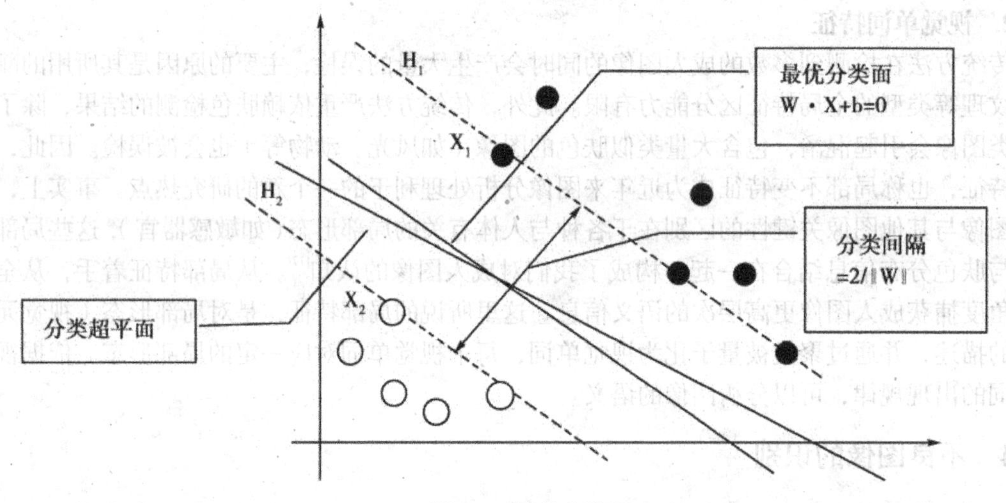

图 4-2　最优分类面

SVM 在应用过程中只做训练样本之间的内积运算，这种内积运算由事先定义的核函数实现，与核函数的结合，使支持向量机的适用范围更广。核函数的作用除了避免维数灾难外，还希望将样本映射到一个高维特征空间中，使得在输入空间中线性不可分的样本在特征空间中变成线性可分的，因此核函数的选取直接影响到分类器的分类精度和泛化能力。一种核函数 $K(x,y)$，只要满足 Mercer 条件，它就对应某一变换空间中的内积。目前常用的核函数有线性核、多项式核函数、高斯核和 Sigmoid 核函数四种。

（1）线性函数：如 $K(x,y)=x^r y$

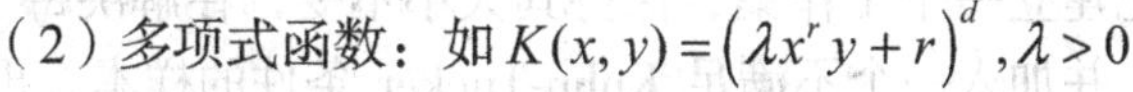

（2）多项式函数：如 $K(x,y)=\left(\lambda x^{r} y+r\right)^{d}$，$\lambda>0$

（3）径向基函数：如 $K(x,y)=\exp\left(-\|x-y\|^{2} / \sigma^{2}\right)$

（4）Sigmoid 内积函数：如 $K(x,y)=\tanh\left(\lambda x^{r} y+r\right)$

2. 基于 SVM 的不良图像识别

不良图像识别问题是一个两类分类问题，其判别函数为：

$$f(x)=\operatorname{sgn}\left(\sum_{i=1}^{n} \alpha_{i} y_{i} K(x, x_{i})+b\right) \tag{4-15}$$

根据 $f(x)$ 的值来判别测试样本 x 的类别。采用不同的核函数，分类效果不一样。在不良图像识别问题上，径向基函数常被选作为核函数，如式（4-16）所示。

$$K(x_{s} \cdot (p_{t}-p_{i}))=\exp\left(-\|x_{s}-(p_{t}-p_{i})\|^{2} / \sigma^{2}\right) \tag{4-16}$$

其中 p_t 为待识别的图像，p_i 为已知图片集中第 i 幅图像。

SVM 训练算法的本质是求解一个二次规划问题，即最优化该问题的解就是要使得所有样本都满足如下条件（Kuhn-Tucker 条件）：

$$\begin{aligned} &\alpha_{i}=0 \Leftrightarrow f(x_{i}) \geqslant 1 \\ &0<\alpha_{i}<C \Leftrightarrow f(x_{i})=1 \\ &\alpha_{i}=C \Leftrightarrow f(x_{i} \leqslant 1 \end{aligned} \tag{4-17}$$

其中 C 为用户定义的常量，用以表示模型复杂度与分类错误率之间的一种平衡，$f(x_i)$ 为 SVM 相对于第 i 个样本的输出。

如果样本规模过大，则有可能使得矩阵 $D=y_{i} y_{j} K(x_{i}, x_{j})$ 过大进而使得无法用计算机来完成处理工作。于是如何使得 SVM 对大规模样本集的训练能力得以提高与如何精简样本集来提高 SVM 的训练速度成为 SVM 研究领域中的热点问题。

1995 年，Cortes 和 Vapnik 提出 Chunking 算法[19]，其出发点是删除矩阵中对应 Lagrange 乘子为零的行与列将不会影响最终结果。因此，可将一个大型的二次规划（QP）问题子化为若干个相对小的 QP 问题，该算法的每一步解决一个 QP 问题，其样本为上一步所剩的具有非零 Lagrange 乘子的样本与不满足 Kuhn-Tucker 条件的 M 个样本，如果在某一步中不满足 Kuhn-Tucker 条件的样本小于 M 个，则这些样本全部加入到一个新的 QP 问题中。每一个子 QP 问题都采用前一个子 QP 问题的结果作为初始值。这样，Chunking 算法就将矩阵规模由样本个数的平方减少到具有非零 Lagrange 乘子的样本个数的平方。这大大降低了对计算机性能要求。

尽管 Chunking 算法在一定程度上解决样本过大所引发的 SVM 训练难以实现这一难题,但是若训练样本中所含的支持向量数非常大时，Chunking 算法依然无能为力。1997 年，Qsuna

等提出分解算法[20]，其主要方法是：先建立一个工作集，保持其大小不变，在解决每个 QP 子问题时，先从工作集移走一个样本，并加入一个不满足 Kuhn-Tucker 条件的样本，再进行优化。然而此算法存在一定的效率问题，这是因为在每一步中，只能使一个样本符合 Kuhn-Tucker 条件。

Platt 提出了一种名为序列最小优化（SMO）的算法[21]，该算法将一个大型的 QP 问题分解为一系列仅遇有两个 Lagrange 乘子的 QP 问题，从而使原问题可以通过分析的方法加以解决，避免了内循环中使用数值算法进行 QP 优化，提高了子问题的运算速度。

在训练算法的设计过程中，如何进行合理地选择核函数也是一个有待解决的问题。由于当核函数确定之后，用户只能对 Kuhn-Tucker 条件中的 C 进行设定，因此核函数对 SVM 训练算法的性能有着极大的意义。

4.3 网络不良视频内容识别

随着互联网的日趋普及，越来越多的音视频流在互联网上发布。根据网络视频所使用的网络传输模式，可将网络视频基本上划分为两大类，一种是基于传统的 B/S 模型的在线网络视频，如优酷网、土豆网、酷 6 网、YouTube 等网站上的视频，称为Ⅰ类型网络视频；另一种是基于 P2P 网络的网络视频，如 PPlive、UUSee、TVKoo 等软件产生的网络视频，称为Ⅱ类型网络视频。互联网音视频网站的兴起，令网民的个性化需求得到了充分的满足。然而，海量音视频节目的上传共享同时也带来了监管的困难。

4.3.1 网络视频流的发现

网络视频服务为应用层服务，其数据传输不仅可采用专有应用层协议，如 RTP、RDT 和 MMST/MMSU 等；还可采用通用应用层协议，如 HTTP 协议等。因此，对网络视频数据流的发现首先是识别应用层协议。然而，由于通用应用层协议携带多种类型信息，如文本、图片及视频等，仅识别出应用层协议是不准确的，还应当对应用层协议内容进一步判断，这就需要对视频流进行特征分析。此外，由于网络视频流存在着多种不同类型，还应当将不同类型的网络视频流进行区分，以方便视频内容监管等后续的处理。

针对应用层协议的识别，文献[22]提出了一种以协议中出现频率最高的字段作为特征串来识别协议的方法，采用一个特征串来标识一种协议。文献[23]提出了基于签名字串的方法来识别应用层协议，其主要针对的是 P2P 协议的范围，需要对整个报文通过匹配多个特征串来识别一种 P2P 协议。文献[24]总结了 12 类应用层协议分析识别方法，并将这 12 类方法分成初、中、高、补四个级别。

虽然网络视频流属于应用层服务，但仅靠识别出其所使用的应用层协议来识别网络视频流是不够准确的。所以，上述文献中所提到的方法不能直接应用于网络视频流发现，但具有一定的借鉴作用。由于对网络视频流的识别不仅涉及对其使用的应用层协议的识别，而且还有可能涉及协议内容的识别，发现网络视频流客户端和服务器之间的交互过程不仅具有阶段性，而且还具有以下特征[25]：

（1）在交互过程中，各阶段的完成均是利用一些协议来实现的，且不同的网络视频流，其交互过程各阶段使用的协议可能相同，也可能不相同。这些协议可以是专用协议，如 RTSP、RTP/RTCP 协议；也可以是通用协议，如 HTTP 协议、TCP 协议。

（2）对于交互初期阶段使用的流媒体信令协议（Stream Media Signaling Protocol，SMSP），如 RTSP，HTTP 协议，数据包具有明显特征，即含有 SMSP 协议数据内容中所包含的字符串称之为 SMSP 的关键特征字串（Crucial Representation String，CRS）。一般情况下，不同类型的网络视频流，其使用的 SMSP 不同，其所对应的 CRS 也不同。因此，不同 CRS 对应着不同类型的网络视频流，一种 CRS 可标识一种类型的网络视频流。

（3）CRS 在数据包中的位置具有稳定性。SMSP 作为应用层协议，必然在格式上遵守其自身的协议规范，而 SMSP 的数据包也是由 SMSP 各字段按照其协议格式规范组成的。因此，SMSP 所含有的 CRS 一般会比较固定地出现在数据包中的某个位置上，其位置是稳定的。

（4）SMSP 数据包中包含有后续视频流链接的关键字段特征参数（Characteristic Parameters，CP），而且使用相同 SMSP 的不同网络视频流，其所包含的 CP 是不同的。

上述特征在各种类型网络视频流交互过程中具有普遍性。含有某种 CRS 数据包的出现不仅可以标志与此 CRS 相对应类型网络视频流的出现，而且还可以唯一标识出此网络视频流的类型。因此，对于网络中的任意数据包，对其应用层数据内容进行分析，若能在其某个位置上发现 CRS，则此数据包为 SMSP 数据包，说明网络中存在与此 CRS 相对应的网络视频流交互过程，从而达到了发现网络视频流的目的；并且可通过判断 CRS 来识别出此网络视频流的类型，并可以根据相应的 CP 参数可对所有的网络视频流数据进行重组与分析。

4.3.2　网络视频流流量的获取

网络数据是通过数据包传输的，数据首先被分割成许多数据块，每个数据块封装在 IP 数据包中，通过网络传送给客户端，形成网络数据流量，客户端接收这些数据块并重新组合以恢复原来的数据。因此进行网络视频识别时必须识别网络视频流量，以获取网络视频数据。

（1）基于端口的流量识别方法。基于端口的识别方法主要是依据互联网地址指派机构（Internet Assigned Numbers Authority，IANA）规定的端口映射表（如 HTTP 的端口为 80，SMTP 的端口为 25，TELENT 的端口为 23 等），通过截取数据包头的端口信息，检查链接记录是否应用了这些端口号，如果可以匹配某个已知端口，即可以直接识别流量。文献[26]利用端口识别技术，对 Fast-Track、Gnutella 和 Direct-Connect 3 种具有代表性的 P2P 系统的流量特征进行了分析。然而，随着端口动态变化业务的不断出现，以及诸多业务采用常规业务端口作为隧道穿越，这种方法也变得越来越低效和不准确，现在一般作为辅助识别方法。

（2）基于净荷特征的流量识别方法，这种方法需要事先详细分析待识别的应用层协议，找出其交互过程中不同于其他协议的字段，作为该协议的特征[27]。通常采用 DPI（Deep Packet Inspection）深度包检测技术来匹配各种应用特征，从而识别出不同的多媒体业务流量，即利用数据包应用层信息中报文的协议指纹、协议签名等惟一性信息，实现对应用类型的精确识别。

基于净荷特征的识别方法易于理解、升级方便、维护简单、精度高、健壮性好、具有应用分类功能，虽然这种方法的准确率远远高于基于固定端口号的流量识别方法，但是该方法需要获取完整的应用层负载内容，只能识别那些可以获得签名的流量，却无法识别其他未知的流量；不可识别应用数据加密通信的负载信息；另外该方法的存储开销和计算量大[28]。所以随着负载加密技术的广泛应用和新型应用的不断涌现，该方法的识别效果已受到挑战。

（3）基于统计行为特征的流量识别方法。基于统计行为特征的流量识别技术的理论依据是机器学习及数据挖掘领域的统计决策、聚类等模式分类思想，在 P2P 流量识别中，基于统计行为特征的流量识别有广阔的应用前景。

合理地选取统计行为特征是构建分类器的关键一环，主要有以下几类：1）数据包层面特征。包括平均数据包长度以及该统计量的各种矩，比如方差，均方根等；2）数据流层面特征。以五元组标识的流相关的统计特征，如平均流持续时间、每条流的平均字节数、每条流的平均数据包数目、数据包到达间隔时间以及它们的方差等；3）链接层面特征，TCP 或 UDP 的链接状态特征。

第二步就要选取合适的分类算法。采用贝叶斯[29]、支持向量机[30][31]和神经网络[32][33]、决策树[34]等作为分类算法在现有的研究中比较多，它们需要用预先分类好的样本来训练分类器，属于有监督的机器学习。由于分类样本的不完全性，有监督学习方法产生的分类器经常不能很好地普及以前没有见过的流，而且它强迫将每一个流映射到各个已知的类别，没有检测新类型流的能力，因此无监督的聚类算法成了另一个研究热点[35][36][37][38]。无监督的聚类算法一般用该聚类中最典型的链接来表示整个聚类的应用类别，存在一定的盲目性，因此 Erman J 等人[39]又提出了半监督学习方法，即将有监督学习和无监督学习结合起来，只标注部分的训练样本，结果证明这种方法减少了预处理时间且能达到较高的分类精度。

4.3.3 视频时域分割

视频是有结构层次的，这种层次体现在分段管理和帧之间的时间顺序上。它由一系列场景组成，一个场景有若干个镜头，一个镜头又包含多个图像帧。对视频结构进行分析，重点在于检测其时域边界，从中识别并抽取出有意义且具一定代表性的视频内容序列，并根据规则库决定是否需要过滤。视频编辑主要以镜头为单位，进行时域分割时必须研究镜头间的过渡关系、转换方式，主要对象包括镜头切变和渐变。

切变是视频主要的镜头编辑方式，前景背景不同，视觉特征（如颜色、区域形状、纹理等）也存在突变，直接导致其描述直方图、帧间绝对差值、图像边缘等特征描述信息有较大变化。基于这些描述信息，研究人员容易想到设置一定阈值进行比较判定。切变识别的关键转换为阈值的选择。阈值的选择包括最早的固定全局阈值的方式和采用滑动窗口机制的自适应阈值算法，之后又在自适应阈值算法中添加了高斯分布假设理论。近年来，研究者又提出了用统计检测的新算法，即为了达到统计意义上的最优性能，利用镜头长度统计分布来进行假设检验，将阈值的确定问题转化为检验误差的最小化问题。网络中压缩视频的切变检测需要基于部分解码得到的合理特征量，其与非压缩的主要区别在于运用时空冗余信息解码得到的运动预测和变换空间信息来设计算法，两者在总体检测策略上无本质区别。

区别于切变，渐变出现概率相对较小且特征变化缓慢，其镜头切换方式以逐步替换的划变和淡入淡出的溶解二者为代表。因此，可针对一个时间段内视频特定度量指标的变化规律建立模型，使用模型检测法实现。例如利用渐变中的淡入淡出有明显的亮度增减进行检测，又如利用像素点在时域上的方差来实现对溶解的检测等。此外，还有通过建立大小两阈值，边跟踪帧差边累计帧差，实现溶解检测的双阈值法。

4.3.4 视频关键帧提取

关键帧是用于描述一个镜头的关键图像帧，连续的关键帧序列通常反映了视频的主要内容。关键帧的选取是在视频中各个镜头内挑选出具有代表性的静态图像，作为视频内容分析的主要对象，它既是前面视频时域分割的目的之一，也是链接静态图片识别处理方法的桥梁，

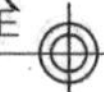

具有重大意义。关键帧的选取至少需符合两个基本条件：代表性和简单性。代表性要求反映视频主要内容，保有可复现的重要细节；简单性要求信息冗余小，能降低检测计算的复杂度。

下面介绍几种关键帧提取方法[40]。

（1）基于固定帧采样的提取方法。

基于固定帧采样的提取方法是最早也是最简单的关键帧选取方法，固定帧可以是固定位置选取、固定时间选取、随机采样选取等。该方法最大的优点是实现比较简单，但是该方法有明显的不足，即采样间隔和视频内容分布往往不一致，其结果是对于一些短小但比较重要的镜头取得关键帧很少，不能反映镜头的主要内容，相反对一些比较长的镜头则可能取到很多内容相似的帧，造成关键帧的冗余[41]。

（2）基于帧间差的关键帧提取方法。

该方法的基本思想是首先选取镜头的第 1 帧作为关键帧，然后根据视频帧的特征如颜色特征、形状特征、纹理特征、边缘特征和运动特征等之间距离来度量帧差，将其后的帧按顺序与这一帧进行比较，当第 k 帧与前一关键帧的差超过一个阈值 T 后，则第 k 帧成为新的关键帧，后面的帧依次与新的关键帧进行比较，直至本镜头的最后一帧为止[42]。这种方法还产生了一些变种，例如在文献[43]中，为了限制关键帧在内容上相似性太大，在比较帧间特征差时加入了帧间的时间间隔作为约束，时间间隔较近的帧被赋予了较小的权值，从而降低其被选作关键帧的概率。

（3）基于聚类的关键帧提取方法。

基于聚类方法是将一个镜头中所有的帧聚类到若干个类中，采用颜色直方图差作为图像帧间测度，然后通过和一个预定阈值进行比较来确定每个类的密度。同时该方法还考虑了类的大小，若类足够大，则把其作为关键帧类，选择距离该类中心最近的一帧作为关键帧[44]。该方法的优点是能有效地消除镜头间的相关性，缺点是不能有效地保存原镜头内图像帧的时间顺序和动态信息。

（4）基于视频单元分类的关键帧提取方法。

基于视频单元分类的关键帧提取方法不需要进行镜头边界检测，其视频序列由固定数量帧的单元组成，而单元的变化程度用该单元内的尾帧和首帧的特征距离来衡量，并根据一个比率 r 将单元变化分成如下两类：变化较大的一类和变化较小的一类。提取关键帧时，将变化较小的一类单元去掉，而将变化较大的一类中的所有首尾帧作为关键帧，如果得到的关键帧数目多于预先设定的数目，则将所有的关键帧再重新组织，组成新的视频序列，然后再进行新一轮的分类，直至满足要求为止[45]。这种方法的一个缺陷是单元变化程度的度量问题，如果一个单元内的首帧和尾帧恰好具有相似的特征（如颜色分布），那么即使单元内部变化很大也检测不出来，另外，将所有的单元分为不同的两类也很困难。

（5）基于累积帧间差的关键帧提取方法。

基于累积帧间差的关键帧提取方法首先设定视频流所需要设定的关键帧数目，然后根据某个镜头内容变化的累计值与所有镜头内容变化累计值的比值来得到本镜头应该获取的关键帧数目，然后再从每一个镜头中提取关键帧[46]。该方法的一个缺点是描述镜头内容的变化使用了累计的帧间差，这样即使一个帧间变化比较小，但比较长的镜头虽然各帧的内容相似，但累积帧差比较大，这样也有可能分配到较多的关键帧数目，这显然是不合理的。

（6）基于运动信息的关键帧提取方法。

文献[47]提出了基于运动信息提取关键帧的方法，该算法通过光流分析来计算镜头中的运动量，在运动量取局部最小值处选取关键帧，它的基本思想是对于视频数据相对静止的 n 帧，取其一帧作为关键帧即可，视频中通过摄像机在一个新的位置上停留或通过人物的某一动作的短暂停留来强调其本身的重要性。但是，该方法在分析运动时，需要的计算量较大，而且局部最小值的确定也不一定准确。此外，对于不同的视频类型，该算法所取得的效果并不相同。

（7）基于文字和图像信息的关键帧提取方法。

文献[48]在反复比较不同电视台的大量的电视新闻视频之后，发现在新闻视频中，底部有文字出现的帧往往是一个新闻视频镜头的关键帧，这些视频帧最大限度地反映了新闻的主要内容，具有极强的代表性。因此，在对新闻视频进行分析、提取新闻视频的关键帧时，综合考虑到了文字信息和图像信息。算法首先从视频中检测在固定区域有文字出现的视频帧，并对其进行标记。如果检测到了具有文字的视频帧，则将具有文字的视频帧的第一帧作为关键帧，否则将镜头的第一帧作为关键帧。再计算当前关键帧与相邻关键帧之间的相似度，如果相似度的值大于预定的阈值 T，则将当前帧设置为关键帧，这里的相似度定义为图像信息（颜色、纹理或突出物体的形状）的相似度，重复前面的步骤，直到当前镜头的视频帧计算完为止。该算法的一个缺点是对文字提取算法的要求比较高，如果不能准确定位视频中的文字信息，则对结果会产生较大的影响。

（8）基于 MPEG 压缩流的宏块统计特性提取关键帧。

文献[49]利用帧中宏块编码方式的不同生成了帧差，然后通过对帧差的度量来提取关键帧，这种方法是在压缩域处理，优点是节省了解压缩的时间，可以进行实时关键帧提取，缺点是在压缩域，可利用的信息并不多，对关键帧的提取往往不太准确。

其他关键帧检测方法，如小波方法、基于熵及互信息量的方法等也研究较多。

通过前面的步骤我们获得了关键帧，接下来可借助图像的特征识别成果进行视频内容识别过滤。

4.4 网络不良音频内容识别

视频流中的音频信号是一种或多种声音信号（语音、音乐以及噪声等）交织在一起的复杂混合体。对音频信号分析的目的是能够对音频信号进行分类，把不同类别的声音信号区分开来。网络不良音频内容识别首先需要对音频进行特征分析，然后应用音频分类技术对音频内容进行分类识别。

4.4.1 音频数据预处理

对音频进行处理之前，通常要进行预处理，将音频流切分成时间长度较短的单元，音频数据预处理模块主要实现以下几个功能：

（1）对原始音频数据做预加重；

（2）对预加重之后的信号进行加窗分帧，形成音频帧，为音频信号的特征提取做准备。

将音频信号分成一些段时间段来处理，在这些段中具有固定的特征，这种分析处理方法称为“短时”分析方法。从音频流中切取出短时音频段的过程称为分帧。分帧的方法一般如下：用一个长度有限的窗序列 $\{\omega(m)\}$ 来截取一段声音信号进行分析，并让这个窗滑动以便分析在任意时刻附近的信号，其一般形式为：

$$Q_n = \sum_{m=-\infty}^{\infty} T[x(m)] \times \omega(n-m) \tag{4-18}$$

其中，$T[]$表示某种运算（如$T[x(m)] = x^2(m)$时，Q_n对应于短时能量），$\{x(m)\}$为输入信号序列。

由于式（4-18）是卷积形式的，因此Q_n可理解为离散信号$T[x(m)]$经过一个单位冲激响应为$\{\omega(m)\}$的 FIR 低通滤波器产生的输出。滤波器的带宽和频率响应取决于窗函数的选择。式（4-19）（4-20）（4-21）给出了最常用的三种窗函数。

（1）矩形窗：

$$\omega(n) = \begin{cases} 1, & 0 \leqslant n \leqslant N-1 \\ 0, & otherwise \end{cases} \tag{4-19}$$

（2）汉明窗：

$$\omega(n) = \begin{cases} 0.54 - 0.46\cos\left(\dfrac{2\pi n}{N-1}\right), & 0 \leqslant n \leqslant N-1 \\ 0, & otherwise \end{cases} \tag{4-20}$$

（3）哈宁窗：

$$\omega(n) = \begin{cases} 0.5 - 0.5\cos\left(\dfrac{2\pi n}{N-1}\right), & 0 \leqslant n \leqslant N-1 \\ 0, & otherwise \end{cases} \tag{4-21}$$

其中，N 为窗长。

波形乘以汉明窗时，压缩了接近函数两端的部分波形，这等效于分析用的区间缩短了 40%左右，因此频率分辨率也随之下降 40%左右。所以，即使在周期性明显的浊音频谱分析中，乘以合适的窗函数，也能抑制基音周期分析区间的相位相对关系的波动影响，从而可以得到稳定的频谱。同时，也是由于等效分析区间的缩短，为了追踪随时间变化的频谱，要求一部分区间作重复移动。

4.4.2　短时音频特征

短时物理特征主要包括：

（1）短时平均能量。

信号$\{x(m)\}$的短时平均能量定义为：

$$E_n = \frac{1}{N} \sum_{m=-\infty}^{\infty} [x(m) \times \omega(n-m)]^2 \tag{4-22}$$

其中，N 为帧长。

短时平均能量序列E_n反映了声音信号振幅或能量随着时间缓慢变化的规律，对于语音信号来说，平时平均能量有一个重要作用是区分语音信号中的浊音成分和清音成分，因为清音的短时平均能量明显要小于浊音的短时平均能量；而对于视频中的声音分类，可利用静音部分短时平均能量低的特点来将声音分为静音和非静音两类。

（2）短时平均过零率。

两个相邻取样值有不同的符号的时候，便出现“过零”现象。单位时间过零的次数叫做“过零率”，它可以比较准确地度量窄带信号的频率，也可以粗略反映宽带信号的频率特征。短时平均过零率是语音信号时域分析中最简单的一种特征，其表达式如下：

$$Z_n=\frac{1}{2N}\sum_{m=-\infty}^{\infty}\left|\mathrm{sgn}[x(m)]-\mathrm{sgn}[x(m-1)]\right|\times\omega(n-m) \tag{4-23}$$

其中，N 为帧长，sgn[ ]表示符号函数，即：

$$\mathrm{sgn}[x]=\begin{cases}1, & x\geqslant 0\\ -1, & x<0\end{cases} \tag{4-24}$$

过零率有两类重要应用：第一，可用来粗略地描述信号的频率特征，用多带滤波器将信号分为若干个信道，对各通道进行短时平均过零率和短时能量的计算，即可粗略地估计频谱特性。第二，用于判别清音和浊音、静音与非静音，浊音成分的短时平均过零率要比清音的短时平均过零率小很多，另外，语音和音乐的短时过零率曲线有较大的差别。

（3）基音频率。

声音信号有和谐与不和谐之分，和谐声音可近似看作由一系列频率成整数倍关系的正弦波组成，其中最低的频率成分称为基音频率，相应的信号周期称为基音周期，其他频率成分都是基音频率的整数倍，称为谐波。因此，通过检测声音信号中是否有连续稳定的基音频率（或基音周期）存在，可以区分声音信号是否和谐。声音信号和谐与否主要取决于声源。大多数乐器发出的声音是和谐的。语音信号为和谐与不和谐交替出现，因为其浊音成分是近似和谐的而清音成分是不和谐的。大多数的环境声音是不和谐的，当然也有一些是和谐的和稳定的（如门铃声），或者和谐与不和谐交替出现（如钟的滴答声）。

视频流中的音频信号很少是由单一和谐（或不和谐）声音信号构成的，一般为和谐声音与不和谐声音交替出现或二者混叠，因此，基音频率（或基音周期）曲线多表现为“0”（不和谐）、“变化剧烈”（混叠）和“平滑”（和谐）三者交替出现。

除了可以用于判别声音信号的和谐与不和谐之外，基音频率还可以用于进行语音信号的男、女声判断。语音信号中，基音频率取决于声带的尺寸和特性，也决定于它所受的张力。男声的基音频率大致分布在 60~200Hz 范围，而女声基音频率大致分布在 200~450Hz 之间。因此，可以通过检测基音频率的值的大小和所处范围，进行男女声的判别。

（4）子带能量率和频率质心。

子带能量率和频率质心是两个频域特征，用于描述音频信号的频率分布。对于音频信号采样值序列 $\{x(n)\}$，其傅立叶变换为：

$$F(\omega)=\sum_{m=-\infty}^{\infty}x(n)e^{-j\omega} \tag{4-25}$$

实际应用中，为减小计算量，$F(\omega)$ 常用快速傅立叶变换（FFT）方法求得。信号 $\{x(n)\}$ 的功率谱为：

$$P=\int_0^{\omega_0}\left|F(\omega)\right|^2 d\omega \tag{4-26}$$

其中 ω_0 为采样频率的 1/2。

子带能量即音频信号在某一频带范围的能量，其定义为：

$$P_j = \int_{L_j}^{H_j} \left|F(\omega)\right|^2 d\omega \qquad (4\text{-}27)$$

其中，子带j的频率范围为$\left[L_j, H_j\right]$。

子带能量率为音预信号在某一频带范围的能量占总能量的比率，其计算式为：

$$R_j = \frac{P_j}{P} \qquad (4\text{-}28)$$

频率质心反映了音频信号频率分布的中心，其定义为：

$$\omega_c = \frac{\int_0^{\omega_0} \left|F(\omega)\right|^2 \omega d\omega}{\int_0^{\omega_0} \left|F(\omega)\right|^2 d\omega} \qquad (4\text{-}29)$$

子带能量率和频率质心是两个相关的概念，它们都反映了音频信号的频率分布情况，而不同的音频信号类别的频率分布是不同的。比方说，语音信号的能量主要集中于低频段（0~1500KHz）；音乐信号的频率分布取决于音乐中各乐器的频率分布，虽然各种乐器的频率分布范围较宽，但大部分乐器的频率分布于低频段，且音乐一般由多种乐器合奏而成，因此，总的来说音乐的能量也集中于低频段；而一些特定声音如掌声、哨声或噪声的能量主要分布在高频段。因此，子带能量率和频率质心也是进行音频信号分类的重要参数。此外，对于语音信号而言，男性说话者和女性说话者所发出的声音的子带能量率和频率质心有明显的不同，前者的大小和变化范围均比后者小。因此，可以通过对子带能量率或频率质心的计算来进行男、女声判别。

（5）MEL 频率倒谱系数。

MEL 频率倒谱系数（MFCC）被广泛地应用于语音识别和说话人识别中，它利用三角滤波器组对傅立叶变换能量系数滤波而得，且对其频域进行 Mel 变换，以更符合人类听觉特性。

MFCC 系数的思想是：

①快速傅立叶变换计算频谱的倒谱系数；

②滤波组滤波消除信号激励的扰动和偏差；

③非线性频域尺度（Mel-Scale）变换来拟合人类的听觉系统的频率敏感度，Mel-Scale 的计算为$m(f) = 1125\log(1 + f/700)$，其中 f 为频率。

MFCC 系数的计算过程如下[50]：

①将信号分帧，预加重并进行加窗处理，然后进行短时傅立叶变换得到其频谱；

②求出能量谱，并用 M 个 Mel 带通滤波器进行滤波，由于每个频带中分量的作用在人耳中是叠加的，因此将每个滤波器频带内的能量进行叠加，这是第 k 个滤波器输出功率谱为 $x'(k)$；

③计算离散余弦逆变换的 MFCC 系数。

$$C(n) = \sum_{k=1}^{M} \log x'(k) \cos[\pi(k - 0.5) n/M] \quad n = 1, 2, \cdots, L \qquad (4\text{-}30)$$

其中L为 MFCC 系数的阶数。

在实际中，为了更好地理解语义信息，需要对较长音频段进行处理，音频段是比音频帧更长的音频单位。一个音频段是由若干个音频帧组成。音频段特征是在音频帧特征的基础上提取出来的。获得音频段特征的最基本的方法就是对构成音频段的所有音频帧计算它们的音频帧特征的均值、方差、标准差等统计量。

4.4.3 基于隐马尔科夫模型的不良音频识别

音频信号可以看做一种随机过程，其特征也总表现出一定的时间统计性。这些时间统计特性一定程度上会在音频的低级声学特征的变化轨迹中体现出来。因此，音频的分类特征不应该只考虑其静态特征，还应该结合其动态特征。这就要求音频分类器的设计既要具有良好的分类能力，还要能够较好地表征音频的时间统计特性。最小距离法、支持向量机和决策树方法都不具备对动态特性描述的能力。同时，加上神经网络虽然可以通过改进使其具有时间统计能力，但是改进后的拓扑结构和训练算法都过于复杂。混合高斯模型和隐马尔可夫模型对时序信号的处理能力在语音识别等研究中已经得到了很好的检验。因此目前大部分语音识别系统的声学模型都是基于隐马尔科夫模型（HMM）——一种用参数描述随机过程统计特性的概率模型，对动态时间序列具有极强的建模能力。

1. 隐马尔科夫模型

隐马尔科夫模型（HMM）是在马尔科夫链的基础上发展起来的，该模型是一个双重随机过程，不知道具体的状态序列，只知道状态转移概率，即模型的状态转换过程是隐蔽的，而可观察事件的随机过程是隐蔽状态转换过程的随机函数。这样站在观察者的角度，只能看到观察值，不像 Markov 链模型中的观察值和状态一一对应，不能直接看到状态，而是通过一个随机过程去感知状态的存在及其特性。因此称之为“隐”Markov 模型，即 HMM。

一个 HMM 可以由下列参数描述：

①N：模型中的马尔科夫链状态数目。记 N 个状态为$\theta_1,\cdots,\theta_N$，记 t 时刻 Markov 链所处状态为q_t，显然$q_t\in(\theta_1,\cdots,\theta_N)$。

②M：每个状态对应的可能的观察值数目。记 M 个观察值为$V_1,\cdots,V_M$，记 t 时刻观察到的观察值为O_t，其中$O_t\in(V_1,\cdots,V_M)$。

③π：初始状态概率矢量，$\pi=(\pi_1,\cdots,\pi_N)$，其中$\pi=P(q_i=\theta_i),1\leqslant i\leqslant N$。

④A：状态转移概率矩阵，$A=(a_{ij})_{N\times N}$，其中$a_{ij}=P\left(q_{i+1}=\theta\middle|q_i=\theta_i\right),1\leqslant i,j\leqslant N$。

⑤B：观察值概率矩阵，$B=(b_{ij})_{N\times M}$，其中$b_{jk}=P\left(O_i=V_k\middle|q_i=\theta_j\right),1\leqslant j\leqslant N,1\leqslant k\leqslant M$。

这样，一个 HMM 就可以记为：$\lambda=(N,M,\pi,A,B)$，或简记为$\lambda=(\pi,A,B)$。HMM 可以形象地描述为如图 4-3 所示的两部分。

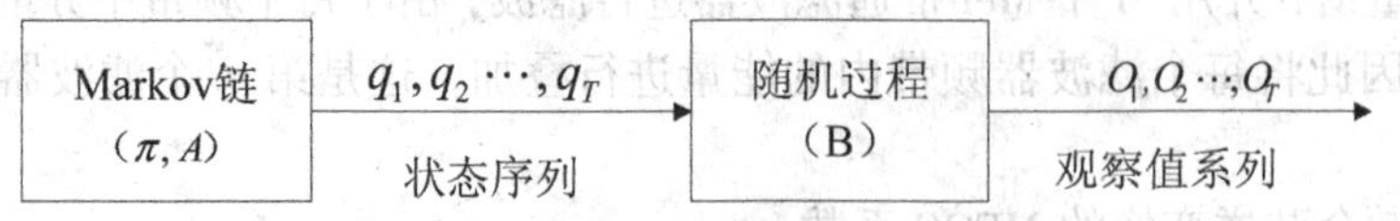

图 4-3 HMM 组成图

2. 基于隐马尔科夫模型的不良音频内容识别

不良音频通常表现为两种形式：不良的女音、语音对话中的内容为不良等。不良的女音识别过程为：先对可疑音频段进行提取，考察不良女音与其他音频段在短时特征及段特征上

的区别，选择参量构造段特征向量。而对于语音对话中的不良内容则需要进行识别语音，得到语音文字内容后采用不良文本内容识别方法进行识别。

（1）可疑音频段的提取。

通过分析可疑音频段发现，可疑音频段的持续时间一般在 200~4000ms 之间，以静音段相隔，且具有反复性和持续性。文献[51]介绍了一种采用双门限端点检测的方法分割可疑音频段，取音频帧长为 30ms，相邻帧起始点间隔为 10ms。对于每一帧，分析其短时音频特征：短时能量和过零率，统计二者的变化规律，并确定门限，以分割出以静音段相隔的音频段。其中，短时能量主要反映音频信号振幅随时间变化的规律，对于语音来说，它主要反映浊音部分的特征；过零率定义为一帧信号中波形穿越零电平的次数，对于语音，它主要反映清音部分的特征。主要步骤为：

①滤波：人类语音主要在 300~3400Hz，所以在检测之前，首先将音频信号通过带通滤波器过滤不关心的音频部分。

②归一化：将音频信号归一化后，即可为短时能量和过零率分别确定高低两个门限 Thr_{low}（E）、Thr_{high}（E）与 Thr_{low}（ARC）、Thr_{high}（ZRC），用于音频段端点检测。

③端点检测：包括起始点与结束点的检测和判断。加入低门限判断的目的是减少微弱声音，比如背景噪声对分段的影响，通过两个门限的控制，可以得到较好的分段结果。

④保留可疑音频段：成功标记出起始、结束点之后，将段持续时间与所设定的最短、最长时间段门限 Tthr1、Tthr2 比较，以排除噪声、长段对话、音乐等不相关内容，而只保留所关心的可疑音频段。

（2）语音识别。

若不良音频是语音对话中的内容为不良，则需要进行语音识别。对于一个语音特征序列 W，通常将其分解成为一个音素（Phoneme）所组成的序列。为了适应不同可能的发音带来的变化，似然 $p(Y|W)$ 可以由多个不同的发音来计算得到：

$$p(Y|W)=\sum_{Q}p(Y|Q)p(Q|W) \tag{4-31}$$

每个 Q 是一个单词发音序列 $Q_1,Q_2,\cdots,Q_k$，每个发音是一个音素组成的序列 $Q_k=q_1^{(k)},q_2^{(k)},\cdots$，这样可得到

$$p(Q|W)=\prod_{k=1}^{K}p(Q_k|w_k) \tag{4-32}$$

其中 $p(Q_k|w_k)$ 表示单词 w_k 的发音是音速序列 Q_k 的概率。通常只有很少部分可能的 Q_k 能够与 w_k 相匹配，因此公式（4-32）中的求和是很容易避免的。

如图 4-4 所示，每一个音素 q 可以用一个连续密度的隐马尔科夫模型来表示，模型包含状态转移矩阵 $\{a_{ij}\}$ 和输出观察概率分布 $\{b_j()\}$。通常输出观察概率分布是用高斯混合模型来描述：

$$b_j(y)=\sum_{m=1}^{M}c_{jm}\mathrm{N}(y;u_{jm},\Sigma_{jm}) \tag{4-33}$$

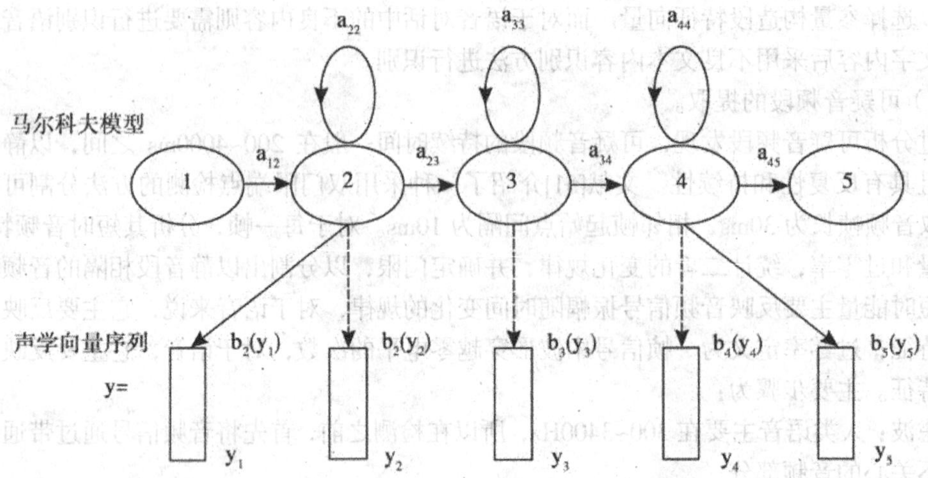

图 4-4 隐马尔科夫模型

其中 N 表示一个均值为 u_{jm}，协方差为 $\sum_{jm}$ 的正态分布。因为特征向量 y 的维数相对较高，协方差矩阵一般都约束为对角阵。给定以音素为基本单位的复合的 HMM Q，对应声学模型的似然函数为：

$$p(Y\mid Q)=\sum p(X,Y\mid Q) \tag{4-34}$$

其中 $X=[x(0),\cdots,x(T)]$ 是一个基于复合模型的状态序列，并且

$$p(X,Y\mid Q)=a_{x(0),x(1)}\prod_{t=1}^{T}b_{x(t)}(y_t)a_{x(t),x(t+1)} \tag{4-35}$$

将 HMM 模型应用于语音识别系统中，需要解决三个基本问题[52-54]：

①已知观察序列 y 和模型 $\lambda=(\pi,A,B)$，计算由此模型产生观察序列的概率 $p(y\mid\lambda)$，一般采用“向前–向后”算法。

②已知观察序列 y 和模型 λ，确定一个合理的状态序列，使之能最佳的产生 y，即如何选择最佳的状态序列 Q，通常采用 Viterbi 算法。

③根据观察序列不断修正模型参数 (π,A,B)，使 $p(y\mid\lambda)$ 最大，通常采用 Baum-Welch 算法。

4.5 本章小结

本章针对网络多媒体内容安全展开论述，介绍了多媒体的内容安全现状；图像的获取、不良图像的特征提取和识别；视频流的发现与流量的获取、视频关键帧提取以及音频的特征提取和不良音频的识别。

参考文献

[1] Ford A，Roberts A. Colour space conversions[R]. Technical Report，Westminster University，London，1998.

[2] 陈锻生，刘政凯．肤色检测技术综述[J]．计算机学报，2006，2（29）：194-207.

[3] Brand J，Mason J．A comparative assessment of three approaches to pixel level human skin detection[C]．In：Proceedings of the International Conference on Pattern Recognition，Barcelona，Spain，2000：1056-1059.

[4] Chai D，Ngan K N．Locating facial region of a head-and-shoulders color image[C]．In：Proceedings of the 3rd Internation2 al Conference on Automatic Face and Gesture Recognition，Nara，Japan，1998：124-129.

[5] Hsu R L，Abdel-Mottaleb M，Jain A．Face detection in color images[J]．IEEE Transactions on Pattern Analysis and Machine Intelligence，2002，24（5）：696-706.

[6] Zhu Q，Cheng K，Wu C，etc．Adaptive learning of an accurate skin-color model[C]．In：Proceedings of the 6th IEEE International Conference on Automatic Face and Gesture Recognition，2004：37-42.

[7] Redner R，Walker H．Mixture densities，maximum likelihood and the em algorithm [J]．SIAMReview，1984，26（2）：195-235.

[8] Chai D，Bouzerdoum A．A Bayesian approach to skin color classification in ycbcr color space[C]．In：Proceedings of IEEE Region Ten Conference，2000，II：421-424.

[9] Crowley J，Berard F．Multi-modal tracking of faces for video communications[C]．In：Proceedings of IEEE Conference C bomputer Vision and Pattern Recognition，Puerto Rico，1997：640-645.

[10] Jones M，Rehg J．Statistical color models wit h application to skin detection[J]．International Journal of Computer Vision，2002，46（1）：81-96.

[11] Brodatz P．Texutres：A Photographic Album for Artists and Designers．New York：Dover，1996.

[12] R.Azencott,J.P.Wang and L.Younes,Texture Classification Using Windowed Fourier Filters[J], In:IEEE Transactions on Pattern Analysis and Machine Intelligence,1997, 19（2）: 148-153.

[13] D.A.Clausi and M.E.Jernigan,Designing Gabor Filters for Optimal Texture Separability[J], In:Pattern Recognition,2000,33（11）:1835-1840.

[14] A. Jain and G.Healey,A Multiscale Representation Including Opponent Color Features for Texture Recognition[J],IEEE Transactions on Image Processing,1998,7（1）:124-128.

[15] C. Palm,D.Keysers,T.Lehmann et al.Gabor Filtering of Complex Hue/Saturation Images for Color Texture Classification[J],In:Proceedings of the joint conference on information sciences-International conference on computer vision,In:Pattern Recognition and Image Processing, 2000,2:45-59.

[16] Hu M K，Visual Pattern Recognition by Moment Invariants[J]．IEEE Transactions on information theory，1962，8（2）：179-187.

[17] Bocher P K，McCloy K R．The Fundamentals of Average Local Variance-Part I：Detecting Regular Patterns[J]．IEEE Transactions on Image Processing，2006，15（2）：300-310.

[18] Vapnik V N．The Nature of Statistical Learning Theory[M]，New York：Springer-Verlag，1995.

[19] Boser B E，Guyon I M，Vapnik V N．A training algorithm for optimal margin classifiers[C]．In：Proceedings of the 5th Annual ACM Workshop on Computational Learning Theory，New York，1992：144-152.

[20] Osuna E，Freund R，Girosi F．An improved training algorithm for support vector machines[C]．In：

高等学校信息安全专业『十二五』规划教材

Proceedings of the 1997 IEEE Workshop on Neural Network for Signal Proceeding, New York, 1997: 276-285.

[21] Platt J C. Sequential minimal optimization: A fast algorithm for training support vector machines[R]. Technical Report, MSR-TR-98-14, 1998.

[22] 陈亮，龚俭，徐选. 基于特征串的应用层协议识别[J]. 计算机工程与应用，2006,（24）: 16-19.

[23] Sen S, Spatscheck O, Wang D M. Accurate scalable in-network identification of P2P traffic using application signatures[C]. In: Proceedings of the 13th international conference on World Wide Web, New York, United States, 2004: 512-521.

[24] 牟乔. 准确高效的应用层协议分析识别方法[J]. 计算机工程与科学，2010，32（8）: 39-45.

[25] 孙钦东，郭晓军，黄新波. 基于多模式匹配的网络视频流识别与分类算法[J]. 电子与信息学报，2009，31（3）: 759-762.

[26] Karagiannis T. Novel techniques and models for network traffic profiling: characterizing the unknown[D]. California: University of California, 2006.

[27] Moore A W, Papagiannaki K. Toward the accurate identification of network application[C]. In: Proceedings of the 6th Passive and Active Measurement Workshop, Berlin: Springer, 2005: 41-54.

[28] Subhabrata S, Oliver S, Wang Dong-mei. Accurate, Scalable in Network Identification of P2P Traffic Using Application Signatures[C]. In: Proceedings of International World Wide Web Conference, USA: New York, 2004: 512-521.

[29] Moore A, Zuev D. Internet traffic classification using Bayesian analysis techniques[J]. ACM SIGMETRICS Performance Evaluation Review, 2005, 33（1）: 50-60.

[30] Wang R, Liu Y, Yang Y X. A new method for P2P traffic identification based on support vector machine[C]. Artificial Intelligence Markup Language, Egypt: IEEE Computer Society, 2006: 58-63.

[31] Yang Y X, Wang R, Liu Y, et al. Solving P2P traffic identification problems via optimized support vector machines[C]. IEEE/ACS International Conference on Computer Systems and Applications, Amman: IEEE, 2007, 1: 165-171.

[32] 沈富可，常潘，任肖丽. 基于BP神经网络的P2P流量识别研究[J]. 计算机应用，2007，27（12）: 44-45.

[33] Couto A, Nogueira A, Salvador P, et al. Identification of peer-to-peer applications' flow patterns[C]. Next Generation Internet Networks, Krakow: IEEE, 2008: 292-299.

[34] Raahemi B, Zhong W C, LIU J. Peer-to-peer traffic identification by mining IP layer data streams using concept-adapting very fast decision tree[C]. The 20th IEEE International Conference on Tools with Artificial Intelligence, Dayton OH: IEEE, 2008, 1: 525-532.

[35] Erman J, Arlitt M, Mahanti A. Traffic classification using clustering algorithms[C]. In: Proceedings of the 2006 SIGCOMM Workshop on Mining Network Data, New York: ACM, 2006: 281-286

[36] Erman J, Arlitt M, Mahanti A. Internet traffic identification using machine learning[C]. IEEE Global Telecommunications Conference, New York: IEEE, 2006: 1-6.

[37] 赵凯，史长琼，张理阳．基于聚类分析的P2P流量识别[J]．长沙理工大学学报（自然科学版），2010，7（3）：58-62.

[38] 张剑，钱宗珏，寿国础，等．在线聚类的网络流量识别[J]．北京邮电大学学报，2011，34（1）：103-106.

[39] Erman J，Arlitt M，Mahanti A．Offline/Realtime traffic classification using semi-supervised learning[J]．Performance Evaluation，2007，64（9/12）：1194-1213.

[40] 李玉峰．基于内容视频检索的镜头检测及场景检测研究[D]．天津大学博士学位论文，2009.

[41] Hammound R，Mohr R．A probabilistic framework of selecting effective key frames from video browsing and indexing[C]．In：Proceedings of International Workshop on Real-Time Image Sequence Analysis，Oulu，Finland，2000：79-88.

[42] Zhang H J，Wu J H，Zhong D．An integrated system for content-based video retrieval and browsing[J]．Pattern Recognition，1997，30（4）：643-658.

[43] Zhang Y J，Lu H B．A hierarchical organization scheme for video data[J]．Pattern Recognition，2002，35（3）：2381-2387.

[44] Ferman A M，Tekalp A M．Two-stage hierarchical video summary extraction to match low-level user browsing preferences[J]．IEEE Transactions on Multimedia，2003，5（2）：244-256.

[45] A. Hanjalic,L.Agendijk,Biemond J.A new method for key frame based video content representation. In Proc.of the 1 st International Workshop on image database and multimedia search. Amsterdam, Holand:1997,67-74.

[46] Sun X D,Kankanhallim S.Video summarization using R-sequence.Real-time image.2000,6（6）:449-459.

[47] Wolf W.Key frame selection by motion analysis.In Proc.of IEEE International Conference on Acoustic,Speech and signal processing.IEEE Computer Society Washington,DC, USA:1996, 1228-1231.

[48] 于俊清，周洞汝．基于文字和图像信息提取新闻视频关键帧[J]．计算机工程与应用，2002，38（9）：83-85.

[49] Calic J，Izquierdo E．Efficient key-frame extraction and video analysis information technology [J]．In：Proceedings of International Conference on Coding and Computing，Las Vegas，NV，USA：2002，28-33.

[50] 韩纪庆，张磊，郑铁然．语音信号处理[M]．北京：清华大学出版社，2004.

[51] 蔡群．基于音视频双重特征的视频内容分析技术研究[D]．上海：上海交通大学，2006.

[52] 王炳锡等．实用语音识别基础[M]．北京：国防工业出版社，2005.

[53] Young S，Evermann G，Gales M，et al．The HTK book[M]．Cambridge University Engineering Department，2006.

[54] Benesty J，Sondhi M M，Huang Y．Springer handbook of speech processing[M]．Springer Verlag，2008.

本章习题

1. 名词解释：图像过滤、肤色检测、颜色空间、肤色模型、纹理特征、支持向量机、镜头切变、镜头渐变、关键帧、HMM。
2. 什么是多媒体技术？
3. 目前对互联网不良多媒体信息的过滤主要采用哪些方法？
4. 从哪些角度对不良图像进行判定识别？
5. 肤色检测有哪些步骤？
6. 常用的肤色建模方法有哪几种？
7. 皮肤纹理检测有哪些算法？
8. 简要描述什么是视觉单词特征。
9. 支持向量机有哪些优点？
10. 简要介绍基于 SVM 的不良图像识别。
11. 网络视频一般如何分类？
12. 网络视频服务采用的协议有哪些？
13. 网络视频流客户端和服务器之间的交互过程有哪些特征？
14. 识别网络视频流量有哪些方法？
15. 如何研究时域分割？
16. 关键帧的提取方法有哪几种？
17. 简述音频数据预处理模块的主要功能。
18. 短时物理特征主要包括哪些？
19. 简要描述隐马尔科夫模型。
20. 不良音频通常表现为两种形式有哪些？具体步骤是什么？

第 5 章　电子邮件内容安全

电子邮件（Electronic Mail，E-Mail），是 Internet 上渗透最广泛、最受欢迎、认知度最高的应用之一，以其方便、快捷、低成本的独特魅力，不仅为人们的工作和生活带来了极大的便利，而且逐渐成为人们进行信息交流的一种重要手段。然而 E-mail 在日益普及的同时，也引发了新的安全问题，如散布流言蜚语，黄色甚至色情宣传，鼓吹暴力、迷信、毒品、邪恶，甚至造谣、诬蔑、人身攻击；非法传递国家机密、军事、经济情报等；非法散布计算机病毒；投递电子炸弹；电子邮件垃圾等。

本章在分析电子邮件基本原理的基础上，从垃圾邮件产生、特征提取、过滤技术多个方面研究电子邮件的内容安全。

5.1　电子邮件概论

电子邮件又称电子信箱、电子邮政，是一种用电子手段提供信息交换的通信方式。电子邮件是互联网上应用最广和最重要的一种通信服务，据报道，使用电子邮件后可提高劳动生产率 30%以上。通过网络电子邮件系统，用户可以用非常低廉的价格、以非常快速的方式与世界上任何一个角落的网络用户联系。这些电子邮件可以是文字、图像、声音等各种方式。同时，用户可以得到大量免费的新闻、专题邮件，并实现轻松的信息搜索。

1971 年，参与 Arpanet 网络的 Ray Tomlinson 博士合并原先的用于网络间拷贝的软件和一个单机通讯软件，研制出一个全新的可以通过网络收发信息的文件传输程序，并在 Arpanet 网上收发邮件。但由于当时使用网络的人很少，网速极慢，严重限制了电子邮件的使用。到了 20 世纪 80 年代，随着个人电脑和互联网的兴起，电子邮件开始逐渐传播。到了 90 年代，随着互联网浏览器的诞生以及网页邮件服务商的出现，电子邮件开始广泛使用。据 CNNIC 在 2012 年 1 月份发布的第 29 次互联网统计报告[1]显示：约有 47.9%的网民使用电子邮件作为其信息获取和交互方式。毋庸置疑，Internet 使得电子邮件的渗透率比以往任何时候都高。过去只能在局域网内进行交流的用户，如今能够通过与互联网上的任意一个用户进行交流。电子邮件成为了促进世界"网络扁平化"的一个重要力量来源。

电子邮件在当今社会中起着越来越重要的作用。人们用电子邮件交流信息，交换思想，讨论问题，发布新闻，传送文件等。作为因特网最基本服务之一，电子邮件的发展速度完全超出了人们的想象。不少人一天收到的电子邮件数已远超过传统邮递方式一个月的收信数，许多人把检查 E-mail 和喝咖啡并列为上班时首先应处理的事情。

5.1.1　电子邮件通信原理

在传统的邮政系统中，发件人发送邮件，需要通过邮局存储，邮差发送到收件人的邮箱中，最后到达收件人的手中。电子邮件类似于传统的邮政系统，邮件编辑完成后，并不能直接发到收件人的邮件服务器上，而必须通过邮件传输代理传送邮件；代理收到邮件后，根据收件人地址寻找下一条传输路径；如果可用，直接发送；如果不可用，代理则将邮件暂时存在缓冲区的队列中，一段时间后重新发送；如果尝试几次都不成功，则将邮件退回，并返回错误信息。邮件最终被存储在收件人的邮箱服务器上，等待收件人接收。

电子邮件的发送包括三个重要的组件，即邮件用户代理 MUA、邮件传输代理 MTA 和邮件投递代理 MDA。

MUA（Mail User Agent，邮件用户代理）：其作用类似于邮递员，是用户平常所使用的信件阅读与撰写的客户端程序，使用 SMTP/POP、IMAP 或者 Exchange 等协议链接邮件服务器，接收用户的命令，为用户提供一个方便的界面来收发信件。在邮件系统中用户只与 MUA 打交道，MUA 将邮件系统的复杂性与用户隔离开。Windows 平台常见的 MUA 程序有 Outlook、Foxmail；类似的运行于类 Unix 平台的 MUA 程序有 Evolution、Binmail、Pine、KMail 等，都是开放源码程序。

MTA（Mail Transfer Agent，邮件传输代理）：其作用类似于邮局，用于在两个邮件服务提供商之间发送邮件。对每一个外发的邮件，MTA 决定接收方的目的地。若目的地主机是本机，则 MTA 将邮件直接发送到本地邮箱或交本地 MDA 进行投递，若目的地主机是远程邮件服务器，则 MTA 必须使用 SMTP 协议在互联网上同远程主机通信。常用的 UNIX MTA 程序有 Sendmail、Qmail 和 Postfix。

MDA（Mail Deliver Agent，邮件递交代理）：是将邮件递送到邮箱的程序， 负责将邮件分发到服务器上的本地用户。在 MTA 收到一封信件后，会先判断该信件的目的地是不是自己；如果不是自己则会继续帮忙转发；如果是自己，MTA 则会把信件交给 MDA 来处理，由 MDA 真正地把信件送到主机上收件人的信箱中。因此，MTA 本身并不完成最终的邮件发送，它要调用 MDA 来完成之后的投递服务。MDA 往往还带有邮件过滤功能。常用的 UNIX MDA 程序是 Courier-imap 和 Procmail。

邮件从发件人到收件人的流程如图 5-1 所示，其传输过程如下：

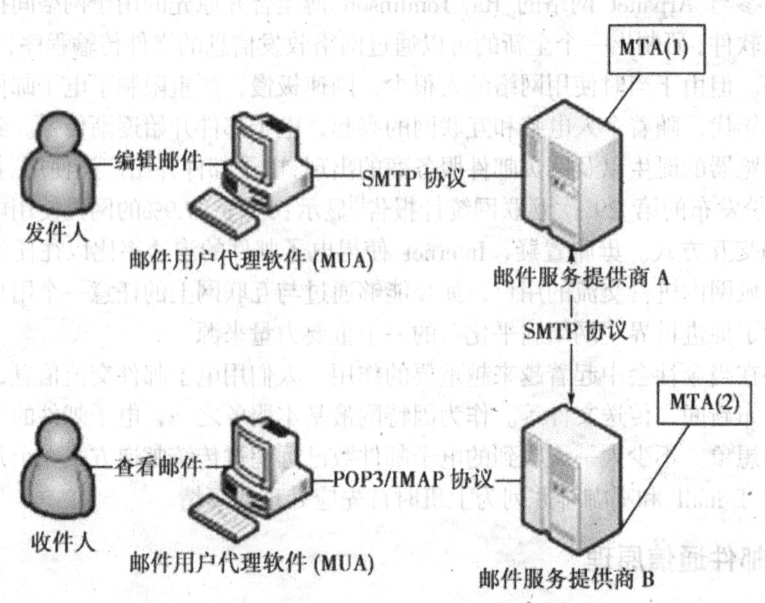

图 5-1 电子邮件的传输流程

（1）用户登录邮件服务器，编写邮件交给本地 MTA；

（2）本地 MTA（1）通过查询收件方邮件地址中的@域名，获得对方邮件服务器的 IP；

（3）本地 MTA（1）与收件方 MTA（2）建立 TCP 链接，使用 SMTP 协议传输邮件；

（4）收件方邮件服务器 MTA（2）将邮件放入邮件服务器；

（5）用户登录邮件服务器，读取自己的邮件。

电子邮件不是一种"端到端"的服务，它利用了存储转发的机制。发件人可以随时随地发送邮件给收件人，而不要求收件人在场，邮件将存储在收件人的邮箱中；收件人可以在任意时间读取信件，而不受到时空的限制。电子邮件的传输是从服务器到服务器的，每个用户都必须拥有服务器上存储信息的空间才能接收邮件。报文传送代理的主要工作是监视用户代理的需求，根据电子邮件的目标地址找出对应的邮件服务器，将信件在服务器之间传输并将接收到的邮件进行缓冲或者提交给最终的投递程序。

5.1.2　电子邮件格式标准

1. RFC822 协议电子邮件格式

电子邮件是一种符合标准格式的结构化文档，由多个具有不同作用的字段构成。在电子邮件推广过程中，为了保证不同邮件服务提供商互相之间的兼容，需要对电子邮件格式进行标准化。RFC822 是基于互联网的文本邮件信息标准，它定义了电子邮件报文的格式，即 SMTP、POP3、IMAP 协议及其他电子邮件传输协议中涉及提交、传输的内容。

电子邮件内容分为基本的两部分：信头（Header）和信体（Body）。信头由一系列的字段（Fields）组成。信体是发送给收件者的数据（包括文本或文件），可以包含 20 多个不同的字段，但是并不是所有字段都是必需的，表 5-1 为部分关键字段[2]。

表 5-1　**电子邮件标准中的各个字段**

信头字段	含义	信头字段	含义
From	邮件作者	Subject	主题
Sender	发件人	Comments	备注信息
Reply-To	回复地址	Keywords	关键字（用于搜索）
To	收件人	In-Reply-To	被当前邮件回复的邮件 ID
CC	抄送地址	References	基本等同 In-Reply-To
BCC	密送地址	Encrypted	邮件加密类型
Message-Id	邮件的唯一标识	Date	发送日期和时间

信头部分的字段可分为两类。一类是由电子邮件程序产生的，另一类是邮件通过 SMTP 服务器时被 SMTP 服务器加上的。在所有被 SMTP 服务器加上的字段中，电子邮件内容中最重要的是 Message-ID 字段，该字段是一个在 SMTP 服务器上唯一的 ID 号，可用这个号码作为邮件的编号。

一个空行（由回车符和换行符组成）将信头与信体分开，也就是说空行标记了信头的结束、信体的开始。信体是邮件的真正内容，由纯文本构成；信体以一个"."标识邮件的结束。在一般的 MUA 中，并不会显示这个"."。使用 SMTP 中的 DATA 指令发送数据时，就是以只有一个"."的行来标识邮件的结束。

表 5-2 给出了一个符合 RFC822 标准的邮件样例。

表 5-2　RFC22 标准的邮件样例

From: sender@example.com To: receiver@example.com Subject: test email Date: Sun, 1 Apr 2012 00:00:00 +0800 Message-ID: 4EE645750A9014AF2751912E Hello, World!

2. MIME 协议邮件格式

RFC822 中定义的字段只允许电子邮件中包含纯文本的信息，无法满足实际需要。随着电子邮件的广泛使用，邮件系统不仅需要传输各种字符集的文本内容，而且还需要传送各种非文本文件（例如图像文件、word 文件、PDF 文件、zip 文件，等等）。因此，作为 RFC822 标准的补充，人们在 RFC2045 和 RFC2046[19]等标准文档中定义了多用途 Internet 邮件扩展协议（Multipurpose Internet Mail Extensions，MIME）。MIME 扩展了 RFC 822 标准，使得二进制数据能够直接合并到一个标准的 RFC822 消息中，为此增加了五种新的信头字段，如表 5-3 所示。

表 5-3　MIME 新增的信头字段

信头字段	字段说明
MIME-Version	发送方用来对消息进行编码的 MIME 的版本
Content-Type	标识了 MIME 消息中封装数据的类型信息
Content-Transfer-Encoding	嵌入的二进制数据编码方式，RFC2045 指定了 5 种方法：7bit（标准的 ASCII 编码）、8bit、binary、Quoted-Printable、Base64。其中最常用的是 Base64 编码，将 3 个字节的二进制数据编码为属于 ASCII 字符集的 4 个字节
Content-Description	用于在邮件消息的文本中标识数据的 ASCII 描述
Content-ID	用来在使用多目录内容的情况下，以一个唯一的标识代码去标识一个 MIME 会话

MIME 邮件的基本信息、格式信息、编码方式等重要内容都记录在邮件内的各种域中。域由域名后面跟"："再加上域的信息内容构成，域的基本格式如下：{域名}：{内容}。

一条域在邮件中占一行或者多行，域的首行左侧不能有诸如空格或者制表符之类的空白字符。占用多行的域，其后续行则必须以空白字符开头。域的信息内容中还可以包含属性，属性之间以分号分隔，属性的格式如下：{属性名称}={属性值}。

最重要的 Content-Type 域定义了邮件中所含各种信息的类型以及相关属性。邮件所含的文本、超文本、附件等信息都按照对应 Content-Type 域所指定的媒体类型、存储位置、编码方式等信息存储在邮件中。Content-Type 域的基本格式：Content-Type：{主类型}/{子类型}。常用的主类型有 Tex t、Image、Multipart 等。

Multipart 类型对应于需要传输多个不同类型内容的邮件。邮件中各种不同类型的内容是分段存储的，各个段的排列方式、位置信息都必须通过 Content-Type 域的 Multipart 类型来定义。其对应的子类型有三种：mixed、alternative、related。如果一封邮件中含有附件，则邮件应定义域：Content-Type： Multipart/mixed；如果一封邮件中同时存在纯文本和超文本内容，则应定义域：Content-Type： Multipart/alternative，邮件中纯文本和超文本内容是相同的，同时存在主要是处于兼容性的考虑；如果邮件中还有一些以内嵌资源的方式存储在邮件中，则应定义域：Content-Type：Multipart/related。

MIME 邮件以 Boundary 属性中定义的字符串作为标识，将邮件内容分为不同的段，段体内的每个子段以“==”+Boundary 行开始，父段则以“==”+Boundary+“==”行结束，不同段之间以空行分隔。例如，“Boundary======002_WKL81KS8201K221_=====”就表示一个父段的边界符，002_WKL81KS8201K221_为分段标识符。结合上述 Content–Type 域和 Multipart 类型的介绍，举例说明域的基本格式为：

Content-Type：Multipart/mixed；Boundary=“==002_WKL81KS8201K221_==”

Internet 上的 SMTP 传输机制是以 7 位二进制编码的 ASCII 码为基础的，适合传送文本邮件。而声音、图像、中文等使用 8 位二进制编码的电子邮件需要转换成 ASCII 码才能够在 Internet 上正确传输。MIME 采用了 BASE64 编码技术，将数据从使用 8 位的二进制编码格式转换成使用 7 位的 ASCII 码格式。

5.1.3　电子邮件传输协议

电子邮件传输协议是由若干 RFC 文档规定的。RFC821 规定了简单邮件传输协议(Simple Mail Transfer Protocol，SMTP)，定义发送邮件的机制。收取邮件的协议包括 RFC1725 规定了邮局协议版本 3 协议(Post office Protocol 3，POP3)和 Mark Crispin 设计的网际消息访问协议(Internet Message Access Protocol，IMAP)。

1. SMTP 协议

SMTP 协议，是互联网上传输电子邮件的标准协议，用于提交和传送电子邮件，规定了主机之间传输电子邮件的标准交换格式和邮件在链路层上的传输机制。现在 SMTP 通常用于把电子邮件从客户机传输到服务器，以及从某一服务器传输到另一个服务器。

SMTP 是基于 TCP 服务的应用层协议，由 RFC821 定义。协议规定了用户和服务器之间的双向通信规则及信封信息的传递。SMTP 协议的命令和响应都是基于 ASCII 码纯文本，并以 CR 和 LF 符号结束。每个命令都是简单的命令名，后面紧接参数。SMTP 使用众所周知的 TCP 端口 25。

2. POP3 协议

POP3 协议是互联网上传输电子邮件的第一个标准协议。它提供信息存储功能，负责为用户保存收到的电子邮件，并从服务器下载取回这些邮件。POP3 为客户机提供了用户名和口令，规范了对电子邮件的访问。

POP3 协议中的会话需要经过三种典型状态：鉴别、处理和更新。POP3 客户和服务器建立链接后，会话进入鉴别阶段。在鉴别阶段，客户会对服务器标识自己，即提供用户名和口令。如果鉴别成功，则服务器会打开客户邮箱，会话进入处理阶段。在处理阶段。客户请求服务器提供信息或完成动作。然后，会话进入更新阶段，在这一阶段结束会话和终端链接。

POP3 也是基于 ASCII 码纯文本的请求/响应协议，其命令由短关键字构成，后面接着可选参数，作为单行文本发送，以 CR 和 LF 符结束；其应答可采用两种方式：单行应答和多行应答。POP3 使用的端口通常是 110。

3. IMAP 协议

使用 IMAP 协议（目前已经使用第 4 版），用户可以有选择地下载电子邮件，甚至只下载部分邮件，因此当电子邮件客户端通过慢速电话线访问时，IMAP4 比 POP3 更实用。

IMAP 与 POP3 比较而言，二者都允许一个邮件客户端访问邮件服务器上存储的信息。IMAP 的特点是支持链接和断开两种操作模式。当使用 POP3 时，客户端只会与服务器保持一段时间的链接，直到它下载完所有新信息，客户端即断开链接。在 IMAP 中，只要用户界面是活动的和下载信息内容是需要的，客户端就会一直链接在服务器上。对于有很多或者很大邮件的用户来说，使用 IMAP4 模式可以获得更快的响应时间。IMAP4 使用端口 143 在 TCP/IP 链接上工作。

5.1.4 电子邮件的内容安全

电子邮件的内容安全，可能出于不同的动机或目的：有的可能是好奇或恶作剧，有的出于商业目的，有的则别有用心。其中有些已经属于犯罪行为。

根据卡巴斯基实验室发布的 2010 年 8 月份垃圾邮件报告[3]，垃圾邮件占全部邮件的比例是 82.6%，其中包含指向钓鱼网站链接的邮件占全部邮件数量的万分之三，包含恶意文件的邮件占全部邮件数量的 6.29%。报告中的数据显示，几乎 90%的英语类垃圾邮件均属于以下三个类别：药品和保健产品以及服务类（40%）、假冒名牌商品类（27%）和欺诈类垃圾邮件（20%）。最常见的五种垃圾邮件类别中还有其他两种，分别为个人金融和计算机诈骗类，平均分别占全部垃圾邮件总数的 4%。欺诈类垃圾邮件成为垃圾邮件的主流让我们意识到，垃圾邮件不仅给我们带来麻烦，而且还非常危险，因此如何防止垃圾邮件是电子邮件内容安全关注的主要问题。

5.2 垃圾邮件概述

5.2.1 垃圾邮件的定义

垃圾邮件（spam mail）又称 UBE（unsolicited bulk e-mail），即未经接受者同意而大量散发的电子邮件。2003 年 2 月 26 日，中国互联网协会颁布的《中国互联网协会反垃圾邮件规范》中对垃圾邮件定义如下[4]：

（1）收件人事先没有提出要求或者同意接收的广告、电子刊物、各种形式的宣传品等宣传性的电子邮件；

（2）收件人无法拒收的电子邮件；

（3）隐藏发件人身份、地址、标题等信息的电子邮件；

（4）含有虚假的信息源、发件人、路由等信息的电子邮件；

（5）含有病毒、恶意代码、色情、反动等不良信息或有害信息的邮件。

总而言之，垃圾邮件的常见内容包括以下几种：网上购物、成人广告、商业广告、游戏

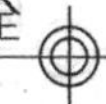

广告、电子杂志、连环信件、病毒木马、钓鱼欺诈，等等。用户收到的垃圾邮件大部分都是没有主动订阅的广告、电子期刊等宣传品，其基本特征是“不请自来”、带有商业目的或者政治目的。实际上，垃圾邮件的判定会因人而异，不同的用户对同一邮件的判定结果可能存在差异。

目前，很多用户都使用小型邮件服务提供商提供的免费邮箱（例如学校、公司自建的邮件服务），这类邮箱系统对垃圾邮件的防范能力较差，垃圾邮件发送者可以很容易地通过穷举、猜测等途径获得用户的邮件地址。人们在学习和工作中也不可避免地要经常对外公开自己的邮箱地址，如完成各种网站的会员注册、公开自己的联系方式等，这正好也给了垃圾邮件可乘之机。一些人专门收集邮件地址，然后有偿转让给有这种需求的垃圾邮件发送者。

当前，越来越多的垃圾邮件是通过中继发送的，即远程机器利用某台服务器向外发垃圾邮件[5]。标准的电子邮件传输协议在传输邮件时，不进行用户的身份认证，邮件可以被匿名或冒名发送。因此，任何人都可以利用支持 Open Relay 的邮件服务器对任意地址发送邮件。目前已经有很多邮件服务器的升级版本支持关闭 Open Relay 的方法，但由于系统管理员的疏忽，这一漏洞通常没有得到及时修补，从而导致服务器在不知情的情况下被滥用和转发。

5.2.2　垃圾邮件产生的原因

垃圾邮件泛滥的主要原因包括以下两个方面：

（1）SMTP 协议自身存在的缺陷

SMTP 协议建立在收发邮件双方互相信任的基础上，假定人们的身份和他们所声称的一致。因此，SMTP 协议并没有包含要求用户进行身份认证的内容，所以任何用户都可以使用服务器发送邮件；而且，SMTP 协议也没有规定如何对邮件头中所填写的发件人地址和回复地址作合法性检验。这样，就导致了垃圾邮件发送者大量发送匿名或者冒名邮件。

扩展简单邮件传输协议 ESMTP 对 SMTP 最重要的扩展就是提供了对 MTA（邮件传输代理）使用身份认证，只有通过身份验证，才能使用邮件服务。由于邮件服务器存在 Open Relay（开放转发或匿名转发）这一功能，而由 Open Relay 产生的垃圾邮件占了相当比例，因此 ESMTP 的出现对遏制此类垃圾邮件起到了一定的作用。ESMTP 虽然解决了身份认证的问题，但对于 SMTP 协议中所存在的伪造发信地址、回复地址等问题依然无法解决。

因此，SMTP/ESMTP 协议的缺陷是垃圾邮件泛滥的最主要的技术原因。

（2）商业上的原因

垃圾邮件一直以来都被认为是最经济有效的广告形式，是开拓市场的有力工具，电子邮件的低成本、高产出、覆盖范围广、发送不受限制、追查难度大等因素使得许多不法的商业分子有机可乘。最令人担忧的是互联网上出现了一些靠卖地址为生的个人与公司，他们发现并做起了这种只赚不赔的无本生意，也诱使更多的人来做这种买卖。由于这批人的出现，使垃圾邮件问题蔓延的范围越来越大，发展速度也在加快，问题变得越来越严重，解决起来也更加困难。由于利益的驱使，商业原因成为了助长垃圾邮件泛滥的最主要非技术因素。

5.2.3　垃圾邮件的危害

垃圾邮件发送方的成本极低，通常采用各种方式群发。而对电子邮件服务提供商和用户而言，垃圾邮件给他们带来较大的危害和损失。具体来说，其危害主要表现在以下几个方面：

（1）占用网络带宽，浪费网络资源，干扰邮件系统的正常运行。

当有限的网络资源和网络带宽充斥着大量的垃圾邮件时，就降低了网络的使用效率。对邮件服务器而言，收到的垃圾邮件占用了它的磁盘空间，进一步说，如果垃圾邮件得不到有效控制，用户会放弃邮箱，服务商将被迫终止服务，给企业带来很大的损失。另外，若邮件服务器被用户用来对外发送垃圾邮件，也可能导致该服务器被列入黑名单而遭外部封杀。因此，邮件服务器既要拒收来自外部的垃圾邮件，还要阻止自己的邮件用户对外发送垃圾邮件。

（2）浪费用户的时间和上网费用。

如果我们每天都要花费一段时间来处理垃圾邮件，工作效率就要降低，对整个社会来说，被浪费的时间更是一大笔宝贵的财富。根据中国互联网协会反垃圾信息中心《2011 年第四季度中国反垃圾邮件状况调查报告》，电子邮箱用户平均每周花费 7.8 分钟用于处理垃圾邮件；而据中国互联网信息中心的统计，2011 年 12 月底，中国网民数量已突破 5 亿。由此估算可知垃圾邮件造成的时间和金钱浪费是非常巨大的。

（3）对网络安全形成威胁。

黑客们利用电子邮件系统发送数以万计的垃圾邮件风暴攻击目标，使之瘫痪、拒绝服务。一些垃圾邮件传播色情、反动等各式各样的有害信息，给社会带来危害。垃圾邮件还可以被病毒利用，成为它们的传播途径。

面对垃圾邮件问题日益严重的现状，人们开始从多方面寻找解决方案。例如，许多邮件服务提供商成立了专门的部门处理垃圾邮件，并设立“首席垃圾邮件官”，有些邮件客户端工具也提供一定的垃圾邮件过滤功能。

5.2.4 垃圾邮件发送手段分析

垃圾邮件发送者采用了许多方法逃避传统反垃圾邮件技术的监控进行垃圾邮件发送，典型的方式和手段主要有以下几种：

（1）对邮件内容及发件人信息进行伪装，通过随机内容生成器生成发件人信息、邮件标题、正文内容以及附件名，或将收信人地址甚至是姓名加入到标题和正文内容中，伪装成正常邮件，吸引收件人点击查看。

（2）以图片代替文字内容，将要传送的内容以图片的形式附在邮件中，以躲避当前主要还是以文本识别为基础的内容过滤技术的识别。

（3）内容加噪，即采用所谓的“视觉战术”，为了干扰反垃圾邮件系统对于邮件内容的判断，邮件把背景色设置为白色，而把需要传递的邮件内容设置为白色（或其他与背景颜色对比度大的颜色），同时在这些真正需要传递的邮件内容之间，插入若干颜色与背景色相同的不相干的文字内容，经过这样的处理，用户在网页或客户端看到的内容只有与背景颜色不同的正文，因此仍然能够准确无误地传递垃圾邮件的“原始信息”；而反垃圾邮件系统在试图对该类邮件进行分类时，却由于文本信息被掺杂了大量“噪音”，无法准确判断垃圾邮件的内容，而对其束手无策。

（4）采用动态或伪装 IP 甚至受病毒感染的“僵尸网络”来发送垃圾邮件，以躲避反垃圾邮件策略中对来自相同大量发送邮件行为的统计和分析。有许多垃圾邮件发送者，利用蠕虫病毒，将垃圾邮件木马发送分散到世界各地可被蠕虫病毒感染的机器，大量被木马控制的计算机在机主完全不知情的状况下发送垃圾邮件给本机记录或存在于即时通讯、邮件客户端等软件中的邮件联系人。

由于利益的驱使，垃圾邮件的制造和传播者总能够找到新的方式，试图绕过现有的垃圾邮件过滤策略，手段层出不穷，以降低其被过滤率。

5.2.5　反垃圾邮件技术

针对垃圾邮件泛滥问题，目前已经有很多科研机构和企业实现了垃圾邮件的过滤系统，通过对垃圾邮件信头和信体以及发送行为特征的分析提取，识别垃圾短信，并在接收服务器拒收，从而在一定程度上解决垃圾邮件泛滥问题。通过对邮件在接收服务器上的处理过程进行分析，可以明确垃圾邮件技术的位置。

邮件服务器可以从逻辑上分为以下几个模块，即：MTA（邮件传输代理）、MDA（邮件投递代理）、邮箱（邮件存储库）、POP3/IMAP 服务器（邮件接收服务器），如图 5-2 所示。

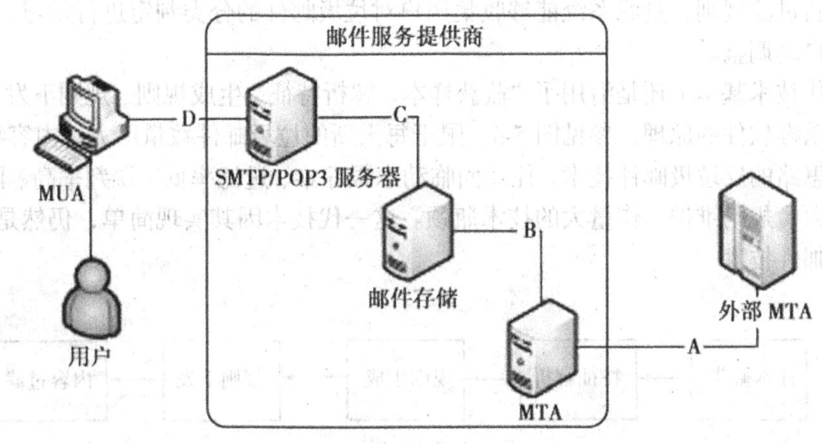

图 5-2　垃圾邮件过滤过程

邮件从 Internet 或局域网上传送过来要先经过 MTA 传输到 MDA，再由 MDA 将邮件分发到用户邮箱中，最后由用户通过 MUA 从 POP3/IMAP 服务器将邮件接收到本地。从整个流程来看，为了过滤垃圾邮件，可以从四个方面着手。其中 A、B 属于邮件系统级别的垃圾邮件处理，在 A 处根据设置的规则直接拒收垃圾邮件，在 B 处是将邮件接收后再按照过滤规则进行内容过滤。C 属于用户一级的垃圾邮件处理，在系统级垃圾邮件过滤的基础上可以提供由用户自己定义邮件过滤的功能。D 属于用户客户端的垃圾邮件过滤，用户可在邮件客户端自行定义过滤规则，或者采用专门的客户端反垃圾邮件软件。在 A 处可以根据规则直接拒绝垃圾邮件，B、C、D 处都是对垃圾邮件进行识别，然后进行过滤。现有的反垃圾邮件的方法[2]从技术上可以分成两类："根源阻断"和"存在发现"。"根源阻断"是指通过防止垃圾邮件的产生来减少垃圾邮件。这种方法目前还不实用，如果走向实用需要对全球的邮件系统进行全面改造。所以，对垃圾邮件进行根源阻断还有很长的路要走。当前主流的反垃圾邮件技术是"存在发现"，即对已经产生的垃圾邮件进行过滤。反垃圾邮件的发现可以通过邮件的内容特征或者其他特征（如群发特征等）来实现，常用的垃圾邮件过滤技术主要有：黑名单技术、基于统计的内容过滤技术、基于规则的过滤技术、基于邮件行为识别的过滤技术以及针对图片邮件的相关过滤技术等。

垃圾邮件过滤技术的发展主要经历了以下 3 个阶段：

1. 规则过滤、地址列表和统计过滤技术

规则过滤技术：包括内容过滤、散列值过滤等技术，可以在不修改现有电子邮件协议的基础上直接使用。规则过滤技术是基于先验概率的，具有一定的局限性，误判率较高。规则过滤技术使用的规则往往容易被绕过，如使用生僻的文字和带有文字的图片、插入无用信息干扰等。为了保证过滤规则的有效性，管理员必须经常更新过滤规则。

地址列表技术，包括黑白名单、实时黑名单技术等，是指根据发送方 IP 地址或域名，来判断是否接收发送方的电子邮件。然而发送方可以使用动态 IP 或伪造域名的方式来绕过该技术的限制，因此该技术的实际效果并不好。

统计过滤：包括常用的贝叶斯过滤技术等，作为上述两种过滤技术的改进，统计过滤技术使用统计规律来衡量邮件消息的频率和模式。通过计算已知特征出现附加特征可能性，来区分垃圾邮件和合法邮件。统计过滤方法的误判率较规则过滤和地址列表技术更低，不需要管理员更新过滤规则，过滤系统能够收集用户对垃圾邮件的分类判定进行学习，从而实现过滤规则的自动调整。

第一代技术基本上还是沿用了“截获样本、解析特征、生成规则、规则下发、内容过滤”这种类似杀毒软件的原理，参见图 5-3。限于每天新的垃圾邮件数量巨大，内容特征变化快，这种传统思路的反垃圾邮件技术，往往面临动态跟踪难、过滤率低、误判率高、网络流量大、资源消耗大、规则维护工作量大的技术瓶颈。这一代技术因其实现简单，仍然是使用最广泛的反垃圾邮件技术。

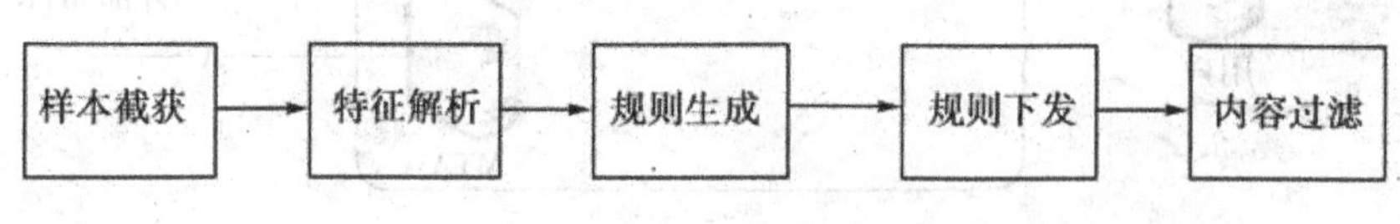

图 5-3　第一代技术原理流程

2. 行为识别模式

利用概率统计数学模型对垃圾邮件进行分类分析统计，运用“小偷的行为心理异于常人”的道理，垃圾邮件的发送亦如此。行为模式识别模型包含了邮件发送过程中的各类行为要素，如时间、频度、发送 IP、协议声明特征、发送指纹等。垃圾邮件这些特征行为包括：发送频率频繁、在短时间内不断地进行联机投递、动态 IP 等。在邮件传输代理通信阶段，我们可以针对一系列明显带有垃圾邮件典型行为特征的邮件在发送期间就开始边接受、边处理、边判断。

行为模式识别模型不需要对信件的全部内容进行扫描，大大提高了网关过滤垃圾邮件的效率，减少了网络资源的负荷和网络流量，可以提高垃圾邮件计算处理能力，同时也不会出现侵犯隐私权的法律风险。但是如果仅仅是对行为进行识别，其正确率仍然不够高，而且往往只是限制了垃圾邮件的发送速度。

3. 电子邮件认证技术

电子邮件认证技术是针对垃圾邮件的伪造域地址或伪造回复地址的有效阻断技术。为逃避可能面临的法律起诉和网络服务提供商的终止服务等危险，垃圾邮件制造者通常会利用 SMTP 协议的漏洞来伪造发件人身份。通过采用电子邮件的认证技术，可以限制发件人身份的伪造，因而能够从源头找到垃圾邮件的发送者，追查到相应责任人。但是这一技术的部署

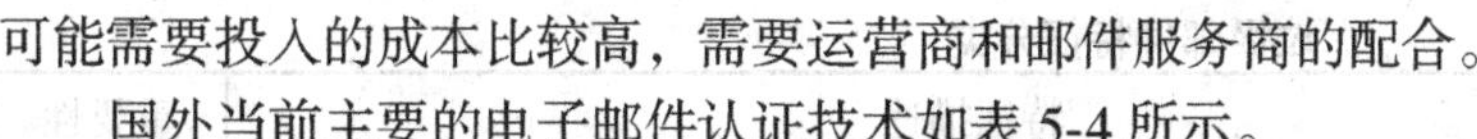

可能需要投入的成本比较高，需要运营商和邮件服务商的配合。

国外当前主要的电子邮件认证技术如表5-4所示。

表5-4　　电子邮件认证技术

技术名称	提出厂商
发件人策略框架（SPF）	美国在线
发件人标识（Sender ID）	微软
域密钥（Domain Keys）	雅虎
互联网电子邮件标识（IIM）	思科

垃圾邮件是全球性的问题，且已经成为一种社会现象，单靠反垃圾邮件技术的发展或是纯粹的技术手段是无法解决的，还是应当采用管理与技术相结合的方式，以先进的技术手段为基础，以完善的管理制度和法律法规为依托，对社会各主体的邮件活动进行规范，通过建立国家级的反垃圾邮件公共服务体系，完善国内的垃圾邮件举报平台，促进各运营商和邮件服务商的协调合作，才能推动反垃圾邮件技术的更新和快速发展。

5.3 垃圾邮件的特征提取

为了判断邮件是不是垃圾邮件，需要使用适当的方法从邮件中提取特征以进行分析。本节将介绍主要的特征分析和预处理技术。

5.3.1 垃圾邮件的特征分析

垃圾邮件过滤技术需要通过对电子邮件行为或内容的分析，提取出具备垃圾邮件特性的特征，对符合该特征的邮件进行过滤和拦截。垃圾邮件的检测特征来源主要包括网络通信信息、信头、信体三部分内容。文献[6]提出了垃圾邮件的分层模型，并对每层内用来识别垃圾邮件的特征进行重要性的划分，如表5-5所示，特征重要性一栏中，“1”表示重要性强，特征明显；“2”表示重要性次之；“3”表示重要性弱。而重要性直接关系到最终垃圾邮件衡量系数大小的选择。

1. 通信特征

邮件接收服务器是垃圾邮件进入互联网的第一道关口。根据先验知识，如果发信者的IP地址是伪造的，则该邮件是垃圾邮件的概率很高，因而IP地址的真实性是首要的检测目标。定位IP地址的常用工具软件包括whois，nslookup，dig，traceroute等。对于不真实的IP地址，发件人就有了故意隐瞒身份的嫌疑，从而该邮件更是垃圾邮件的概率大大提高。

在IP地址真实的前提下，对发信者的IP可以进行基于黑白名单的阻断。为了躲避IP封锁，垃圾邮件制造者经常变换发信IP，反垃圾反病毒邮件监控过滤网关一般支持由国际反垃圾邮件组织使用RBL技术提供的实时黑名单。单个IP链接数量与链接频率异常，有可能是有些垃圾邮件发送组织或是非法信息传播者，为了大面积散布信息，采用多台机器同时巨量发送的方式攻击邮件服务器。

表 5-5　　　　垃圾邮件特征分类

特征分类	特征描述	重要性
通信特征	IP 地址是否可信	1
	IP 链接数量、频率是否异常	1
信体特征	Subject 是否包含关键词	1
	Reply-To 与 From 不同或包含关键词	1
	Date 时间在当前时间之前	1
	无 X-mailer 字段或是特殊字段	2
	Received 时间有误，传送时间过长，其中标识的 IP 地址有误，有 3 个以上的 Received 或包含关键词	1
	伪造的 Message-ID，whois 域名查询不存在	1
	cc 抄送人字段包含关键词	2
	信体过大或批量空信	1
	附件过大	2
	附件包含可执行文件或恶意宏	1
	附件包含关键词	3
	附件经语义分析包含垃圾信息	3

2. 信头特征

信头特征属于应用层特征，给出了有关邮件的大部分信息，SMTP 协议格式提供了大量的邮件信息，垃圾邮件也会在这些信息中显示其痕迹，可供分析垃圾邮件来源。邮件的 SMTP 协议会话应符合 RFC 规范，不符合的应作为垃圾邮件处理。

- X-Mailer 字段：无，或使用特殊的信头，不是常见的发送客户端软件名。
- Hello，Mail From 字段：两个字段均为发件人服务器标识，正常情况下应该完全相同，而且在 DNS 正确配置和不涉及虚拟域名的情况下，这两个地址和实际的链接 IP 地址反向解析结果相比较应该相同，而垃圾邮件有可能不同。
- Received：域时间有误，传送时间过长，其中标识的 IP 地址有误，有 3 个以上的 Received，经过许多服务器转发。

在信头的格式和 DNS 反向解析之后，垃圾邮件的信头特征集中于各字段是否包含垃圾邮件过滤所关注的关键字，关键字的检查主要针对以下几个信息内容：

- 邮件主题 subject：包含关键词
- 发件人字段：包含关键词
- 收件人字段：包含关键词
- 抄送人字段：包含关键词
- 信头：包含关键词

邮件信头一般都比较小，通常在 1KB 至 10KB 之间，检查信头也比较快。而信体检查就要检查大量的数据，会给邮件服务器带来很大的负载，所以通常信体检查放在其他检查的后面进行。

3. 信体特征

对于邮件体，首先是大小问题。邮件比正常值大，则很可能是垃圾邮件发送者采用大邮件轰炸恶意针对邮件服务器进行攻击；邮件比正常值小，特别是大量空邮件，则很可能是垃圾邮件发送者采用巨量空邮件恶意针对邮件服务器进行攻击。

邮件附件文件类型，很多垃圾邮件的附件是声音，图片或可执行文件，这一类型的附件都应谨慎打开。

信体文本的内容进行包含关键词的查询，若包含关键词则很可能是垃圾邮件。更进一步，可以对文本进行语义分析。

附件可能为 zip、rar、tar、gz 等压缩文件，这就需要解压缩，然后对附件文本的内容进行包含关键词的查询，若包含关键词则很可能是垃圾邮件。更进一步，可以对文本进行语义分析。

5.3.2　垃圾邮件的预处理技术

以基于内容的方式进行分类的邮件，一般都用多维向量来表示，并用某种机器学习的分类方法计算该邮件为垃圾邮件的概率。在这个模式识别的过程中，需要学习大量的正常邮件和垃圾邮件，按照某种标准来提取对应的特征，并以特征为维度，把邮件表示为多维的向量。

电子邮件是半结构化文档，虽然邮件头有固定的格式，但正文中有各种各样撰写方式。垃圾邮件为了干扰邮件过滤器的识别，会插入许多字符和标记。在邮件分类判定前，我们需要对邮件进行正文提取和中文分词。在过滤识别之前，必须对电子邮件进行统一的预处理。有效的预处理可以去除垃圾邮件的干扰，提高过滤效果。

邮件预处理技术包括邮件分词、邮件表示和特征选择技术三个部分。

1. 邮件分词

在对邮件进行表示时，一般需要先从邮件中提取出邮件正文。为了准确有效地提取邮件正文，分析邮件头是很重要的，可以从邮件头获取许多有用的信息。邮件头中的 Content-type 字段指明了邮件正文的文件格式，格式为 Plain text 纯文本的邮件，正文保持不变。格式为 html 网页的，剔除邮件中包含的所有 html 标记，获得其纯文本。采取这种处理可大大减小垃圾邮件对过滤器的干扰，提高过滤器的识别准确率。对于 Multipart 格式的邮件，其 Boundary 字段定义了正文中不同格式的分界代码。Charset 字段说明了邮件正文使用的字符集，过滤器根据此来采用适当的分词技术。Content-transfer-encoding 字段说明邮件编码的方式，过滤器根据此转换为实际的字符。

邮件提取正文后获得纯文本，然后根据 Charset 字段定义的字符集，对邮件文本分词。

2. 邮件表示

通常采用向量空间模型 VSM 及其相关技术来实现邮件表示。VSM 模型的基本概念包括：文档（Document）、项（Term）、项的权重（Term Weight）以及相似度（Similarity）。具体内容参见本书 3.1 节文本表示。

3. 特征选择

当邮件采用 VSM 模型向量化表示后，向量的维数规模存在如何合理控制的问题。下面给出互信息（MI）特征选择算法步骤：

（1）建立训练邮件样本集；

（2）对每封邮件 m 建立 0-1 特征向量 $v=\{v_1,v_2,\cdots,v_N\}$。V_i取 1 表示邮件 m 包含特征

f_j；

（3）对每个特征 f_j 用下式计算互信息量 I：

$$I_{f_j}(X,Y)=\sum_{i=1}^{2}\sum_{j=1}^{2}p(x_i;y_j)\log\frac{p(x_i,y_j)}{p(x_i)p(y_j)} \quad (5\text{-}1)$$

其中随机变量 X 和 Y 定义为：

$$X=\begin{cases}P(x_1\,|\,m\in Normal)\\P(x_2\,|\,m\in Spam)\end{cases} \quad (5\text{-}2)$$

$$Y=\begin{cases}P(y_1\,|\,f_j\subset m)\\P(y_2\,|\,f_j\not\subset m)\end{cases} \quad (5\text{-}3)$$

（4）定义特征向量。按照 I 的大小对所有特征按降序排列：取前 n 个特征构成邮件的 n 维特征向量。

对于基于内容的邮件分类算法，由于关键词特征数量比较庞大，为了防止算法训练和分类出现严重的时间代价问题，一般都要通过特征选择技术剔出一些冗余或者次重要的关键词，以降低特征向量的维度，保证算法的实现效率。目前常用的特征选择算法有文档频率算法，CHI 算法等，具体内容可参见 5.3.1 节文本特征提取与缩维。

5.4 垃圾邮件的过滤技术

根据过滤技术实施位置的不同，可以将垃圾邮件过滤技术分为客户端邮件过滤和服务器端邮件过滤技术[7]：

（1）客户端的邮件过滤

客户端邮件过滤由邮件收发用户来自定义过滤条件，由 MUA 从邮件服务器获取邮件时，对邮件进行过滤。其优点是用户自定义过滤条件，量身订造的邮件过滤器，拦截率更高、误判率更低。但客户端过滤存在以下问题：首先，垃圾邮件在客户端过滤时，全部邮件都已经下载到本地主机中，这会造成大量存储空间的占用以及网络带宽资源的浪费；其次，客户端的防护只能保证客户端不受垃圾邮件的影响，却无法保证邮件服务端不受影响；再次，在大量的客户端上进行安全策略的设置与管理其实施难度与成本较大。

（2）服务器端的邮件过滤

服务器端的邮件过滤由邮件服务器执行，邮件服务器对通过其发送和接收的邮件按照预先设定好的条件来进行分类过滤操作，对垃圾邮件进行截获。其优点包括网络带宽占用更小，开支更小；避免整个邮件服务系统受到分布式攻击而瘫痪；保障邮件客户不受垃圾邮件的影响。缺点包括：修改配置垃圾邮件过滤器成本较大。需要花费更多的时间和精力；适用性准确率不如客户端邮件过滤；对系统开销较大，对硬件配置要求高。

在依据位置的垃圾邮件过滤方式划分中，较为理想的过滤方式是基于服务器端的过滤，这不仅可以使用户免受垃圾邮件的骚扰，而且本地主机也能减少对邮件的处理量，节约处理器资源和带宽流量。但是，很多电子邮件服务提供商并没有把这件事做好，特别是一些不够规范的免费电子邮件提供商。在这种情况下，目前只能从客户端去抵挡垃圾邮件的进攻，而

这正是我们应坚守好的最后一道防线。

根据过滤技术所处理的对象的不同，可以将垃圾邮件过滤技术分为基于地址的过滤、基于关键字的过滤、基于统计的过滤、基于规则的过滤，基于邮件行为识别的过滤等。本节分别就目前的主要垃圾邮件过滤技术进行介绍。

5.4.1　基于黑白名单的过滤技术

目前使用最广泛的过滤技术是基于 IP 地址的过滤技术，包括基于网络的 IP 地址过滤技术，如路由访问控制列表；基于主机 IP 的地址过滤技术，如 IP 黑名单和白名单过滤技术。

在接收邮件服务器处可以设置规则进行黑名单过滤，即过滤系统在处理新到达的邮件时，首先查看邮件头部的发送方地址，对于处于黑名单中的 IP 地址发送的邮件则都会被过滤掉，使其不能继续传播。其优点是速度快、简单直接，缺点是黑名单的设定不可能涵盖所有的情况，过滤方法的总体效率不高，无法处理不明用户的邮件，无法防止白名单上的用户如果染毒向其他用户发送垃圾邮件。黑白名单过滤技术包括用户黑白名单技术、网络黑白名单技术及分布式自适应黑名单技术等。

1. 用户黑白名单技术

最直接和有效地拒绝垃圾邮件的方法是拒绝该来源的链接，拒绝恶意的垃圾邮件来源站点或利用垃圾邮件来源站点。

使用用户黑白名单机制可以快速准确地过滤掉垃圾邮件，而且可以把经常错误过滤为垃圾邮件的用户邮件快速分辨出来，减少误判率。具体流程如下（参见图 5-4）：

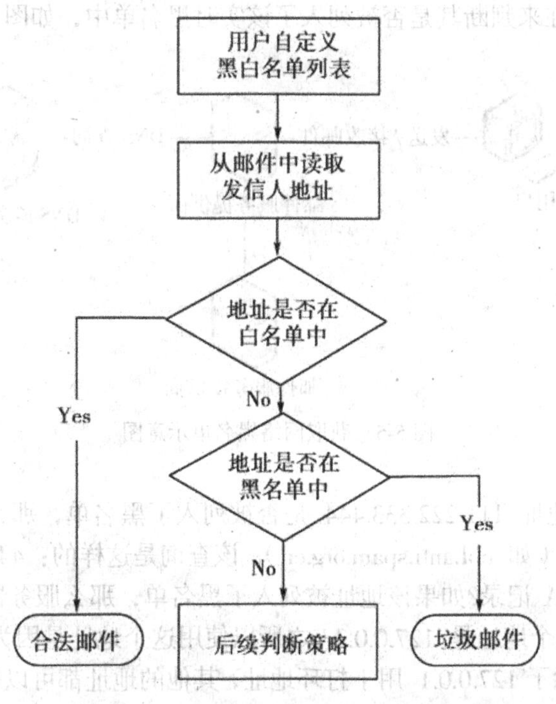

图 5-4　用户黑白名单过滤技术流程

（1）从配置文件中读取用户自定义黑白名单列表，其中包括：收信人黑白名单、发信人黑白名单、转发地址黑白名单等；

（2）从邮件中判断出邮件头的位置，读取邮件头中包含的信息，如收信人地址、发信人地址、转发服务器地址等；

（3）判断这些地址是否在黑白名单中，如果在白名单中，可以判定为普通邮件；如果在黑名单中，可以判定为垃圾邮件；如果都不在，使用后续动作判定。

2. 网络黑白名单技术

用户黑白名单技术使用的是用户自定义的黑白名单，而网络黑白名单技术使用的是互联网用户共同维护的黑白名单。两者差别在于名单的获取途径。

目前在网络黑名单技术上最流行的是实时黑名单（Real-time Blackhole List，简称 RBL）技术，RBL 一般通过 DNS 查询的方式提供对某个 IP 或域名是不是垃圾邮件发送源的判断。国外流行的几个主要的实时黑名单服务器都是通过 DNS 方式提供的，如 Mail-Abuse 的 RBL、RBL+等。

黑名单服务的提供和黑名单的维护由黑名单服务提供者来承担，所以该名单的权威性和可靠性就依赖于该提供者。通常多数的提供者都是比较有国际信誉的组织，所以该名单还是可以信任的。不过由于多数的黑名单服务提供者是国外的组织和公司，所以其提供的黑名单并不能有效地反映出国内的垃圾邮件情况，而且国外大多数 RBL 都对来自中国的 IP 有“歧视”，因此国内使用实时黑名单服务的邮件商很少。

优点：减少用户的工作量和设置难度，降低一定的误报率；

缺点：有的 RBL 提供方提供的黑名单过于强硬，范围过广。

实时黑名单实际上是一个可供查询的 IP 地址列表，通过 DNS 的查询方式来查找一个 IP 地址的 A 记录是否存在来判断其是否被列入了该实时黑名单中，如图 5-5 所示。

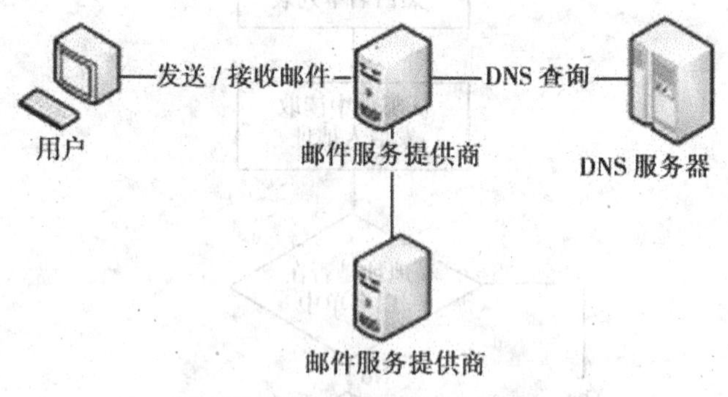

图 5-5　获取网络黑名单示意图

如果要判断一个地址 111.222.333.444 是否被列入了黑名单，那么使用客户端会发出一个 DNS 查询到服务器（如 cbl.anti.spam.org.cn），该查询是这样的：444.333.222.111. cbl.anti.spam.org.cn 是否存在 A 记录?如果该地址被列入了黑名单，那么服务器会返回一个有效地址的答案。按照惯例，这个地址是 127.0.0.2（之所以使用这个地址是因为 127/8 这个地址段被保留用于打环测试，除了 127.0.0.1 用于打环地址，其他的地址都可以被用来做这个使用，比如有时候还用 127.0.0.3 等）。如果没有列入黑名单，那么查询会得到一个否定回答。

RBL 具体工作流程参见图 5-6。

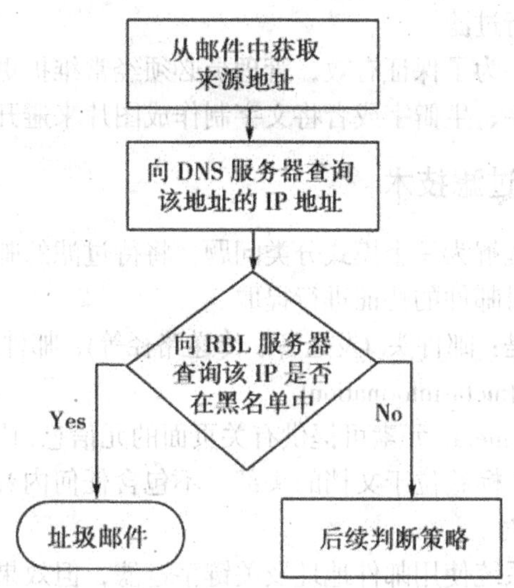

图 5-6　RBL 具体工作流程

由于查询结果不缓存，在邮件服务器非常繁忙时会导致查询响应迟缓。因此可以使用DNS区域传输，将黑名单数据传输到本地的 DNS 上，对本地 DNS 进行查询。区域传输可以设置为手工更新、定时更新或自动更新。

3. 分布式自适应黑名单技术

垃圾邮件是大量重复发送的，服务器上会有大量相同的邮件，而正常邮件包含相同内容的可能性很小。因此，分布式自适应黑名单技术基于这一点来区分垃圾邮件。

分布式自适应黑名单技术包括服务器和客户端两部分程序。客户端的任务就是将已收到的邮件内容生成该邮件的指纹，然后发往服务器，进行垃圾邮件的检查。而服务器上存储了一些已知垃圾邮件的指纹。当收到客户端发来的邮件的指纹时，根据邮件的指纹查询指纹库，看看邮件的指纹是否在指纹库中。如果在，可以认为是垃圾邮件，否则就是合法邮件。

5.4.2　基于关键字的过滤技术

根据电子邮件的信头及内容区域查找邮件中是否包含关键字库中的关键字。

关键词过滤技术通常创建一些简单或复杂的与垃圾邮件关联的单词表来识别和处理垃圾邮件。可以说这是一种简单的内容过滤方式，它的基础是必须创建一个庞大的过滤关键词列表。这种技术缺陷很明显，过滤的能力同关键词列表有明显联系，系统采用这种技术来过滤邮件的时候消耗的系统资源会比较多。并且，一般故意躲避关键词的技术比如拆词，组词就很容易绕过这类过滤。

这种技术是在邮件头、邮件主题行或者邮件正文中查找是否含有设定的关键字符来判断邮件是否为垃圾邮件，然后采取过滤措施。关键字符分为代表垃圾邮件类的关键字符和代表正常邮件的关键字符。关键字符可以是词、字符串或特定的符号等。这种技术简单易用。

但基于关键字符技术的邮件过滤器很容易误判。例如将“免费”作为过滤关键字，那么所有包括免费这个词的邮件都会过滤掉，不管这封邮件来自于谁。由用户自己检查垃圾邮件文件夹中的文件，防止漏掉重要的邮件，因此过滤器就失去了存在的意义。而且，为了适应垃圾邮件内容形式的不断变化，关键字符还需要不断地进行更新。

优点：简单直接地进行过滤。

缺点：容易出现误判。为了保证有效，管理员必须经常维护更新关键字库。垃圾邮件制造者也可以通过同音、拆字、生僻字或者将文字制作成图片来避开系统的过滤。

5.4.3 基于统计的内容过滤技术

垃圾邮件过滤，可以理解为一个模式分类问题，将待过滤的邮件分为垃圾邮件和正常邮件两个类别。因此，需要对邮件的特征进行提取。

邮件的特征来源通常是：邮件头 (发送者、传递路径等)，邮件正文，词组、短语，HTML编码 (如颜色等)，元信息 (meta-information)。

特殊短语出现的位置 (meta) 元素可提供有关页面的元信息，比如针对搜索引擎和更新频度的描述和关键词。(meta) 标签位于文档的头部，不包含任何内容。(meta) 标签的属性定义了与文档相关联的名称/值对。

原来的电子邮件过滤系统使用邮件地址及关键字过滤，但效果并不理想，而电子邮件目前用来过滤的内容主要还是文本信息，这样就很自然地将垃圾邮件过滤和第 3 章文本分类技术联系起来。下面给出基于贝叶斯统计的垃圾邮件过滤技术。它通过对邮件头部和邮件体中的单词进行概率计算，从整体上判断是否为垃圾邮件。

贝叶斯过滤技术的工作流程包括两个阶段：学习阶段和判别阶段。在学习阶段，要给出大量的垃圾邮件集合和正常邮件集合。过滤器从中提取对应的特征，通过一段时间的训练，开始为用户工作。在判别阶段，过滤器计算一封邮件为垃圾邮件的概率以及为正常邮件的概率，过滤后的结果分为正常邮件或垃圾邮件。它不同于规则过滤方法，不会仅仅因为邮件中的几个词语而简单粗暴地将其归类为垃圾邮件。

1. 学习阶段

（1）收集大量的垃圾邮件和合法邮件，建立垃圾邮件集和合法邮件集，参见图 5-7。

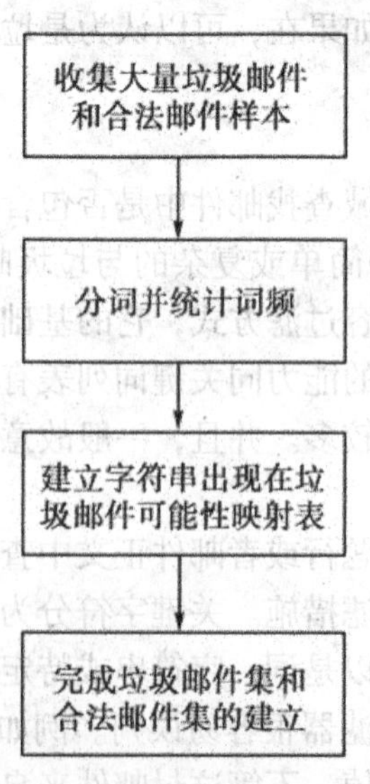

图 5-7 垃圾邮件/合法邮件集建立流程

（2）提取邮件主题和邮件体中的独立字串（例如ABC32，￥234 等）作为TOKEN串并统计提取出的 TOKEN 串出现的次数即字频。按照上述的方法分别处理垃圾邮件集和合法邮件集中的所有邮件。

（3）每一个邮件集对应一个哈希表，hashtable_good 对应合法邮件集而 hashtable_bad 对应垃圾邮件集。表中存储TOKEN串到字频的映射关系。

（4）计算每个哈希表中TOKEN串出现的概率

$$P=\frac{\text{某TOKEN串的字频}}{\text{对应哈希表的长度}} \tag{5-4}$$

（5）综合考虑 hashtable_good 和 hashtable_spam，推断出当新来的邮件中出现某个TOKEN串时，该新邮件为垃圾邮件的概率。数学定义如下：

A 事件——邮件为垃圾邮件；$t_1,t_2,\cdots,t_n$ 代表 TOKEN 串；则 $P(A|t_i)$ 表示在邮件中出现TOKEN串 t_i 时，该邮件为垃圾邮件的概率。令 $P_1(t_i)=(t_i$ 在 $hashtable\_good$ 中的值)，$P_2(t_i)=(t_i$ 在 $hashtable\_spam$ 中的值)，则有：

$$P(A|t_i)=\frac{P_2(t_i)}{P_1(t_i)+P_2(t_i)} \tag{5-5}$$

（6）建立新的哈希表 hashtable_probability 存储 TOKEN 串 t_i，到 $P(A|t_i)$ 的映射。

（7）垃圾邮件集和合法邮件集的学习过程结束。

2. 垃圾邮件的判定

根据建立的哈希表 hashtable_probability 可以估计一封新到的邮件为垃圾邮件的概率，参见图5-8。

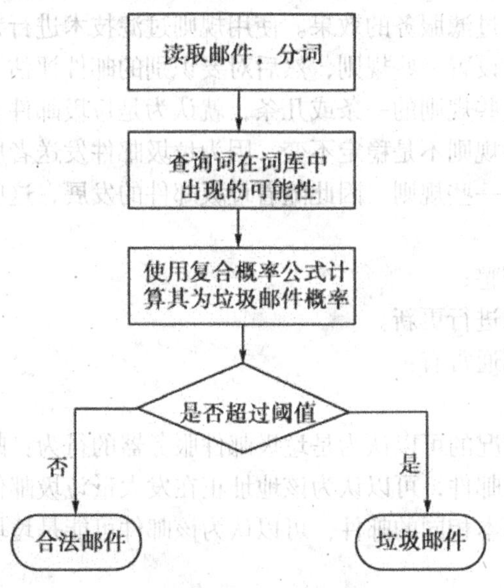

图5-8 垃圾邮件的判定

（1）当新到一封邮件时，生成TOKEN串。

（2）查询hashtable_probability得到该TOKEN串的键值。假设由该邮件共得到N个 TOKEN

串 t_i，hashtable_probability 中对应的值为 P_i。

（3）$P(A|t_i)$ 表示在邮件中同时出现多个 TOKEN 串 t_i 时，该邮件为垃圾邮件的概率。由复合概率公式可得：

$$P(A|t_i \cap t_n) = \frac{\prod P_i}{\prod P_i + \prod (1-P_i)} \tag{5-6}$$

（4）当 $P(A|t_i)$ 超过预定阈值时，就判断当前邮件为垃圾邮件。

基于统计的贝叶斯过滤技术可以在实用的过程中不断地自我学习，系统的特征库会随着已知邮件内容的变化而逐渐更新，不需要复杂的配置就可以自适应地进行过滤工作。

技术优点：动态，智能，时效性强，自适应性好，精度高。

技术缺点：需要用户干预，判别速度较慢，复杂度较高。

5.4.4 基于规则的内容过滤技术

基于规则内容过滤技术是通过检查邮件特征规则来进行垃圾邮件的判断。通过这些特征积累出一系列的判断规则，然后通过设定好的规则匹配一封新邮件是否为垃圾邮件。

为了避免单一规则的判断方式带来较高的误报，目前通过评分累计的方式来判断。根据每一条规则的垃圾倾向性的不同来设定一个分值，分数越高，垃圾邮件的可能性越高。例如，信头如果包含垃圾邮件发送工具自定义的内容，则可以给一个较高的分数等。

系统根据已经制定的规则库对新邮件进行检查，并根据各项对新邮件评分，根据最后的得分是否超过某一个特定的阈值来进行邮件分类。

规则过滤方法具有一定的实用性，特征的识别可以防止垃圾邮件的大规模发送、持续性发送和 DDoS 攻击，进而实现垃圾邮件的高效识别和过滤，提高整个系统的效率。只要调节总阈值，就可以调整整个过滤服务的效果。使用规则过滤技术进行判断可以相对快速的判断垃圾邮件。这种技术通过设置一些规则，然后对要识别的邮件评估了大量的模式，大多数是正则表达式。只要符合这些规则的一条或几条，就认为是垃圾邮件。使用这种技术最重要的是评定规则的更新。这些规则不是稳定不变。因为垃圾邮件发送者所开发出的产品和策略在不断变化，所以需要更新一些规则。因此随着垃圾邮件的发展，这些评定规则也必须发展，以跟上它们的步伐。

优点：方便，容易调整；

缺点：规则需要不断进行更新。

判定垃圾邮件的规则通常有：

（1）群发过滤

出现下面这些群发情况的可以认为是垃圾邮件服务器的行为：邮件服务器在较短时间内收到同一地址发来的大量邮件，可以认为该地址正在发大量垃圾邮件邮件；邮件服务器在一段时间内收到大量内容基本相同的邮件，可以认为该邮件可能是垃圾邮件。

（2）关键词匹配

定义一些反映垃圾邮件特征的关键词，如“代开发票”、“销售技巧”，等等。当邮件主题或者正文中出现匹配这些关键词的若干条时，就可以判定为垃圾邮件。

（3）邮件内容中的其他特征

例如：邮件中文字比较少，却有大量的超级链接；邮件正文中包含有大量的随机字符；

伪造的邮件头和自动执行的 JavaScript 等。还有些垃圾邮件在 html 格式正文中将大量的无敏感内容的文字设置为很小而几乎看不见的字体，而将较少的敏感内容设为正常字体，这样既可以保证邮件的视觉效果，又因为充斥着大量的正常文字，欺骗邮件过滤工具的检查。

基于规则的评分机制流程如下，参见图 5-9：

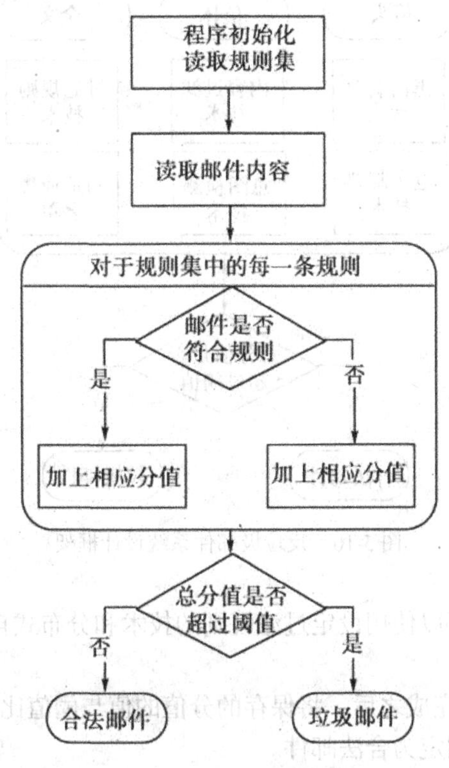

图 5-9　基于规则的评分机制流程

（1）程序初始化，从配置文件中读取规则集；

（2）读取要检测的邮件内容；

（3）从规则集中读取规则，运用规则扫描邮件内容；

（4）如果邮件内容符合规则，则将该规则对应的分数加入到该邮件的总分中；

（5）到规则其中的规则读取完成为止，将最后的邮件总分与用户设定的阈值进行判定。如果超出用户设定的阈值，就认为是垃圾邮件；

（6）对邮件进行病毒扫描，如果发现病毒，则认为是垃圾邮件；否则为是普通邮件。

根据反垃圾邮件系统设计框架要求（参见图 5-10），其具体实现是：

（1）从 SMTP 或者 POP3 中获取数据包，组装邮件；

（2）从配置文件中，获取邮件规则的优先级，按优先级调用信头分析、信体分析和全文分析模块，然后将所有模块的计算值相加记录到变量中；

（3）在信头分析中，可以使用黑白名单技术和电子邮票方案来判定垃圾邮件的可能性；

（4）在信体分析中，可以使用基于内容的过滤技术和意图检测技术来判定垃圾邮件的可能性；

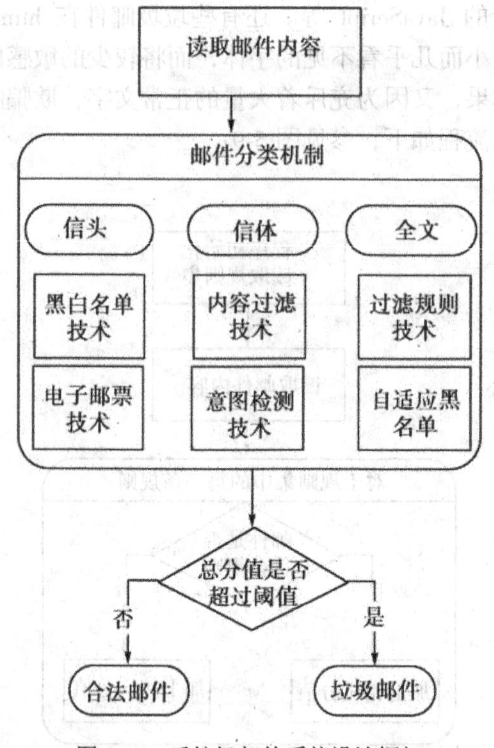

图 5-10 反垃圾邮件系统设计框架

（5）在全文分析中，可以使用设定过滤规则的技术和分布式自适应黑名单技术来判定垃圾邮件的可能性；

（6）当所有模块判定完成之后，将保存的分值的值与阈值比较，如果分值超过阈值时，则判定为垃圾邮件，否则判定为合法邮件。

整体上使用“基于规则的评分机制”，将各种判定垃圾邮件的方法都设定成各种规则，然后给予各种规则一定的分值。分值是按垃圾邮件的可能性设定的，如果垃圾邮件的可能性越大，给予的正分的分值越大。如果合法邮件的可能性越大，给予的负分的分值越大。如果希望规则不起作用可将分值设为零。这样就避免了对合法邮件的误判和对垃圾邮件的漏检。

5.4.5 基于行为识别的过滤技术

根据国际法规与 Internet 工程任务组 IETF 的文档，正常电子邮件通信行为需要满足以下三个条件：

（1）信封发件人信息，电子邮件发信一方需要提供正确的发件人地址，不可空白。

（2）信封收件人信息，邮件发信方需要填写正确的收件人信息，不可空白。

（3）发件人主机信息，邮件发信方需要表明真正发信主机信息，发件人地址、域名、IP 必须一致，不能伪造。

正常用户发送邮件时符合上述条件，行为识别技术通过正常邮件与垃圾邮件通信行为之间的对比，检测出异常邮件发送行为。

垃圾邮件在发送传输过程中时因具有“小偷”心理，导致其异常行为方式。常见的垃圾邮件发送行为有四种：

（1）邮件滥发行为：垃圾邮件发送者登录邮件服务器进行联机查询或投递邮件，尝试各种方式投递邮件，发件主机异常变动等行为。

（2）邮件非法行为：垃圾邮件发送者利用开启 OpenRelay 邮件转发功能的邮件服务器来发送邮件的行为。

（3）邮件匿名行为：发件人、收件人、发件主机或邮件传输信息刻意隐匿，使得无法追溯其来源的行为。

（4）邮件伪造行为：发件人、收件人、发件主机或邮件传输信息经过刻意伪造，经查证不属实的行为。

正确判别垃圾邮件的关键问题在于对邮件发送过程中的通信信息进行识别。

基于发送行为特征的过滤技术的研究是从邮件日志中入手，通过垃圾邮件发送行为特征的分析与统计，基于数据挖掘理论建立能够识别出垃圾邮件与正常邮件的行为识别模型以识别垃圾邮件[8]。具体方法流程如图 5-11 所示，包括以下几个步骤：

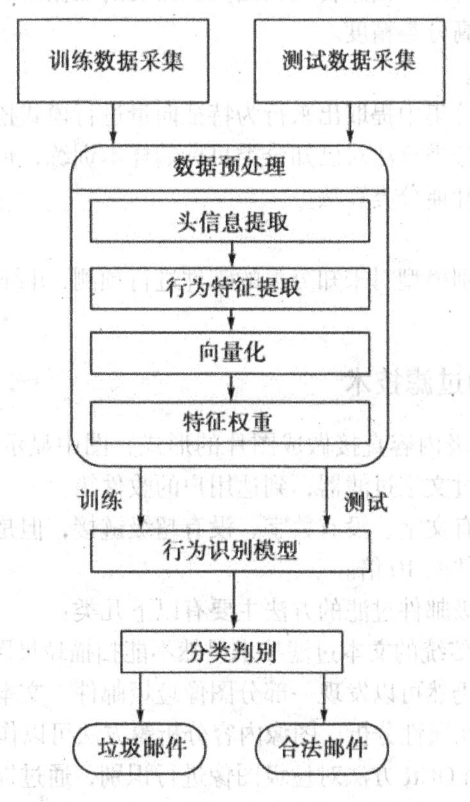

图 5-11　基于发送行为的邮件过滤技术方案

1. 数据采集

数据采集阶段是数据挖掘的基础工作，收集发送行为相关的数据信息。邮件日志包含了邮件发送行为数据信息，将收集到的邮件日志分为两个集合，分别为训练集、测试集。训练集合用于分类器的训练，称为训练样本，由行为特征向量和分类目标组成。测试集合用于行为识别模型的测试，对分类目标未知的测试样本进行预测。

2. 数据预处理

邮件日志是文本形式的非结构化数据，不易进行数据挖掘，需要对原始数据进行一定的处理。如何从邮件日志中提取发送行为特征，这部分工作定义为数据预处理。数据预处理是在数据分析和挖掘之前，为了满足分类算法对数据集的要求，对原始数据进行一系列必要的去噪、集成、变换等处理工作。数据预处理工作有利于数据挖掘，提高准确性。数据预处理结果的好坏直接影响了分类算法的最终结果。

常见的数据预处理方法有：数据清理、数据集成、数据变换和数据归约。数据清理主要是解决遗漏数据值、噪声数据、异常值等问题。数据集成是分析数据来自多个数据源时，需要将不同数据库中的数据集成到一个数据库存中。数据变换指将数据通过比例缩放、属性构造、聚集处理等方式转换为适合挖掘的形式。数据归约则是在不影响数据挖掘结果的前提下，通过压缩数据或其他方法表示等减少数据存储空间，提高数据挖掘的效率。

数据预处理工作分为四个步骤，首先是信头提取，完成数据集成；其次是发送行为特征提取，通过对数据变换，将邮件信息转变数据挖掘需要的数据形式，并将邮件向量表示；最后添加权重计算环节，提高分类精度。

3. 建立行为识别模型

选择分类算法对待训练集中提取出来行为特征向量进行模式挖掘，建立行为识别模型。训练也是学习过程，采用分类算法对已知分类目标的样本训练，形成分类器。通常选用支持向量机分类算法与朴素贝叶斯分类算法。

4. 测试

采用训练得到行为识别模型对未知分类的邮件进行预测，并统计分类结果，利用查全率、查准率评价分类效果。

5.4.6 图片垃圾邮件的过滤技术

图片垃圾邮件是将垃圾内容直接做成图片的形式，图中显示发布者想要传递的文本信息。通过图片的方式，绕过文字过滤器，到达用户的收件箱。

图片垃圾邮件大多没有文字、没有数字、没有超级链接，但是这类邮件的大小远远大于文字信息，是常规垃圾邮件的 10 倍。

到目前为止，图像垃圾邮件过滤的方法主要有以下几类：

（1）文本过滤方法。传统的文本过滤技术虽然不能扫描垃圾图像，但是通过分析邮件头和邮件正文的文字信息，仍然可以发现一部分图像垃圾邮件。文本过滤方法可以作为多层过滤器的第一层，OCR、图像属性分析、图像内容分析等方法可以作为其补充。

（2）OCR 方法。利用 OCR 方法对垃圾图像进行识别，通过提取垃圾图像中的文本信息实现图像垃圾邮件的过滤。垃圾图像制造者都想绕过 OCR 技术的扫描，随着 OCR 技术的逐步成熟，利用 OCR 技术依然可以发现一部分图像垃圾邮件。

（3）图像属性分析法。随着垃圾图像的增大，对图像内容进行分析会越来越困难。图像属性分析法是利用垃圾图像的简单属性（如文件大小、高度、宽度、高宽比等）进行垃圾图像的过滤。这种方法的优点是计算简单、快速，缺点是误判率比较高。

（4）图像内容分析法。图像内容分析法是利用图像的内容来识别垃圾图像，如利用图像中的文字信息，或利用图像的颜色、纹理、形状等特征。这种方法的优点是识别率高，缺点是计算量较大。

1. 光学识别技术

光学识别技术（Optical character Recognition），简称为 OCR，其功能是利用模式识别的算法，分析图片中文字的形态特征从而判别不同的字符。OCR 可以说是一种不确定的技术研究，正确率就像是一个无穷趋近函数，知道其趋近值，却只能靠近而无法达到，永远在与 100% 作拉锯战。因为其牵扯的因素太多了，图片质量、识别的方法、学习及测试的样本等等，多少都会影响其正确率。

OCR 的目的只是要把影像作一个转换，使影像内的图形继续保存、有表格则表格内资料及影像内的文字，一律变成计算机文字，使能达到影像资料的储存量减少、识别出的文字可再使用及分析。OCR 处理过程从影像到结果输出，须经过影像输入、影像前处理、文字特征抽取、比对识别、最后经人工校正将认错的文字更正，将结果输出。

（1）影像输入：即图片输入。

（2）影像前处理：影像前处理是 OCR 系统中问题最多的一个模块。从得到一个不是黑就是白的二值化影像，或灰阶、彩色的影像，到独立出一个个的文字影像的过程，都属于影像前处理。包含了影像正规化、去除噪声、影像矫正等的影像处理，以及图文分析、文字行与字分离的文件前处理。在影像处理方面，理论及技术方面都已成熟，市面上或网站上有不少可用的链接库；在文件前处理方面，影像须先将图片、表格及文字区域分离出来，甚至可将文章的编排方向、文章的提纲及内容主体区分开，而文字的大小及文字的字体亦可如原始文件一样的判断出来。

（3）文字特征抽取：单以识别率而言，特征抽取可说是 OCR 的核心，用什么特征、怎么抽取，直接影响识别的好坏，也所以在 OCR 研究初期，特征抽取的研究报告特别多。特征可以说是识别的筹码，简易的区分可分为两类：一类为统计的特征，如文字区域内的黑/白点数比，当文字区分成好几个区域时，这一个个区域黑/白点数比之联合，就成了空间的一个数值向量，在比对时，基本的数学理论就足以应付了。而另一类特征为结构的特征，如文字影像细线化后，取得字的笔划端点、交叉点之数量及位置，或以笔划段为特征，配合特殊的比对方法，进行比对，市面上的线上手写输入软件的识别方法多以此种结构的方法为主。

（4）对比数据库：当输入文字算完特征后，不管是用统计或结构的特征，都须有一比对数据库或特征数据库来进行比对，数据库的内容应包含所有欲识别的字集文字，根据与输入文字一样的特征抽取力一法所得的特征群组。

（5）对比识别：这是可充分发挥数学运算理论的一个模块，根据不同的特征特性，选用不同的数学距离函数，较有名的比对方法有，欧式空间的比对方法、松弛比对法（Relaxation）、动态程序比对法（Dynamic Programming，DP），以及类神经网络的数据库建立及比对、HMM（Hidden Markov Model）等著名的方法，为了使识别的结果更稳定，也提出专家系统（Experts System），利用各种特征比对方法的相异互补性，使识别出的结果，其信心度特别的高。

（6）字词后处理：由于 OCR 的识别率无法达到百分之百，为了加强比对的正确性及信心值，一些除错或甚至帮忙更正的功能，也成为 OCR 系统中必要的一个模块，字词后处理就是一例。利用比对后的识别文字与其可能的相似候选字群中，根据前后的识别文字找出最合乎逻辑的词，做更正的功能。

（7）字词数据库：为字词后处理所建立的词库。

结果输出：须看使用者用 OCR 到底为了什么？如果需要文本文件作部分文字的再使用之用，只要输出一般文字文件；如果需要与输入文件一模一样的结果，需要有原文重现功能；

如果注重表格内的文字，需要与 Excel 等软件结合。无论怎么变化，都只是输出档案格式的变化而已。

使用 OCR 光学识别技术，对含有图片的垃圾邮件进行文本识别，其流程参见图 5-12。识别出文本后，就可以使用前面给出的处理文本垃圾邮件的技术处理了。使用这种技术，关键的是 OCR 的识别率。如果 OCR 的识别率较低的话，垃圾邮件的识别率高不了。而且这种方法对分割型的图片垃圾邮件不能很好地处理。

图 5-12　使用 OCR 处理垃圾邮件流程

2. 图片指纹识别技术

借用"分布式自适应黑名单技术"的思想，利用垃圾邮件大量发送的特点，提取邮件中含有的图片的指纹信息，保存到数据库中。当含有相同指纹的图片出现的次数超过阈值时，就可以认为是垃圾图片，那么含有这幅图片的邮件就可以认为是垃圾邮件。这样即使图片内容的微小变化也不会影响到垃圾图片的判定。垃圾邮件图片指纹识别流程参见图 5-13。

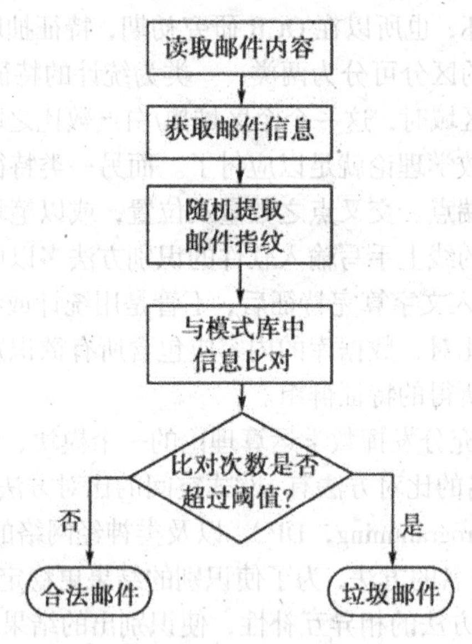

图 5-13　垃圾邮件图片指纹识别流程

5.4.7　基于过滤器的反垃圾邮件的局限性

采用过滤器技术进行垃圾邮件的识别，可以帮助我们来组织并分隔邮件为垃圾邮件和正常邮件，但是过滤器技术并不能完全阻止垃圾邮件，实际上只是在"处理"垃圾邮件。目前的垃圾邮件过滤器技术仍然存在局限，主要包括以下几个方面：

1. 过滤器可能会被绕过。垃圾邮件发送者和他们用的发送工具都不是静态的，他们也会很快适应过滤器。比如，针对关键字列表，他们可以随机更改一些单词的拼写，如将“强大”改为“弓虽大”或“强-大”。Hash-buster（在每个邮件中产生不同的HASH）就可以绕过hash过滤器。当前普遍使用的贝叶斯过滤器可以通过插入随机单词或句子来绕过。多数过滤器都最多只能在刚开始的几周内最有效，为了保持反垃圾邮件系统的实用性，过滤器规则必须不断更新，比如每天或者每周更新。

2. 误报问题。最头痛的问题就是将正常邮件判断为垃圾邮件。比如，一封包含单词sample的正常邮件可能因此被判断为垃圾邮件。某些正常服务器不幸包含在不负责任的组织发布的block list对某个网段进行屏蔽中，而不是因为发送了垃圾邮件（xfocus的服务器就是这样的一个例子）。但是，如果要减少误报问题，就可能造成严重的漏报问题了。

3. 过滤器复查。由于误报问题的存在，通常被标记为垃圾邮件的消息一般不会被立刻删除，而是被放置到垃圾邮件箱里面，以便日后检查。不幸的是，这也意味着用户仍然必须花费时间去察看垃圾邮件，即便仅仅只针对邮件标题。

目前更严重的问题是，人们依然认为过滤器能完全阻止垃圾邮件。实际上，垃圾邮件过滤器技术还有待继续发展和升级。在多数案例中，垃圾邮件依然存在，依然穿过了网络，并且依然被传播。除非用户不介意存在被误报的邮件，不介意依然会浏览垃圾邮件。过滤器技术虽然存在局限，却是目前最为广泛使用的反垃圾邮件技术。

防止垃圾邮件，必须结合当前多种邮件过滤技术，从服务器端、客户端以及网关等多方面入手，采取层层过滤的方法。在邮件服务器端应该避免转发，参考黑名单技术，从目标地址、源地址、网关地址等信息入手对邮件进行过滤，同时要保证正常邮件到达的稳定性和实时性；在网关上应采用基于硬件的邮件过滤系统，设备安置在路由器和服务器之间，扫描进入的邮件，尽量将垃圾邮件挡在网络之外，这样既保证了网络带宽，又减少了服务器的压力；客户端是防范垃圾邮件的最后一道防线，要彻底阻挡垃圾邮件，必须在客户端中加入过滤器。

未来客户端邮件过滤器，应具有用户个性化特征，能够自动捕捉新垃圾邮件标本，并依据新标本信息进行自动分析，以建立和升级基于用户个性的垃圾邮件特征代码库。无论采用哪一种过滤技术，都无法完全应对多变的垃圾邮件。未来反垃圾邮件技术在提高准确率的同时，还应该满足以下条件来适应各种网络：支持可游离于各种服务器之外的垃圾邮件过滤系统；支持用户发信认证功能；支持关键词、信源以及目标地址的过滤；支持智能触发过滤功能；保证正常邮件到达的稳定性和实时性；可自动关闭中转访问功能，以保证邮件服务器不被非法利用；可自动捕捉新的垃圾邮件样本，并根据新样本自动进行分析、建立、升级新的垃圾邮件特征代码库；可自动生成新的邮件过滤规则，以适应对新类型垃圾邮件的过滤需求；在邮件过滤出现错误或障碍时，能够自动或手动补救；能够有效地管理垃圾邮件包括对可疑信件进行阅读、删除，并能将可疑信件转发给固定的管理人员；可自动统计每天的转发信件以及拦截信件数量，并以此为根据，对系统容量、拦截率进行综合评定；支持基于Web的可集中管理和分布管理功能等；支持包括BIG5、MIME、Base64在内的多种编码方式，并能有效拦截这些非明码的编码信件；支持远程监督控制等。因此，要想彻底遏制垃圾邮件这一互联网毒瘤的发展，还有很多的工作可以做。垃圾邮件和垃圾邮件过滤技术这一对矛盾必将呈现螺旋式演进、长期共存。

5.5 本章小结

电子邮件是 Internet 上应用最广泛、最受欢迎的一项网络应用，由于技术漏洞和商业盈利的问题，垃圾邮件所带来的危害成为电子邮件内容安全需要研究的重要问题。本章对电子邮件的基本原理和概念进行介绍，并对垃圾邮件的概念和危害、反垃圾邮件历史以及现有的反垃圾邮件技术进行了概括性的介绍，依次对各类反垃圾邮件关键技术，包括：黑白名单技术、基于统计的内容过滤、基于规则的内容过滤，以及基于行为识别的过滤技术，并对图片垃圾邮件的过滤技术做了简单的介绍。

参考文献

[1] 中国互联网络信息中心. 第 29 次中国互联网络发展状况统计报告[R]. 北京：中国互联网络信息中心（CNNIC），2012.1.

[2] 陈孝礼. 基于改进 SVM 的垃圾邮件过滤系统研究与实现[D]. 济南：山东师范大学，2011.6.

[3] 卡巴斯基实验室. 2010 年第二季度垃圾邮件报告[R]. 莫斯科：卡巴斯基互联网实验室，2010.8.

[4] 中国互联网协会. 中国互联网协会反垃圾邮件规范[Z]. 北京：中国互联网协会，2003.2.

[5] 潘文锋. 基于内容的垃圾邮件过滤研究[D]. 中国科学院研究生院，2004.5.

[6] 李扬继. 垃圾邮件特征的判别模型研究[D]. 四川大学，2005.5.

[7] 王林平. 基于内容的电子邮件过滤系统的研究[D]. 电子科技大学，2010.11.

[8] 李新洁. 垃圾邮件行为识别技术研究[D]. 成都：西南交通大学，2011.6.

[9] 张焕国，王丽娜，杜瑞颖. 信息安全学科体系结构研究[J]. 武汉大学学报（理学版），2010，56（5）：614-620.

[10] Eric Chabrow. Cyber security's Bipartisan Spirit Challenged. June 28， 2010.

[11] 孙立立. 美国信息安全战略综述[J]. 信息网络安全，2009.（8）：7-10+35.

[12] 周学广， 张焕国， 张少武. 信息安全学[M]. 北京：机械工业出版社. 2008.

[13] 沈昌祥， 张焕国， 冯登国. 信息安全综述[J]. 中国科学 E 辑，2007，37（2）：129-150.

[14] 王枞，钟义信. 网络信息内容安全[J]. 计算机工程与应用. 2003，30：153-154.

[15] 李建华. 信息内容安全分级监管的体系架构及实施探讨[J]. 技术市场，2001（2）：22.

[16] 杨辉. 运用 PDCA 循环法完善信息安全管理体系[J]. 网络安全，2006（2）： 78.

[17] ISO/IEC 17799《信息技术——信息安全管理实施细则》，2000.

[18] 杨洪敏，张勇气，王龠. 基于 PDCA 的电信企业信息内容安全管理体系研究[J]. 信息通信技术，2010，6：19-23.

[19] 毕学尧. 从 2010RSA 看信息安全发展趋势[J]. 计算机安全. 2010，（3）：75.

[20] 马民虎，黄道丽. 互联网信息内容安全管理教程[M]. 北京：中国人民公安大学出版社，2007.

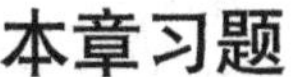

本章习题

1. 什么是电子邮件？
2. 电子邮件的格式标准有哪些？
3. 电子邮件的传输协议有哪些？
4. 什么是垃圾邮件？
5. 为什么会有垃圾邮件？
6. 垃圾邮件有哪些危害？
7. 邮件有哪些特征？
8. 垃圾邮件的模式识别分为几个过程？
9. 贝叶斯算法是什么？
10. 基于内容的过滤技术和基于关键字的过滤技术有哪些异同？优缺点？
11. 基于过滤器的反垃圾邮件技术有哪些局限性？

第6章 手机短信内容安全

手机短信是当今社会人们极为常用的一种交流手段，具有及时性、个性化等特点。本章针对手机内容安全进行介绍，第1节基于拓扑网络分析了手机短信的传播模型，第2节介绍了不良内容短信识别的步骤和方式，第3节介绍了短信热点话题分析技术。

6.1 短信传播模型

6.1.1 手机短信息

手机短信息（或者简称手机短信）是现今社会极为普及的一种信息传播方式。手机短信既可以指短信息本身，也就是被传送的客体，由短信发送者编写，包含需要被传输的消息，长度限制在140字以内。手机短信以手机终端为载体，通过无线传输通道在不同的用户间传输。传输既可以是点对点的，也可以是点对多点的，即群发短信。手机短信由客户端发送，经由短信服务商的存储和中转，传递到接收者客户端中。在网络通畅的情况下，手机短信对信息的传播具有即时性。此外，手机短信还可以指代手机短信服务，它是服务商为手机用户提供的短信发送、接收服务。

手机短信息的发展经历文本短信（Short Messaging Service，SMS）、增强型短信（Enhanced Message Service，EMS）和彩信（Multimedia Message Service，MMS）三个阶段。SMS是通常意义上的短信，MMS是多媒体短信，也就是能支持语音、图片和文字等多媒体文件的短信。而EMS则是这两者的一个过渡，只存在了较短的时间。

在讨论短信内容安全时，我们提到的短信均指SMS短消息。

6.1.2 SMS短信

SMS是最早产生也是目前最普及的一种短信业务。用户只需将需要表达的信息编写成文字短信，由手机客户端发出即可。相比其他通信手段，SMS短信因其易操作性、即时性和廉价性体现了明显的优势，受到广大用户的欢迎。

SMS采用存储——转发机制。用户发送的短信数据包由短信中心接收，再由短信中心转发给接收用户。如果接收用户处网络不通，则将该短信数据包存储于短信中心，直到该用户网络连通之后再转发出去。

SMS的工作原理包括短信传输系统、短信传输结构以及短信发送方式三部分组成，具体如下：

1. SMS短信传输系统

SMS短信传输系统是由移动业务交换中心（MSC）、短消息业务网关移动交换中心（SMS-GMSC）、本地用户寄存器（HLR）、访问者位置寄存器（VLR）和短消息服务中心（SMSC）

等部分组成的。它们之间的关系如图 6-1 所示：

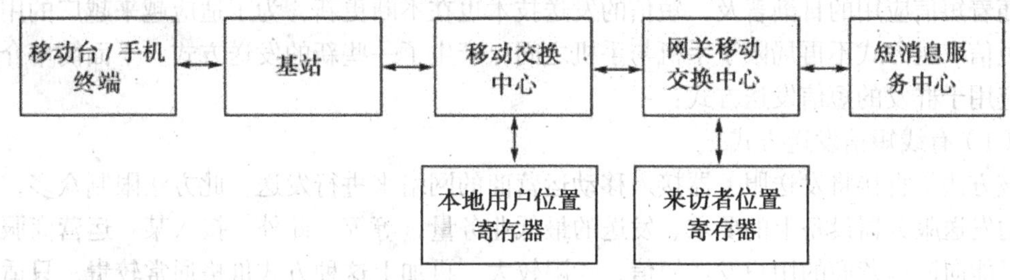

图 6-1　SMS 的业务结构图

各部分的含义和功能如下：

移动台（Mobile Station，MS）：移动通讯设备，如手机等，可以收发短消息。

基站（BaseStation）：负责在移动台 MS 和移动交换中心 MSC 之间传递信息。

移动交换中心（Mobile Switching Center，MSC）：负责系统切换管理并控制来自或发向其他电话或数据系统的拨叫。

短消息业务网关移动交换中心（SMS. GMSC：SMS-Gateway MSC）：接收由 SMSC 发送的短信，向 HLR 查询路由信息，并将短消息传送给接收者所在基站的交换中心。

短消息服务中心（Short Message Service Center，SMSC）：简称短信中心，负责在基站和 SME（短消息实体）间中继、存储或转发短消息。

本地用户位置寄存器（Home Location Register，HLR）：用于永久存储由 SMSC 产生的管理用户和服务记录的数据库。HLR 用于保存用户的永久信息，如国际移动用户识别号（IMSI），移动用户的 ISDN 号（MSISDN），还有用户目前正在漫游中的 MSC，VLR 号码，但 HLR 仅保留本地用户的信息。如在济南的 HLR 中只保存济南 GSM 用户的信息。还保存用户的动态数据，如开、关机的状态信息和目前处在哪个位置区（LAC）的数据等。

来访者位置寄存器（Visitor Location Register，VLR）：含有用户临时信息的数据库。交换中心服务访问用户时需要这些信息。VLR 可以保存本地区以外用户的数据，例如北京用户漫游到济南，在济南的 VLR 中就可登记，将数据暂存储在数据库中。

2. SMS 短信传输过程

如图 6-1 所示，当一条 SMS 短信从手机终端发出之后，这条短信的数据包就被传输到了基站（Base Station），基站再将数据传输给移动交换中心。这时由交换中心开始寻找需要的短信中心，将数据发送。此时短信中心就要确定接收端的手机终端。短信中心把短信转发到短消息业务网关移动交换中心，由它向目标接收端的手机终端所在位置寄存器询问路由信息，再将其反馈至合适的移动交换中心，最后通过移动交换中心将消息发送给接收手机终端。

我们知道，接收端手机有时候会处于漫游状态，因为本地手机终端信息和外地手机信息分别存放在本地位置寄存器和来访者位置寄存器中，如果手机终端漫游至外地，被访问的移动网就需要将短信路由至所在地的互联交换中心，再将短信传送给移动交换中心，最后由移动交换中心将消息传送至接收手机终端。

手机终端有时会出现网络无法连通的情况，如手机关机或者信号不足等，这时发送出的短信就将被存储在服务中心中，当手机网络重新连通，将发送消息给该服务器，服务器将存储的短信发送给收件人。

3. SMS短信发送方式

随着短信应用的日渐普及，短信的发送技术也在不断更新，为了适应越来越广的用户需求，短信发送方式不再局限于手机与手机之间，产生了一些新的发送方式。下面简单介绍几种可应用于群发的短信发送方式：

（1）有线短信发送方式

该方法是直接将发送服务器接入移动运营商的网络来进行发送。此方法限制众多，包括接入的发送服务器设备上的要求、发送的最低业务量，等等。此外，接入某一运营商服务器后，只能向该运营商的用户发送短信，受限较大。再加上这种方式价格通常较贵，只适用于大型企业。

（2）发送业务定制方式

一些中间运营商会为用户提供短信发送业务，用户可以定制这类业务。在与中间运营商达成协议后，当用户需要发送短信时只需接入中间运营商的短消息中心，将信息发出即可。与有线短信发送方式类似，用户同样会收到中间运营商的限制，只是成本相对较低，不稳定性也相对较大。

（3）电脑控制手机发送方式

这是目前使用较多的一种方法。用户使用电脑控制通过手机进行短信发送，这是目前比较常用的一种方式。所需硬件包括一款手机，提供GSM-MODEM功能，以及相应的数据线或红外线适配器。采用这种方法编码简单，只需对AT指令和串口编程比较熟悉就可以实现，硬件配置要求相对较低。这种方法简单易实现，在小型企业和个人用户中使用较为广泛。

（4）电脑终端发送方式

区别于上一种方式，这一种方式是直接利用电脑终端进行发送，不通过手机终端，电脑通过部署在互联网络上的短信网关进行短信发送。该方法不管是从设备还是操作性而言都是最简单方便的，只是对于互联网的依赖性较大，也是目前普及度较高的一种方式。

6.1.3 手机短信的传播特性

手机短信同时可以实现点对点和点对多点的通信，这就使得短信除了日常交流以外，也被赋予了信息传播的功用。不同内容的短信满足了用户的不同需求，也带来了不同的传播效果，并非所有的短信都存在着传播特性。为了更好地了解短信传播特性，首先从内容的角度，对短信的构成进行分析。

1. 短信构成状况

（1）个人短信

短信产生的最根本原因，就是为了如同电话一样满足人与人之间的即时沟通。因此，个人短信可以说是短信的最主要构成也是其初衷的体现。人们通过它来表达意愿、询问想法、传递信息、宣泄情感，等等。由于短信具有实时性和廉价性的特点，使得它成为现今人与人沟通交流的主要方式之一。由美国在线的特捷通讯公司与赛迪数据公司联合进行的针对中国手机用户短信使用趋势的全国性调查发现：短信已成为中国用户传递非正式信息的标准方式。调查显示，89%的被访者给朋友发短信，58%的被访者给家人发短信。此外，在23~35岁之间的被访者中，有55%的人每天发20条以上的短信。可见，个人短信已经成为了人们生活不可分割的一部分。

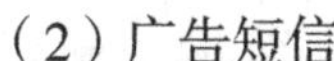

（2）广告短信

它与接下来的其他若干种构成类型一样，是短信产生之后在使用的过程中逐渐被发现的功能。相比于传统广告只能投放于公开的场合试图吸引可能看见的用户不同，短信广告因为其点对多点的特性，决定了它具有较强的针对性。与传统媒体广告相比，短信广告最大的优点在于信息的针对性。短信广告可以实现定向传播，直接将广告信息送到目标消费者手中，这是任何传统媒体广告所无法企及的。正是由于这一点，短信广告日益受到移动运营商、手机信息供应商和越来越多的广告主的青睐。然而，由于目前我国短信市场缺乏必要的监管措施，运作上还很不规范，许多企业和信息供应商在利益的驱使下发布虚假广告来欺骗手机用户，使用户蒙受巨大损失，从而导致人们对短信广告产生厌烦情绪。此外，由于短信广告还存在数量过多、质量过低等问题，更加重了人们对这种广告形式的反感。因此，如何规范短信广告市场、提高短信广告质量，转变人们对短信广告的看法，从而真正发挥短信广告的传播优势，将成为短信市场健康发展的一个关键性问题。

（3）互动短信

手机短信的问世，较好地弥补了广播、电视等传统媒体缺乏互动的状况。现在，无论我们看电视，还是听广播，都可以通过发送短信的方式参与到节目当中。这种即时的互动性不仅满足了受众的主体参与意识，而且为各类节目赢得了稳定的受众群体和可观的经济收入。据统计，2005年湖南卫视的“超级女声”短信收入占其总收入的一半左右。从目前这种互动的情况来看，广播与短信的互动是比较深入的，而电视上的短信互动主要集中在投票和竞猜等方面，尽管有些新闻和评论类节目也会邀请观众通过短信参加讨论，但这种讨论在整个节目中所占的比例是比较少的，还不能影响到整个节目的进程。可以说，现在电视上的短信互动从总体而言还处于初级阶段，有待于进一步挖掘和深入。

（4）官方短信

这类短信尽管量少，却是值得关注的新动向。短信自问世以来，这种独特的传播手段引起了各方的关注，却似乎唯独没有引起官方的注意，它始终被排除在官方信息发布的渠道之外。但是，哈尔滨市全市停水期间的政府短信公告却打破了这个局面。由于吉林石化双苯厂爆炸对松花江水体造成污染，哈尔滨市于2005年11月22日至26日全市停水四天。在这四天中，哈尔滨市市政府正式启用手机短信作为官方信息发布渠道之一，每天通过短信向广大市民发布市政府关于水质监测的动态消息，使市民及时、准确地了解情况，最大限度地保证了人们的知情权。实践证明，通过发布短信公告，不仅减轻了人们的恐慌心理，而且使政府的公信力得到提升，可以说这是一次非常成功的尝试，值得其他政府部门借鉴。

（5）垃圾短信

垃圾短信目前已成为人人喊打的社会公害之一，这类短信是最让手机用户感到头疼，但却又是不得不提的，因为它确实在短信市场占有一定的比例。垃圾短信主要是一些不法分子利用短信群发器向手机用户发送的诈骗性信息，内容主要是中奖、买马、刷卡等。垃圾短信如此猖獗的原因在于：一是由于国家相关法律和政策的缺失，这就为短信市场的健康发展埋下了隐患，也为不法分子提供了可乘之机；二是群发短信低廉的传播成本和巨大的网络效益，不法分子看中的正是短信群发中所潜藏的巨大的利润空间。目前，垃圾短信已经引起有关部门的重视，鉴于治理过程中的法律缺失，继《关于规范短信息服务有关问题的通知》后，信息产业部正在联合公安部等其他部委制定《通信短信息服务管理规定》。有了法律依据，相信垃圾短信的治理工作一定会取得预期的效果。对于垃圾短信的识别和过滤，在本章后续部分会有较为详细的说明。

2. 短信传播特性

短信为用户提供的是一种更加自由、更加详尽、角度更多、时效性更好的服务。在传播学中，对于传播效果的定义是："传者发出的讯息，通过一定的媒介渠道到达受众后，所引起受者的思想与行为的变化。"而手机短信的传播效果是非常惊人的，特别是在对 2003 年广州非典的流言信息的传播调查分析中，手机短信在流言的传播中的作用仅次于网络，成为非主流信息渠道中流言抵抗力最弱的一个。2003 年 2 月 8 日中午起，"广州发生致命流感"的信息开始以手机短信和口耳相授等形式传播。广东移动的短信息流量统计显示为：2 月 8 日，4000 万条；9 日，4100 万条；10 日，4500 万条。可见，短信的传播对用户的日常生活和社会的安定都有很大的影响。

短信的普及率如此之高，对人们生活的影响如此之大，离不开短信的传播特性。以下内容为短信较为显著的特性：

（1）便捷性

从使用条件的角度看，手机短信最大的优势就在于"便捷"上，这种便捷性主要体现在信息发送与接收是随时随地的。与传统媒体的接收设备相比，手机作为一种移动设备具有体积小、携带方便的特点，加之短信编辑简单、发送及时，因而具有很强的时效性。这样，短信的传播活动就突破了时空的限制，具有很强的灵活性。

（2）交互性

从传播过程的角度看，短信传播具有很强的交互性。所谓交互性，是指传授双方信息交流的互动性传播。信息的传播行为是一种主体性的实践活动，在这个过程中，无论是传者、还是受者都是一种具有自我意识的主体性存在，因而传播效果的优劣最终将取决于传授双方的互动程度。手机短信类似于人际传播的双向传播模式，传授主体发生了深刻的变化，改变了传统媒体单向传播的弊端，使信息传播具有了双向交流的性质，从而提高了传播活动的质量。

（3）定向性

从传播对象的角度看，手机短信是一种针对性很强的定向传播活动。这种定向性是通过两个方面实现的：首先，传播者在发送手机短信时有明确的目标对象，即这条短信是要发给谁的；其次，在接收信息时，只有目标对象的手机会接收到此条信息，而并非所有的手机用户，这与传统媒体的信息接收方式形成了鲜明的对比。传统媒体信息一旦发出，无论传播者的主观意愿如何，拥有接收设备的受众都可以分享它，这样很难保证信息传达的针对性。

（4）个性化

从传播内容的角度看，手机短信具有明显的个性化特征。首先，手机短信的传播主体多是非组织化的大众，他们根据自己的兴趣、爱好来编发短信，从而给短信打上了明显的个人印记；其次，随着技术的发展，手机短信不仅可以发送文本信息，而且可以传送包括图像、声音等形式的信息内容，这种多媒体形式为手机短信的个性化发展提供了强有力的技术支持和充分保证。

总之，手机短信作为一种文化介质，承载着越来越多的文化传播功能，短信文化逐渐渗透到社会生活的各个方面。短信对于社会的影响是巨大的，作为一个文化与艺术的媒介，它的出现宣告了一个新的媒体时代的到来，成为一种新兴的社会文化现象。为了进一步研究短信对于人们生活的影响，本章从拓扑网络的角度，结合发送者和转发者的行为，来研究短信

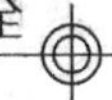

的社会性，分析短信的传播模型。这也为我们解决其他短信相关问题提供了基础和方向。

6.2　不良内容短信识别

6.2.1　不良内容短信简介

1. 不良内容短信定义

不良内容短信，也就是通常所说的垃圾短信，目前还没有一个特定的定义。普遍认为，用户未定制过的包含有欺骗、色情等内容并且是用外地手机或小灵通为发送号码的短信，视为不良内容短信。对于一般手机用户来说，所有并非自己希望接收的，都可称之为垃圾短信，即不良内容短信。

不同的运营商对不良内容短信也有各自的定义，移动、联通、网通三大运营商分别都有自己对不良内容短信的定义。

移动依据《电信条例》反对不良内容短信划定出 9 个标准：

1）违反宪法所确定的基本原则的；

2）危害国家安全，泄露国家秘密，颠覆国家政权，破坏国家统一的；

3）损害国家荣誉和利益的；

4）煽动民族仇恨、民族歧视，破坏民族团结的；

5）破坏国家宗教政策，宣扬邪教和封建迷信的；

6）散布谣言，扰乱社会秩序，破坏社会稳定的；

7）散布淫秽、色情、赌博、暴力、凶杀、恐怖或者教唆犯罪的；

8）侮辱或者诽谤他人，侵害他人合法权益的；

9）含有法律、行政法规禁止的其他内容的。

凡是所群发的短信含有上述内容，以及用户认定受到骚扰，或有不良信息的就是不良内容短信。

投诉是联通判断不良内容短信的主要参考标准，只要有多个用户投诉反映对其造成骚扰的，经核实不论内容是否违法违规将一律视为不良内容短信。

网通则从流量监控方面定义不良内容短信：经监控日发送流量远超过正常发送量（每日发送短信量在万条以上）的，不论短信内容是否违法将一律视为不良内容短信。此外，未依法经工商管理部门审核给予广告发布资格的 SP 所群发的内容涉及反动、淫秽、违法的短信，或是一些特价机票、旅游、二手房等短信其并不违法，却被反映造成扰民的，也被视作不良内容短信。

2. 不良内容短信的特征

为了准确地进行不良内容短信的识别并有效地进行不良短信的过滤，需要对不良内容短信的特征进行总结和分析。根据运营商提供的数据，主要包括如下特征：

从网络角度，发送者和接受者之间不存在社会网络关系，不符合正常的短信传播模型；

从短信回复率角度，正常用户发送短信的回复率在 50%以上，这体现了人与人之间沟通的双向性，而不良内容短信回复率极低，基本不超过 1%；

从用户行为角度，不良内容短信发送时，一般会把目标号码进行排序，所以同一时间点上收到不良内容短信的接收号码之间相关性很高。同样地，不良内容短信发送时，会将同一内容的短信在短时间内大量发送；

从发送者心理角度，手机号码发送的不良内容短信会尽量用最小的成本实现最大的信息发送量，这样就带来若干现象：如不同运营商的用户号码只发送给同一运营商的号码，发送号码基本不存在语音通话费用；一条短信尽可能多地包含信息导致字数接近 70 字要求等。

以上是不良内容短信比较普遍存在的一些主要特征，通过这些特征，可以有效识别和过滤不良内容短信。

3. 不良内容短信的内容类型

目前手机中存在的不良内容短信问题已经达到了泛滥的程度，内容和数量非常庞大，种类繁多。根据系统运行时客服中心对用户收到的不良内容短信进行的分类统计，结果显示：不良内容短信类型中以商品广告、服务类的短信居多，占 67.7%；黄色不良内容短信，占 20.3%；诈骗、欺骗类短信占 12%。在广告类短信中，以推销新产品和服务、商场开业为内容的占 35.84%；其次是代开发票、代办车牌以及各类证件发放，占 31.98%；再次是倒卖黑车、枪支弹药、高利贷等短信，比例为 18.19%。在欺诈、欺骗类短信中，以手机号码中奖和银行卡诈骗为最，分别占 47.43%和 26.37%。随着运营商监管力度的变化，各类不良内容短信的比例也会发生相应的变化。

根据不良内容短信发送的号码来区分，不良内容短信还可以分为点对点不良内容短信（发送号码为手机号码）、网关不良内容短信（发送号码为接入号）。其中点对点不良内容短信还可以进一步分为网内点对点不良内容短信（发送号码和接收号码同属于一个移动运营商）、网间点对点不良内容短信（发送号码和接收号码属于不同的两家运营商）。

6.2.2 不良内容短信的发送方式

通常而言不良内容短信具有两种发送方式：手机端口发送不良内容短信和网络端口发送不良内容短信。

手机端口发送不良内容短信多是通过端口复制机将电脑与手机或手机模块链接起来，通过电脑编辑短信内容，经由端口复制机，控制手机或者手机模块进行发送。每个手机或手机模块每分钟能发送 6~10 条短信，总速度取决于链接的手机或手机模块的数量，此类短信的发送实质上仍然是手机进行的短信发送，要占用运营商大量的无线资源。此类短信在接收到短信的用户看到的是普通手机号码发送的，但号码无法打通。此类短信的发送原理如图 6-2 所示。

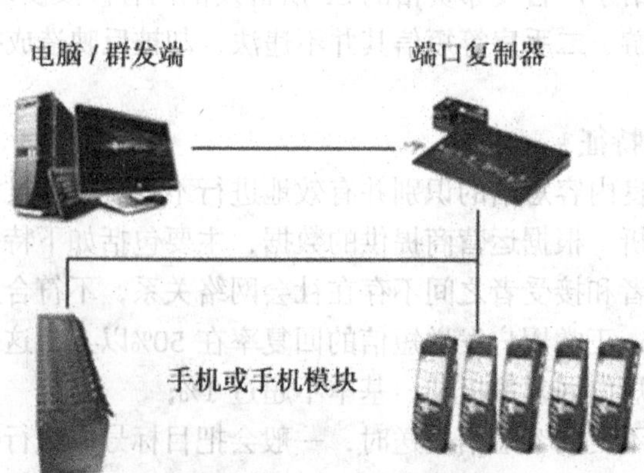

图 6-2　通过手机端口发送不良内容短信示意图

网络端口发送不良内容短信采用的群发方法为接入运营商网关，或者直接采用电脑客户端进行发送，参见图 6-3 所示。该方法具有发送速度快，发送量大的特点。用户收到这类短信时显示的短信发送号码是一个短信接入号，如果是 SP 的诱骗短信，直接回复时容易被订购上某一项 SP 业务。

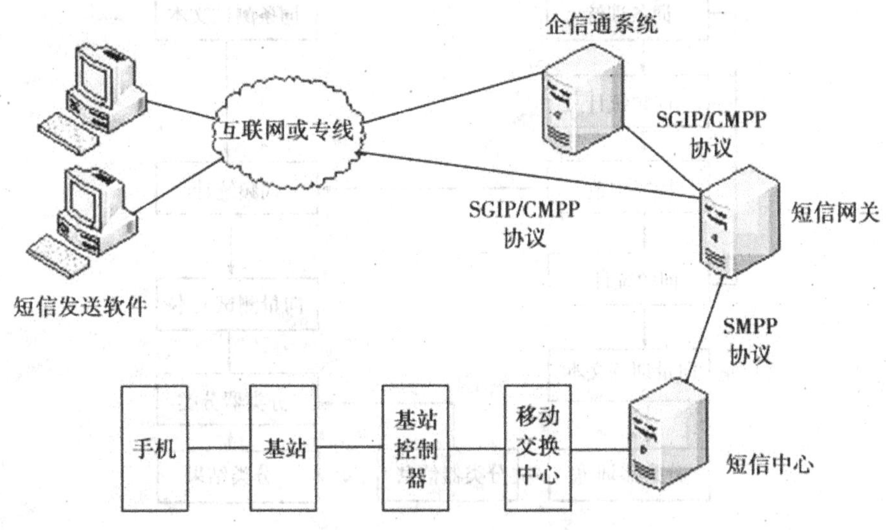

图 6-3　通过短信网关发送不良内容短信示意图

6.2.3　基于短信内容的识别技术

如今，几乎每个手机用户都要面对大量的不良内容短信的骚扰，因而垃圾短信的准确识别和有效过滤也就成了当务之急，而文本分类技术则是不良内容短信识别的核心技术。

文本分类技术的应用很广泛，如新闻网页的分类，科技文献的分类，电子邮件的分类和短消息分类识别，等等。从本质上说，判定一条短信是不是不良内容短信也可以看作一个文本分类问题。因此，文本分类的很多方法都可以直接应用到短信监控和过滤系统中来。文本分类的基本流程如图 6-4 所示。

一般而言，文本分类可以分为三个主要的部分，即特征构造，分类器训练以及分类器在线分类。特征构造可以参阅第 3 章文本内容安全，本章不再详述。

分类器训练是文本分类的中心，在构造好向量特征之后，就可以选择特定的学习算法对已知的文本样本进行学习，构造分类器。通常可以选择的分类器有决策树，神经网络，贝叶斯方法，支撑机等。由于分类器的构造是文本分类的核心，因此分类器性能的优劣直接决定了文本分类的效果。

分类器的在线分类是文本分类的目标，即对新的文本内容，经过同样的分词和特征提取后，输入到训练好的文本分类器中，并获得当前文本内容的分类过程。

由于分类器训练是文本分类的核心，分类器的可选择的算法和技术很多，在前面章节也已经对分类技术有了详细的说明，这里介绍两种简单的分类方法。

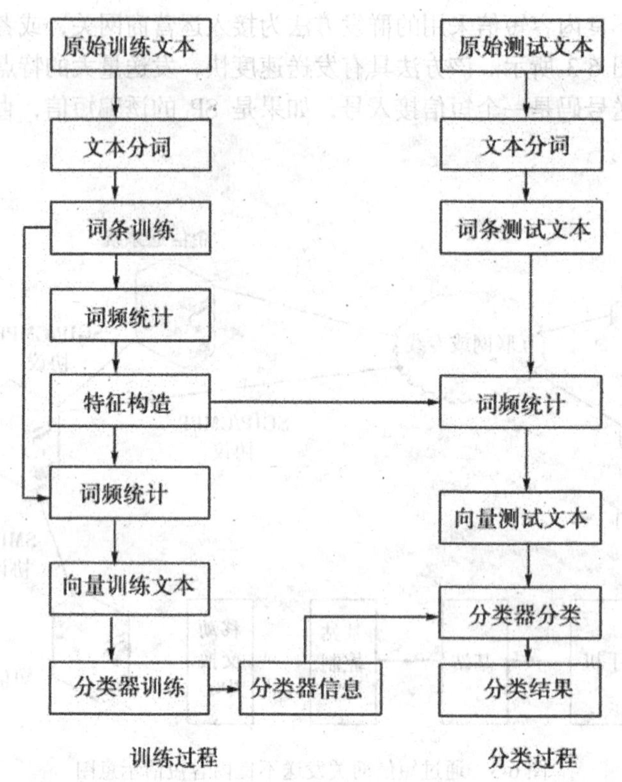

图 6-4　文本分类的基本流程

1. 决策树

决策树算法是一种逼近离散函数值的方法。它是一种典型的分类方法，首先对数据进行处理，利用归纳算法生成可读的规则和决策树，然后使用决策对新数据进行分析。本质上决策树是通过一系列规则对数据进行分类的过程。它具有分类精度高、生成模式简单和有较好的鲁棒性等特点。

决策树构造可以分两步进行。第一步，决策树的生成：由训练样本集生成决策树的过程。一般情况下，训练样本数据集是根据实际需要有历史的、有一定综合程度的，用于数据分析处理的数据集，也可称为训练过程。第二步，决策树的剪枝：决策树的剪枝是对上一阶段生成的决策树进行检验、校正和修剪的过程，主要是用新的样本数据集（称为测试数据集）中的数据校验决策树生成过程中产生的初步规则，将那些影响准确性的分枝剪除，也可称作测试过程。

2. 神经网络

人工神经网络，是一种从人脑生理结构研究衍生出来的信息处理的数学模型，通过模拟神经元的工作来模拟人脑的学习行为。它被广泛地应用于神经科学、数学、统计学、物理学和计算机科学等。神经网络的文本分类器是一个单元网络，其中输入单元链接单元的边的权重表示依赖关系。对一个待分类文本，将它的特征权重输入到输入单元，这些单元通过网络向前传播，最后输出单元的值就代表分类的结果。

典型的神经网络的学习方法是后向传播法。后向传播通过迭代地处理一组训练样本，将每个样本的网络预测与实际知道的类标号比较，将比较结果反馈到网络的前层单元中，然后

修改单元之间的权重，使得网络预测和实际类之间的均方误差最小。

6.2.4　基于用户的识别

除了通过文本内容识别来进行针对短信本身的过滤，还可以通过用户识别进行针对用户的短信过滤，这样，被认定为不良内容短信发送用户所发送的短信将全部被屏蔽。最常见的是黑白名单技术，此外还有基于社会网络的用户识别技术。

1. 黑白名单技术

黑白名单技术是最易理解的基于用户识别技术，它主要是根据发送短信的号码来进行判断。黑名单中的用户发送的一切短信都将被屏蔽，而相对地，白名单中的用户发送的一切短信都将通过。一般情况下白名单的优先级高于黑名单，但也可以人为调整。

当一条新的短消息被发送至手机终端，终端提取短信的发送号码，与白名单进行比对，如果存在则默认为合法短信直接放行，如果不存在则进一步与黑名单比对；如果存在黑名单中，则默认为不良内容短信直接拦截；如果不存在，则判断是否在手机存储的通讯录中，若存在，便直接放行，反之则进行进一步的过滤识别来判定是否为不良内容短信。

黑白名单技术优点在于简单高效、处理速度快、系统资源消耗小，易于实施；缺点是需要手动维护黑白名单列表，同时需要及时更新列表的名单，最主要的缺点在于它拦截所有黑名单中发来短信，但是黑名单中用户也可能发送的不是不良内容短信。同时，不加鉴别地接收所有白名单发送来的短信，这其中也可能有不良内容短信。因此，黑白名单技术通常作为一种补充手段。

号码黑白名单机制是根据发送方的手机号码来实现过滤的。对白名单中的号码发送的短信，系统将不进行任何的监控过滤，而是直接放行；而对于黑名单中的号码发送的任何短信，系统都要进行拦截，禁止其下行。通常白名单中的号码均为短信中心管理人员手工加入；而黑名单中的号码既可通过手工加入，亦可由不良内容短信监控系统根据实时监控情况自动加入，主要依据为发送短信的速度、数量和内容。在实际系统中，往往还会引入黑名单有效期的概念，即经过一段时间后，号码将自动退出黑名单列表，这样可在最大程度上避免系统误判对手机用户造成的不便。现有系统中，自动生成黑名单的方法主要有如下两种：

（1）话单分析机制

话单分析机制是将计费服务器上的原始话单文件作为统计数据源，不良内容短信监控服务器不断扫描计费服务器，下载最新的原始话单记录到本地，由统计模块定时扫描本地工作目录，根据原始话单文件的先后顺序进行分析，统计各号码在一定时间段内的起呼信息条数和发送成功率，超过某域值时则认为该号码为可疑用户，并提交给操作人员判定是否需将该号码加入黑名单。

该机制的优点在于实现简单，对原有系统的影响很小，基本不用改造原有的短消息中心；最大的不足是该方案采用了后处理方式，从短信发送到话单采集存在时间差（超过15分钟），而不法分子可利用这个时间差，通过大量复制SIM卡的方式，发送数以万计的不良内容短信。

（2）在线自动监测机制

在线自动检测机制也有两种实现方式，一种方式是改造现有的短信中心，在其中增加不良内容短信分析处理模块，为提高处理速度，该模块必须在内存中实时运行；另一种方式是通过“监听”现有短信中心的方式进行监测，发往短信中心的短信被旁路到不良内容短信监测系统（最常用的方法是通过交换机的另一端口输出一个备份短信，该技术也叫SPAN技术），监测系统对短信进行实时分析，一旦判定短信发起方正在发送不良内容短信，则马上把该发送号码送入短信中心的黑名单列表中，阻止它的发送。

旁路方案的优点是对现有系统不产生任何影响，仅仅通过“旁听”的方式实现，不需要现有系统作任何配合和改变，易于实施。而改造短信中心的方法实施难度较大，一般只能由原 SMSC 的厂商来实施，而且容易对现有系统构成一定的风险。

从上述分析可以看出，短信中心接收到的短消息有几个主要特点：短信数量大、短信文本长度小、具备某些发送动作特征（如发送频率等）。而现有方法存在的主要问题可以归结为效率低（实时性低）、准确性差两个方面。此外，在与运营商的合作过程中，我们了解到一个优秀的不良内容短信过滤系统对如下几方面性能要求很高：

误判率：主要考量正常短信被判定为不良内容短信的比例，该指标越低越好。

拦截率：主要考量不良内容短信被正确判定和拦截的比例，该指标越高越好。但要注意的是，该指标是建立在保证正常短信低误判率的基础上的。

零维护：零维护是指短信网关能完全自动工作，无需人工添加过滤规则。

2. 基于社会网络的用户识别技术

为了有效地过滤掉用户短信发送过程中的不良内容短信，就必须先了解对应的不良内容短信发送模式，分析和获取其发送的普遍模式和规律，并据此制定相应的过滤算法。

本节从两个方面对不良内容短信发送用户的网络特性进行分析，分别是不良内容短信发送用户与其对应的语音通话网络之间的关系和不良内容短信发送用户的短信回复比例。

从不良内容短信发送的目的性分析，其发送对象多为匿名发送，即发送者与接收者之间不认识。故在网络特性中表现为短信发送者与接收者之间几乎很少存在语音通话记录。

统计数据表明，绝大多数短信网络中的发送关系都能够在通话网络中找到一条在三条之内的路径。由于统计采用的数据中包含的不良内容短信发送节点数目非常低，仅仅占到整个网络的 1%不到，因而其对统计结果的影响较小，故以上特性可以认为是普通用户的短信网络所具有的。

同时，由于不良内容短信发送的多为广告或反动、色情内容，一般正常用户收到不良内容短信后基本不会回复（不排除仍然有极少部分用户回复的可能）。因而可以从用户的短信发送回复情况上予以考虑不良内容短信发送者的行为模式。图 6-5 中给出了正常用户和不良

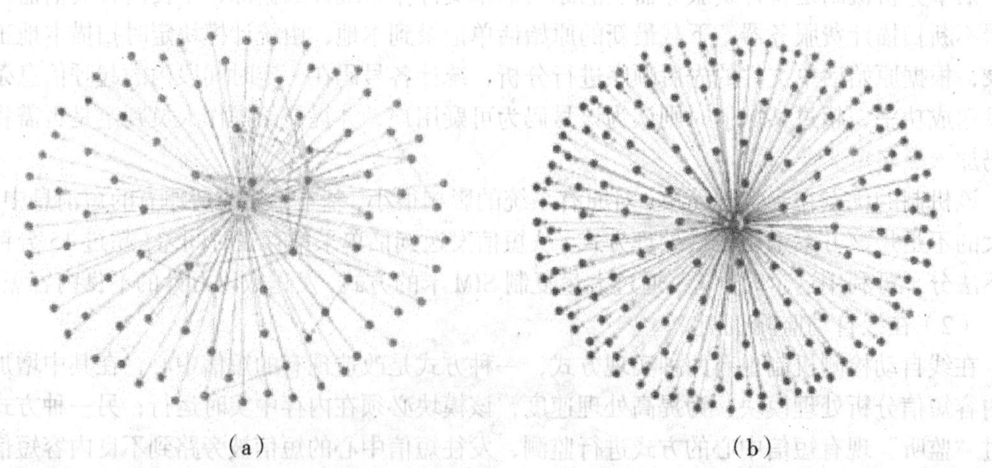

图 6-5 正常短信和不良内容短信发送情况（a）正常用户，（b）不良内容短信用户

内容短信发送用户的短信发送/回复网络图。从图 6-5（a）中可以发现图中绝大部分都是双向边，仅仅存在极少部分的单向边。这一现象是由于正常用户发送短信对象基本上都会有回复行为，即源节点和目的节点间建立的是双向链接，而仅仅有少部分发送对象没有回复，分析后发现，此部分所占比例极低的节点没有回复的原因可能是用户发错或者是回复的延迟（本节使用数据中仅包括一个月的数据）。可以明显地发现图 6-5（b）中双向边的比例非常低，绝大部分是单向边。因此，我们也能逆向地进行判断，缺乏双向关系的网络通常为非正常网络，那么该网络的中心节点很有可能为垃圾短信发送节点。

6.2.5　现有不良内容短信识别方法的缺陷

1. 网络端发送短信识别能力不足

相对于手机端发送的短信，网络端发送短信具有如下几个特征：

（1）短信发送速度快，频率范围宽

由于此类短信发送端是通过电脑上的软件实现，一般来说用户可以同时指定一批接收用户群发，其发送速度非常快。而且由于使用用户的多样性，包括个人用户和单位用户，也造成了此类短信的发送频率范围也非常宽，无法采用发送频率的限制来过滤不良内容短信识别不良内容短信发送用户。

（2）无社会性特征，用户一般也不会回复

通过网络端软件发送短信的用户群体除了部分普通手机用户之外，还有相当多的用户为银行、证券、大型企业等集团型用户。对于此类用户群发的短信除了数量多、发送频率快之外，往往接收用户之间也不存在可观测的社会关联性特征，如银行、证券的客户之间一般往往都是互不认识的，其通过此类端口发送的短信号码之间也不会有通话记录。因而上面章节中提出的基于社会网络的方法在此种情况下是不适用的。

（3）可供分类识别的特征少

网络端发送的短信由于发送频率，发送短信号码等特征都无法作为不良内容短信的依据，且限于短信传输内容长度的限制，分词后可作为识别的特征少。

基于上述几个原因，网络端发送短信的不良内容短信识别难度很大，也是目前重点研究的方向之一。

2. 现有短信中心过滤算法及其不足

在现有的短信中心、短信网关等节点中，目前主要有两种机制实现短信息的监控和过滤：内容关键字过滤机制、号码黑白名单机制。其中，内容关键字过滤机制中的内容（关键字）主要依靠人工添加的方法来实现，尚无法实现自动添加。号码黑名单的生成可分为手工添加、实时自动生成和准实时自动生成等方法；号码白名单主要通过手工添加的方法来实现。下面结合网络端发送短信的特点说明上述两种机制在应对此类短信时的不足之处。

（1）内容关键字过滤机制

内容关键字过滤机制的优点在于其原理和实现方式都较为简单，应用成本较低。但该机制存在一些重大的局限性：一是关键字选取难度很大，仅通过关键字匹配很难判断出短信的内容合法性，因此很容易造成误判；二是不法分子很容易通过各种方法绕过关键字列表，对此类短信而言，关键字过滤机制形同虚设。下面以“不良短信”为关键字，对不法分子常见的躲避手段进行分析：

· 同音字替换——比如用“不凉短信”代替；

· 拼音替换——比如用“Bu Liang Duan Xin”代替；

· 敏感词组夹杂其他字符——比如用“不/良/短/信”；

此外，针对数字和字母（以“10159”为例）还有如下的躲避手段：

·全角替换——涉及数字的过滤时，用“１０１５９”全角字符代替，或者用全角半角字符混杂代替；

·象形字替换——涉及数字的过滤时，用小写的“l”或者大写的“I”代替数字“1”，用大写或者小写的字母“O”代替数字“0”。

在实际的分析中，还发现这些手段被综合使用，如有些涉黄声讯台使用10159开头的接入号，发送诱骗短信的时候，就用“IOl５9”来替换“10159”，注意第一个数字实际上是字母“I”，第二个是大写字母“O”，第三个是小写字母“l”，第四个是全角的数字“5”。由于这些变换方式的排列组合很多，不可能将所有的组合列入关键字列表中，导致过滤效果很差。

（2）号码黑白名单过滤机制

号码黑白名单机制是根据发送方的手机号码来实现过滤的。对白名单中的号码发送的短信，系统将不进行任何的监控过滤，直接放行；对于黑名单中的号码发送的任何短信，系统都要进行拦截，禁止其下行。通常白名单中的号码均为短信中心管理人员手工加入；而黑名单中的号码既可通过手工加入，亦可由不良内容短信监控系统根据实时监控情况自动加入，主要依据为发送短信的速度、数量和内容。在实际系统中，往往还会引入黑名单有效期的概念，即经过一段时间后，号码将自动退出黑名单列表，这样可在最大程度上避免系统误判对手机用户造成的不便。

黑白名单过滤机制主要是针对手机发起的短信，这种短信的特点是正常情况下速度不应该很快，数量不应该很多，如果大量短信以同一个主叫号码高速发送大量短信，则可能存在以大量复制卡通过GSM模块群发的可能，需要重点监控。但是针对网络端发送的短信应用系统的不良内容短信过滤，这种短信的特点是用户通过短信接口发送的短信本来就速度快，数量多，所以只能是监控某条同样内容的短信总共发送多少条的机制来监控群发行为。一般来说，这种监控方式需要对短信内容生成哈希值并存入系统的高速缓冲中，当某个Hash值的短信超过一定数量时，则对该短信进行重点监控。

在普通的短信过滤系统中，不法分子也很容易用一些内容变换的方面来躲过此类监控，比如有一批不良内容短信样本显示，发送者用程序自动在正常内容的前面或者后面加上了一些随机数字或者字母，这样对于接收者来说，并不影响阅读，但是每条短信的内容就不再相同，根据摘要值累计同一内容短信发送量的机制随即失效。

6.3 短信热点话题分析

6.3.1 短信热点及其分析必要性

“舆情”的基本意思是指人民大众的意愿，在这个意义上它与“民意”意思极其相似。一方面它们都包括了公开和不公开的部分，只要是民众所想的，都是舆情或者民意；另一方面它们都侧重于民众对社会各种具体事务的情绪、意见、价值判断和愿望等，是直接来自民众的“心声”。

随着新的传播技术的快速发展，现在舆情的表达方式越来越多样化、便捷化。网络、短信等传播媒介凭借其特性及其强大的功能改变了以往的新闻和信息传播格局，为公众提供了一个前所未有的自由讨论公共事务、参与政治的活动空间。这带给传统媒体几近颠覆性的变革，在人人都可以成为信息发布者的网络时代，传统媒体从此走下霸主的位置。

信息时代，我们缺少的已经不再是信息的数量，而是表达自己思想、传递自己声音的机会和能力，短信在很大程度上满足了这一需求。中共十七大报告中强调要“保障人民的表达权”，这对促进我国的社会主义民主政治建设，维护社会的和谐稳定具有十分重要的意义。短信媒介最重要的作用就是授话语权给草根阶层，使短信真正成为“庶民的会场”，在这里，民众的愤怒、无奈、同情、抱怨、感伤、呼吁等都可以一起宣泄，短信成为传递真实声音、孕育更多思想的肥沃土壤。

现在的短信不仅在人们的生活中发挥着重要作用，在政治舞台中发挥的作用也引人注目。2007 年“两会”期间，人民网、政协网与全国数十家主流传媒全天候开通免费的“全国两会短信平台”，用户可以利用一部小小的手机将所关心的问题进行短信留言、发表看法、提出建议，短信成为新兴的民意表达方式。网络行为主体的背后是广泛真实的社会群体和具体的社会阶层，网络民意的表达也客观表现了这些社会群体的社会态度和利益表达。重视网络舆论已是我国从中央到地方各级人民政府的共识，但是网络也有短期内难以克服的局限性。就我国现有的网络发展状况而言，虽然网民数量持续增多，但是与现在占社会主体的普通大众无论在数量上还是层次结构上都有很大差别，尤其是广大的农村地区，对于上网依旧存在着诸多物质与技术上的障碍。但是同样作为民意自由表达平台的手机短信无论是设备（手机）的获得还是接收发送技术都要简单得多，所以其用户数量之多、分布之广都是网络难以企及的。另外，由于网络中使用的是虚拟身份，个人可能并不在意信息的真实性和可靠性，个人在表达自身观点时也有可能忽略自身所应该具备的社会责任感和公共意识，而短信如果作为人际传播媒介，在这方面相对要好得多。通过短信，尤其是由短信形成的各类“短信事件”，我们能看到一个更全面的舆情景观。随着短信在舆情表达上发挥的越来越重要的作用，手机短信也必将成为观测舆情的重要途径之一。

6.3.2　短信话题发现

1. 短信话题发现框架

短信舆情信息处理平台的实现过程为：首先将短信的文本信息进行采集；然后将采集到的短信数据进行预处理，其中包括对文本的分词、聚类等步骤；最后将通过热点发现算法得到近期短信中出现的热点事件从而得到短信舆情的内容，具体流程如图 6-6 所示。其中分词技术已有介绍，本节简要介绍文本聚类技术算法。

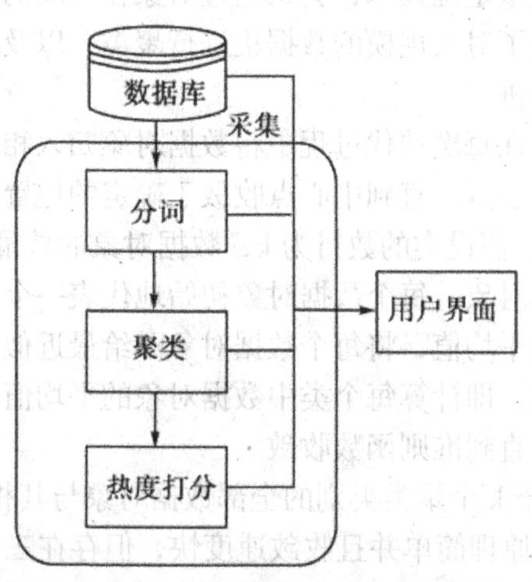

图 6-6　短信热点话题发现框架

2. 文本聚类常用算法

聚类是分类的逆方法。聚类就是将多维空间内的数据集合分成多个有意义的子群或类的过程，使同一类中的样本相似度尽可能大，而不同类的样本相似度尽可能小。作为一种无监督的机器学习方法，聚类由于不需要训练过程以及不需要预先对文档手工标注类别，因此具有较高的灵活性和自动化处理能力，成为对文本信息进行有效组织、摘要和导航的重要手段。文本聚类的基本过程参见图 6-7:

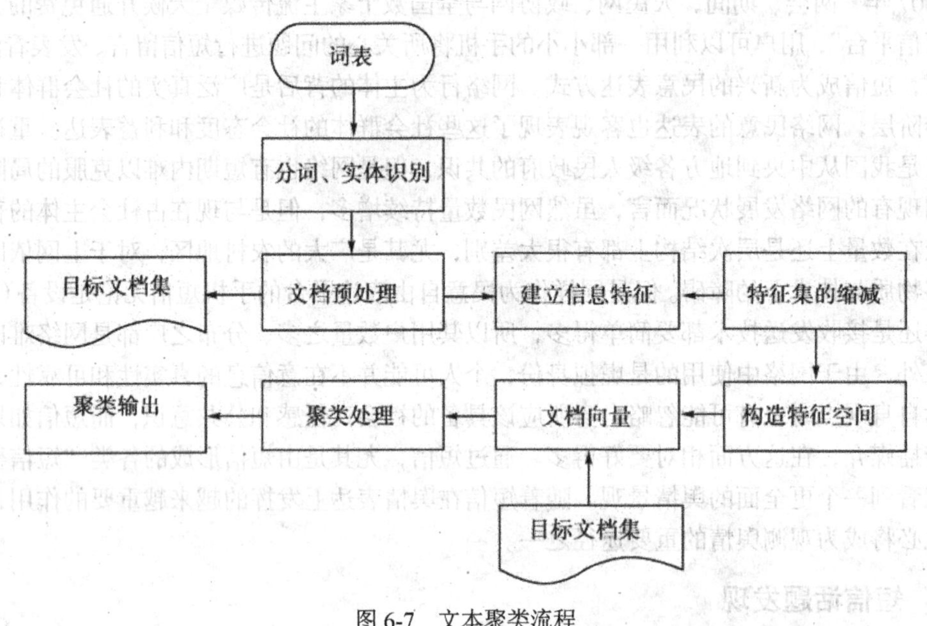

图 6-7　文本聚类流程

常用的聚类算法可以分为以下几类:

（1）基于划分的方法

它是将数据集划分成多个簇，且每个簇中至少包含一个数据元素。每个数据元素可以属于多个簇（模糊划分）或仅属于一个簇（确定性划分）。给定划分数 k，划分方法首先创建一个初始划分，然后采用迭代重定位技术，尝试通过对象在簇间的移动来改进划分。目前使用最多的是 k-means 算法。为了对大规模的数据集进行聚类，以及处理复杂形状的聚类，基于划分的方法需要进一步的改进。

经典的 k-means 方法，在每次迭代过程中将数据对象归入相距中心点最近的一类，同时重新调整和计算这些类的中心点，直到中心点收敛于确定的位置。

k-means 算法步骤如下，假设类的数目为 k，数据对象的数量为 n:

①随机地选择 k 个数据对象，每个数据对象初始地代表一个类的平均值或质心；

②根据类中数据对象的平均值，将每个数据对象赋给最近似的类；

③更新每个类的平均值，即计算每个类中数据对象的平均值；

④反复执行②、③步，直到准则函数收敛。

常用的准则函数为:属于 k 个聚类类别的全部数据对象与其相应的类中心的距离平方和，使其最小化。k-means 算法原理简单并且收敛速度快，但存在三个固有的缺点：一是对随机初始值的选择可能会导致不同的聚类结果，甚至存在无解的情况；二是该算法是基于目标函

数的算法，通常采用梯度法求解极值，使得算法很容易陷入局部极值；三是该算法需要指定最终结果的聚类个数，然而在一个未知数据集上判定聚类的个数是相当困难的。

（2）基于层次的方法

层次聚类算法是传统的处理聚类数目未知情况的聚类方法，包括分裂式层次聚类法和凝聚式层次聚类法。

分裂式层次聚类法是将所有数据对象整体作为一个聚类，然后按照使目标函数值最优的原则将其拆分为两个聚类，之后选择聚类直径最大的类按照同样的原则进行再次拆分，直至目标函数值不再降低为止。凝聚式层次聚类法的处理过程则恰好与前者相反。层次聚类的结果用一个二分树表示，树中的每个节点都是一个聚类，下层的聚类是上层聚类的嵌套，每一层节点构成一组划分。基于层次的方法的缺陷在于：不能更正错误的决定。一旦一个步骤完成，就不能被撤销。

对于给定的文件集合 $D=\{d_1,d_2,\cdots,d_i,\cdots,d_n\}$，层次凝聚法具体过程如下：

①将 D 中的每个文件 d_i 看成一个具有单个成员的簇 $c_i=\{d_i\}$，这些簇构成了 D 的一个聚类 $C=\{c_1,c_2,\cdots,c_i,\cdots c_n\}$；

②计算 C 中每对簇 (c_i,c_j) 之间的相似度 $\mathrm{sim}\{c_i,c_j\}$；

③选取具有最大相似度的簇对 (c_i,c_j) 将 c_i 和 c_j 合并为一个新的簇 $c_k=\mathrm{sim}(c_i\cup c_j)$，从而构成了 D 的一个新的聚类 $C=\{c_1,c_2,\cdots,c_{n-1}\}$；

④重复上述步骤，直至 C 中剩下一个簇为止。该过程构造出一棵生成树，其中包含了簇的层次信息以及所有簇内和簇间的相似度。

（3）基于密度的方法

基于密度的方法将具有足够高密度的区域划分为簇。主要思想是：只要临近区域的密度（数据元素的数目）超过某个阈值，就继续聚类。该方法可用来过滤“噪声”孤立点数据，发现任意形状的簇，如：DBSCAN，OPTICS 等方法。DBSCAN 是一个有代表性的基于密度的方法，它根据一个密度阈值来控制簇的增长；OPTICS 为自动地和交互地聚类分析计算一个聚类顺序。

（4）基于网格的方法

基于网格的方法把数据元素空间量化为有限数目的单元，形成了一个网格结构，所有的聚类操作都在这个网格结构上进行。该方法的主要优点是：处理速度很快，其处理时间独立于数据对象的数目，只与量化空间中每一维的单元数目有关。缺点是：由于将对象空间作了很大简化，因此聚类质量和精确性较差。

（5）基于模型的方法

基于模型的方法为每个聚簇假定了一个模型，寻找数据对给定模型的最佳拟合。主要有两类：统计学方法和神经网络方法。传统的统计方法中的聚类分析是一种基于全局比较的聚类，它需要考察所有的个体才能决定聚类的划分；神经网络方法将每个簇描述为一个标本，标本作为聚类的“原型”，不一定对应一个特定的数据实例或对象。根据某些距离度量，新的对象可以被分配给标本与其最相似的簇。被分配给一个簇的对象的属性可以根据该簇的标本的属性来预测。

6.3.3 短信话题热度评析

本节主要研究的是短信中的热点话题发现。前面已经对热点话题发现技术中的短信文本特征预处理的分词以及短信文本聚类进行了详细的论述，接下来讨论热点发现模块的热度打分策略。

热点话题可以从三个方面进行判断：

（1）当谈论一个事件的短信数目越多，在一定程度上可以认为该事件越热；

（2）当谈论一个事件的若干个短信的主题越集中，也从另一个方面说明该事件越热；

（3）当谈论一个事件的短信的平均长度越长，在很大程度上，也能够说明其所谈论的事件越具体也越热。

因此，在聚类过后要对各个类进行热度打分，就必须考虑上述三个约束条件，所以可以先定义 3 个基本参数：类平均长度、类平均相似度和类中文本的数量。

首先要计算出类的平均长度，就是对类中的所有短信文档整体求一次平均值，这样做的主要目的就是为了消除由于有的文档过长或者过短从而导致对热度计算精度的影响。

其次计算类的平均相似度，这就必须知道类中各个短信的个体平均相似度。个体平均相似度定义为类中某一短信与其余短信的相似程度，接着取平均值。

再次将类中所有短信文件的个体平均相似度再取一次平均值，这样就得到了类的平均相似度。取两次平均值的目的是为了减少内部比较杂乱的类的热度打分，可以说，其散度直接决定了其热度。

最后，我们需要为每个类设置一个类标题，可以采用如下策略：选取类中每个短信的词频大于预先给定值的若干个词，然后在该类的范围内计算词的权值，最后选取权值较大的若干词作为该类的类名。

热点话题分析是当今较为热门和重要的技术，短信作为一个极为特殊的舆论平台，具有覆盖范围广、发送速度快、爆发点不易发现和控制等特点。及时和有效地发现短信热点，对于舆论的分析和控制具有十分重要的意义。本节简单介绍了短信热点话题分析的流程，结合分词技术和文本聚类技术，对热点话题分析的预处理进行了介绍，最后给出了热度评析方法。短信热点话题分析现阶段研究刚刚起步，仍有较大的发展空间。

6.4 本章小结

文本短信是现今社会人们最主要的交流方式之一，对于短信方面的研究也是相关技术领域的热点。本章第 1 节介绍了 SMS 短信的发送方式，并基于拓扑网络分析了短信的传播模型。第 2 节重点介绍了不良内容短信的识别技术，对不良内容短信的定义和特征进行分析，介绍了不良内容短信常见的发送方式，并从基于内容的识别和基于用户的识别两个方面对不良内容短信识别进行分析阐述。本章最后对短信热点话题分析方法做了简要介绍，并简单介绍了热度评析的方法。

参考文献

[1] 王静. 用元胞自动机研究舆论和手机短信息传播模型[D].南宁：广西师范大学，2006.

[2] 赵伟. 多媒体短信系统解决方案的设计与实现[D]. 大连：大连理工大学, 2007.
[3] 李明杰，吴晔，刘维清等. 手机短信息传播过程和短信息寿命研究[J]. 物理学报，2009，58（8）：5251-5258.
[4] 马宝军，短信网络拓扑结构及演化模型研究[D]. 2006，北京：北京邮电大学.
[5] 吴晔，肖井华，吴智远等. 手机短信网络的生长过程研究[J]. 物理学报，2007，56（4）：2037-2041.
[6] 刘福霖. 基于复杂网络的短信传播的分析与演示界面的实现[D]. 2009，北京：北京邮电大学.
[7] 郭祯. 基于客户端的手机短信过滤系统的设计与实现[D]. 2010，海口：海南大学.
[8] 黄文良. 垃圾短信过滤关键技术研究[D]. 2008，杭州：浙江大学.
[9] 刘伍颖. 面向垃圾信息过滤的主动多域学习文本分类方法研究[D]. 2011，长沙：国防科学技术大学.
[10] 关婧. 基于内容的客户端垃圾短信过滤系统的研究[D]. 2008，北京：北京邮电大学.
[11] 钟延辉. 基于文本挖掘的垃圾短信过滤方法[D]. 2009，成都：电子科技大学.
[12] 麦林. 虚拟社区热点话题意见挖掘模型研究[D]. 2009，合肥：中国科学技术大学.

本章习题

1. 手机短信概念是什么？
2. 手机短信发展经过了哪三个阶段？
3. SMS的发送方式有哪些？
4. 手机短信具有什么样的传播特性？
5. 简述网络的度与度的分布的概念。
6. 不良内容短信的定义是什么？
7. 三大运营商如何规定不良内容短信？
8. 不良内容短信的内容有哪些类型？
9. 不良内容短信的发送方式有哪些？
10. 基于短信内容的识别技术主要有哪几个步骤？
11. 简述现有的几种分词方法。
12. 常用的分类器有哪几种？
13. 简述黑白名单技术的处理机制和优缺点。
14. 不良内容短信过滤系统要求哪几方面性能？
15. 网络端发送短信有哪些特性？
16. 简述短信热点话题发现的必要性。
17. 常用的聚类算法有哪几种，请简述。

第7章 网络内容安全态势评估

网络内容安全态势评估对于内容安全管理策略的制定和预防重大网络内容安全事件的发生具有重要意义。本章第1节首先对网络内容脆弱性进行了分析，给出了网络内容安全态势评估的定义；第2节介绍了安全评估的程序和方法，构建了网络内容安全态势评估模型；第3节构建了网络内容安全态势评估指标体系；第4节介绍了网络内容安全态势预测技术和可视化技术。

7.1 概述

7.1.1 网络内容脆弱性分析

1994年Libicki首次将计算机攻击分为物理层次攻击、句法层次攻击和语义层次攻击。Libicki认为语义攻击是敌手故意发布错误信息误导网民[1]。Schneier认为语义攻击是攻击者强加自己的思想给网民，并认为语义攻击的目标是人与计算机的接口，即可视画面[2]。Thompson等人将计算机攻击分为自治攻击和认知攻击。自治攻击是指攻击网络基础设施、计算机结构等，它不需要与用户有任何交涉，自动对计算机发起攻击；认知攻击是通过一系列措施改变用户行为，操纵用户感知的攻击[3][4]。1999年中国学者管海明等人提出计算机网络攻击的四个层次[5]：实体层次的攻击、能量层次的攻击、逻辑层次的攻击和超逻辑层次的攻击。超逻辑层次的攻击是利用计算机网络进行反动宣传，传播谣言，蛊惑人心等行为攻击。管海明的划分方法得到栗苹[6]、胡建伟[7]等人的认可。

可以看出语义攻击、认知攻击和超逻辑层次的攻击如出一辙，都是攻击者将自己的攻击意念发布在网页上，表现形式为网络内容，网民在浏览网页时，经过视觉、感觉和知觉三个认知阶段，下意识地、不由自主地接受这种攻击意念，本章将这类攻击统称为网络内容攻击，其模型如图7-1所示[8]。

（1）网络内容攻击存在空间

网络内容攻击存在空间包括垃圾邮件、传播扩散度高的论坛、博客、微博等、色情网站、弹出的广告网页等。

（2）网络内容攻击持续时间

根据网络内容攻击的持续时间不同分为长期性网络内容攻击、阶段性网络内容攻击和短期性网络内容攻击。

（3）网络内容攻击目的

政治目的：通过发放反党、反国家、反政府的信息，以达到破坏国家统一，颠覆国家政权的目的。此类信息的发放者可能是国内外敌对分子、反动分子、邪教组织。此类信息的发放严重影响国家的稳定发展。

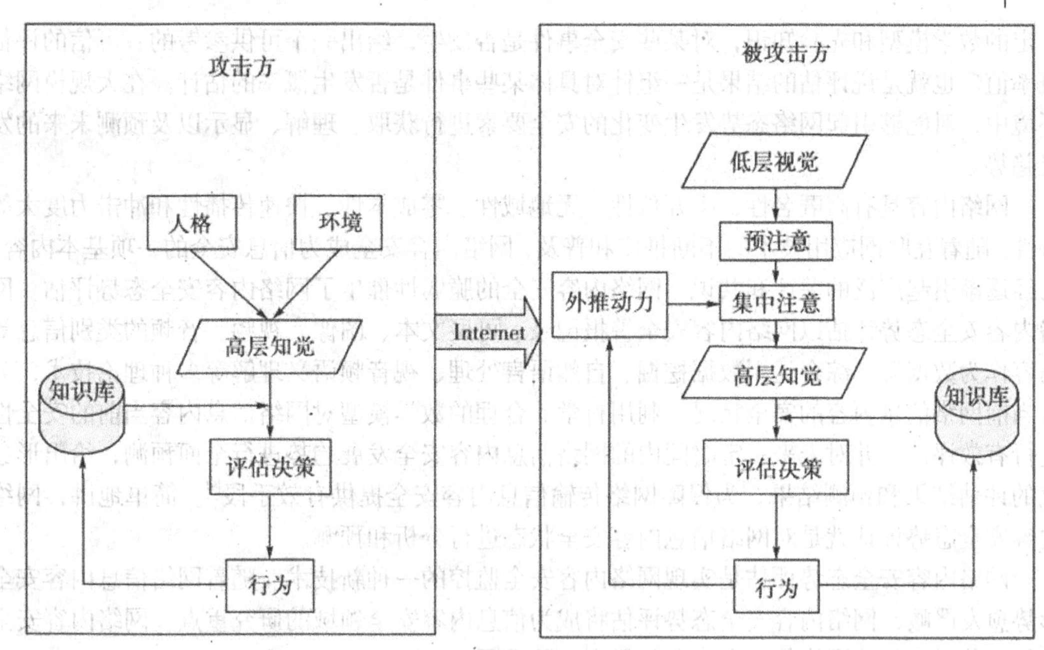

图 7-1　网络内容攻击模型

经济目的：利用国家与国家间、企业与企业间的竞争，将掌握的国家机密卖给国外敌对分子，或将掌握的企业机密卖给别的企业，以牟取经济暴利。此类信息的发放严重损害国家或企业的利益。或者利用青少年心智未成熟，自制力不强的特点，收费发放黄色、色情、赌博信息，以牟取经济利益。青少年是国家的希望，肩负着国家振兴的希望，此类信息的发放严重毒害了青少年，影响国家的长久发展。

军事目的：通过发放虚假历史信息，以达到"合理"侵略国家、霸占国家财富的目的。此类信息的发放者可能是国外敌对分子，它们的发放严重影响国家的稳定发展。

个人目的：一些因心理不正常就在网络上发放有攻击性的信息，或有奇怪癖好发放色情、暴力等的信息，或粗心，无意发放不文明的信息。这些信息的发放并不出于政治、经济、军事目的，但因为网络内容的高匿名性、高开放性、无地域性和零成本性，流传范围广，由此造成的危害同样不可计量。

7.1.2　网络内容安全态势评估概念

态势是一种状态，一个趋势，是一个整体、全局的概念。"安全态势"一词最早出现在军事上，如"战场安全态势"，"地区安全态势"等名词，同时也应运而生了相关的态势评估技术。

安全态势评估是指通过技术手段从时间和空间维度来感知并获取安全相关元素，通过数据信息的整合分析来判断安全状况并预测其未来的发展趋势。安全态势评估最早出现在航空领域和军事领域，后来逐渐推广到各个技术领域，包括交通管理、生产控制、物流管理、医学研究和人类工程等。

网络的发展使得安全态势评估开始在计算机网络领域得到应用。"积极防御，综合防范"是我国信息安全保障体系建设必须坚持的原则。网络安全态势评估是指将网络原始事件进行预处理后，把具有一定相关性，反映某些网络安全事件的特征的信息，提取出来，运用一定的数学模型和先验知识，对某些安全事件是否发生，给出一个可供参考的、可信的评估概率值。也就是说评估的结果是一组针对具体某些事件是否发生概率的估计。在大规模网络环境中，对能够引起网络态势发生变化的安全要素进行获取、理解、显示以及预测未来的发展趋势。

网络内容具有高匿名性、高开放性、无地域性、零成本性、快速传播性和冲击力度大等特性。随着互联网应用技术的不断推广和普及，网络内容安全成为信息安全的一项基本内容，已经逐渐引起广泛的关注和共识。网络内容安全的脆弱性催生了网络内容安全态势评估。网络内容安全态势评估以网络内容安全警报记录、可疑文本、图像、视频、音频的类别信息等内容作为数据源，综合运用数据挖掘、自然语言处理、视音频语义理解等多种理论技术，分析当前网络信息内容的安全状况，利用科学、合理的数学模型对网络信息内容当前的安全性进行有效评估，并对未来一定时间内的网络信息内容安全发展趋势进行全面预测，给出形象化的评估结果和预测结果，为保障网络传输信息内容安全提供有效手段[9]。简单地讲，网络内容安全态势评估就是对网络信息内容安全状态进行分析和预测。

网络内容安全态势评估是实现网络内容安全监控的一种新技术。随着网络信息内容安全形势愈发严峻，网络内容安全态势评估将成为信息内容安全领域的研究重点。网络内容安全态势评估对于保障网络信息内容安全具有以下重要意义：

①网络内容安全态势评估技术能够综合分析网络内容的各个安全元素；

②网络内容安全态势评估可以从整体上动态反映网络内容安全状况；

③网络内容安全态势评估可以根据一段事件内的评估结果对未来网络内容安全状况及发展趋势进行预测。

根据对网络内容安全态势预测结果，对可能发生的网络内容安全威胁进行提前防护，根据事态严重程度采取应对措施，以遏制事态的发展，实现对不良信息内容大范围传播的有效控制。此外，还可以评估所采取措施的有效性，为后续措施选取提供有益参考，便于内容安全策略的制定。

7.2 网络内容安全态势评估模型

7.2.1 安全评估

安全评估是指通过系统科学的程序、理论和方法，对待评测对象所构成的系统中存在的危险因素进行辨识、分析和揭示，判断系统发生危害及损伤和影响程度的可能性及严重程度，找到消除风险、保证安全的措施，从而为制定预警与防范措施和管理决策提供科学依据，最终达到对系统的不安全性因素进行有效控制，以确保系统安全的目的。安全评估工作通常遵循一定的程序，主要有以下三个主要环节和步骤[10]：

（1）危险／不安全源头和因素辨识与分析

全面收集资料，找到影响待评估对象安全的危险源以及相应的危险因素，并进行细致地辨别和分析，这是做好可行的安全评估工作至关重要的基础环节。

（2）对危险／不安全要素进行安全评估

主要包括建立一定层次结构的指标体系、选取科学可行的安全评估方法以进行定性和定量相结合的分析。

（3）对危险 / 不安全要素进行控制

划分危险等级以得出最终评估结论，并制订相应的安全预警应对措施，以落实减少或防范危险。

具体来说，安全评估的一般程序可用流程图 7-2 所示：

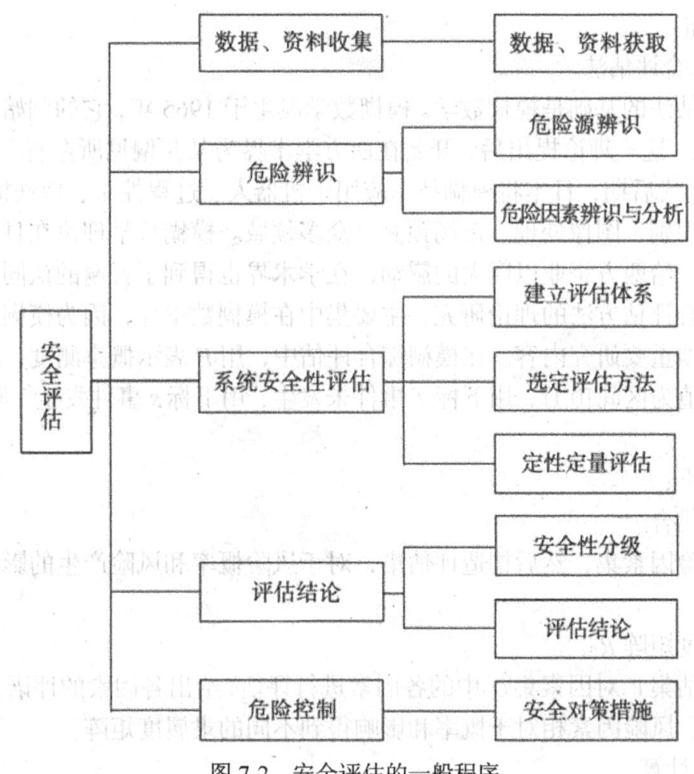

图 7-2　安全评估的一般程序

下面介绍三种主要的安全评估方法。

（1）层次分析法

1977 年，美国运筹学家、匹兹堡大学教授 Saaty T.L，在第一届国际数学建模会议上首次提出了"无结构决策问题的建模——层次分析法"（analytical hierarchy process，简称 AHP），它是一种定性和定量相结合的多目标决策分析方法。

层次分析法作为一种评估方法，和关联矩阵法和关联树法属于同一种类型。层次分析法是一种定性和定量分析相结合的评估决策方法，它将评估者对复杂系统的评估思维过程数学化。其基本思路是评估者通过将复杂问题分解为若干层次和若干要素，并在同一层次的各要素之间简单地进行比较、判断和计算，就可得出不同替代方案的重要度，从而为选择最优方案提供决策依据。

将层次分析法应用于多指标综合评估过程中，其处理步骤如下：

①设置指标的权值

②建立比较矩阵

在对系统进行充分分析后，将系统中包含的因素根据系统结构划分为多个层次，用矩形说明层次的递阶关系和因素的从属关系。

③构造判断矩阵

用三标度法来对同一层元素进行两两比较后建立一个比较矩阵并计算出各元素重要性的排序指数，将比较矩阵转化为判断矩阵（可以用极差法或极比法构造判断矩阵）。

④一致性检验

⑤加权计算得到初步的脆弱指数

⑥指数的修正

（2）模糊综合评估法

模糊数学评估法的基础是模糊数学。模糊数学诞生于1965年，它的创始人是美国自动控制专家Zadeh L.A.。这一理论提出后，开始在西方学术界为某些偏见所左右，并未引起足够重视。20世纪80年代后期，日本将模糊技术应用于机器人、过程控制、地铁机车，交通管理、鼓掌诊断、声音识别、图像处理、市场预测等众多领域。模糊数学理论在日本的成功应用和巨大的市场前景，给西方企业以巨大的震动，在学术界也得到了普遍的认同。

对于模糊综合评估方法的理论研究，主要集中在模糊数学界，因为模糊综合评估本身就是模糊数学的一项重要研究内容。在模糊综合评估中，用P表示概率测度，用C表示影响测度，P和C的域值为区间[0,1]，用下标f事件未发生，用下标s事件发生。显然有$P_f=1-P_s$和$C_f=1-C_s$。

评估过程如下：

①建立模糊集合

首先构造风险因素集，然后构造评估集，对于风险概率和风险产生的影响，可以设立不同的评估集。

②建立隶属度矩阵R

专家参照评估集V对因素集U中的各因素进行评估，给出各因素的评语，构造模糊映射，得到隶属度矩阵。风险因素相对于概率和影响得到不同的隶属度矩阵。

③P_s和C_s的计算

在计算风险因素发生的概率时，各因素相应的权向量为A，对评估集V，各指标赋予相应的权重，得指标权向量B，则风险事件发生的概率为

$$P_s = AR_pB^T \tag{7-1}$$

在计算风险后果的影响发生的概率时，各因素相应的权向量为A'，对评估集V'，各指标赋予相应的权重，得指标权向量B'，则风险事件后果的影响为

$$C_s = A'R_cB'^T \tag{7-2}$$

④系统风险评估

根据P_s和C_s，计算系统的风险度R。

$$R = 1-P_fC_f = 1-(1-P_s)(1-C_s) = P_s+C_s-P_sC_s \tag{7-3}$$

一般认为$R>0.7$为高风险系统，$R<0.3$为低风险系统，介于二者之间的为一般风险系统。

⑤确定各风险因素熵权系数

在上述模糊综合评判法中，对各因素相应的权向量A的确定，一般采用专家估计法，或由专家对各因素两两比较构造判断矩阵，再采用层次分析法求得。无论哪种方法，都带有明显的主观性。此处采用熵权系数法，通过定量计算求得各因素权向量A。

（3）距离综合评估法

所谓距离评估，顾名思义，就是通过测算距离，来对待评估对象进行排序或估值。其处理过程如下：

①指标预处理

主要是指标同向化和无量纲化。

设用 P 个指标对 n 个事物进行综合评估，原始数据构成如下矩阵：

$$X' = (x'_{ij})_{n\times P} \tag{7-4}$$

其中 $i=1,2,\cdots,n$， $j=1,2,\cdots P$

如果 P 个指标中有逆指标或适度指标，则将其转化为正指标，转化后数据矩阵记为：

$$X = (x_{ij})_{n\times P} \tag{7-5}$$

选用合适的方法对数据进行无量纲化，变换后数据矩阵记为：

$$Y = (y_{ij})_{n\times P} \tag{7-6}$$

②利用专家经验构造加权数据矩阵

设已确定出各指标的权重为 $w_1, w_2, \cdots w_P$，以它们为主对角线元素构造对角矩阵 W，即：

$$W = \begin{pmatrix} w_1 & & 0 \\ & \ddots & \\ 0 & & w_P \end{pmatrix}_{P\times P} \tag{7-7}$$

加权数据矩阵为 $Y = Y'W = (y_{ij})_{n\times P}$

③利用各指标的极值确定参考样本

用所有参评样本中各指标的最大值构成最优样本，用各指标的最小值构成最劣样本，分别用 Y^+ 和 Y^- 表示如下：

$$Y^+ = (y_1^+, y_2^+, \cdots, y_P^+)^T \tag{7-8}$$

$$Y^- = (y_1^-, y_2^-, \cdots, y_P^-)^T \tag{7-9}$$

其中

$$y_j^+ = \max_{1\leqslant i\leqslant n}\{y_{ij}\} \tag{7-10}$$

$$y_j^- = \max_{1\leqslant i\leqslant n}\{y_{ij}\} \tag{7-11}$$

④计算距离

根据距离公式计算样本点到最优样本点和最劣样本点的距离。记加权数据矩阵 Y 中第 i 行的 P 个样本数据为

$$Y_i = (y_{i1}, y_{i2}, \cdots, y_{iP})^T \tag{7-12}$$

则样本点Y_i与最优样本点的相对距离为：

$$d_i=\frac{(Y_i-Y^-)^T\cdot(Y^+-Y^-)}{\|Y^+-Y^-\|}=\frac{\sum_{j=1}^{P}(y_{ij}-y_j^-)(y_j^+-y_j^-)}{\sqrt{\sum_{j=1}^{P}(y_j^+-y_j^-)^2}} \tag{7-13}$$

此外，还有基于粗糙集理论的安全评估方法、基于贝叶斯网络的安全评估方法、基于灰色理论的安全评估方法以及基于智能算法的安全评估方法等。

7.2.2 网络内容安全态势评估模型

安全评估过程中对信息的了解就是时间、空间域中的当前态势元素被觉察认识、理解并被预测的处理过程，即安全态势评估具有一定的层次性。本章在基于知识的基础上构建了层次化的网络内容安全态势评估模型，如图 7-3 所示：

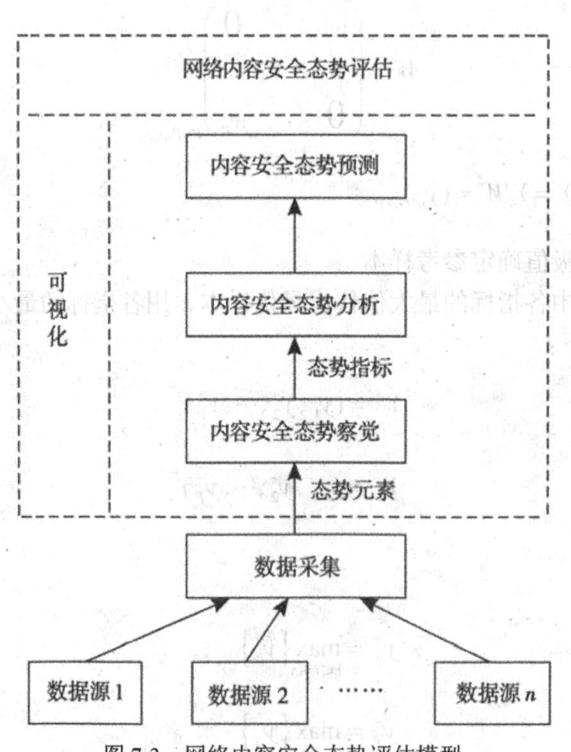

图 7-3 网络内容安全态势评估模型

网络内容安全态势评估模型分为四层，主要包括数据采集、内容安全态势察觉、内容安全态势分析和内容安全态势预测，并通过可视化技术将内容安全态势察觉结果、内容安全态势分析结果和内容安全态势预测结果呈现出来。

（1）数据采集

网络信息内容的传播和扩散具有多通道性，因此对网络内容安全态势评估的第一步是采

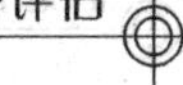

集数据，可通过网络爬虫获取数据存入数据库。

（2）内容安全态势察觉

内容安全态势察觉是获取网络内容安全态势元素，可通过前面几章的信息内容识别技术进行态势察觉。

（3）内容安全态势分析

内容安全态势分析是内容安全评估的核心。通过合理的评估算法、数学模型，构建行之有效的内容安全态势评估指标体系，计算网络内容的安全态势值。

（4）内容安全态势预测

安全态势预测通过分析态势数据构建合理的预测模型，预知网络内容安全态势的发展趋势。

网络内容安全态势评估所涉及的关键技术主要有信息获取技术、信息内容识别技术、数据关联分析技术、评估指标构建技术、安全评估技术、态势预测技术和可视化技术等。

7.2.3　网络内容安全态势评估发展

纵观信息安全风险评估和网络安全态势评估，网络内容安全态势评估必然也将经历从手动评估到自动评估、从定性评估到定性评估与定量评估相结合、从基于知识的评估到基于模型的评估方向发展。

（1）手动评估和自动评估

在网络内容安全态势评估工具出现之前，网络内容安全态势评估工作只能手动进行。手动评估对于管理员而言，工作量大且容易出现疏漏。具体而言，管理员需要浏览网页内容、分析当前安全实践、发现内容安全威胁、对内容安全状况及发展趋势进行预测等。

事实上，目前还没有专门针对网络内容安全态势评估的评估工具。但是，借助于网络安全态势评估工具和网络信息内容分析工具可以在一定程度上解决手动评估的局限性。目前可以应用到的信息内容分析工具主要有舆情监控工具和不良信息过滤工具。网络安全态势评估工具有 Internet Scanner、AppDetective、Proactive windows Security 等；舆情监控工具有军犬软件、乐思网络舆情检测系统、拓尔思网络舆情监测系统等；不良信息过滤工具有 Honorguard、Cyber Patrol、SurfWatch 等。

（2）定性评估和定量评估

定性评估是最广泛使用的评估方法，指借助对事物的经验、知识、观察及对事物发展变化规律的了解，科学地进行分析、判断的一类方法。该方法只关注于安全事件带来的损失，而忽略事件发生的概率。目前应用较多的有安全检查表、事故树分析、事件树分析、危险度评估、预先危险性分析、故障类型和影响性分析、危险性可操作研究等。这些方法的共同特点是采用简易的计算公式，不必计算威胁发生的概率，非技术或非安全背景的员工也能轻易参与，同时评估流程和报告形式比较有弹性。

定量评估是指根据统计数据、监测数据、同类或类似系统的资料数据，应用科学的方法构造数学模型进行量化评估的方法。该方法利用了威胁发生的概率和可能造成的损失。当前的网络安全态势评估方法基本上都采用了定量或定性与定量相结合的评估方法。

（3）基于知识的评估和基于模型的评估

基于知识的评估方法主要是依靠经验进行的，而经验从安全专家获取并凭此来解决相似场景的评估问题。这种方法的优越性在于能够直接提供推荐的保护措施、结构框架和实施计划。

基于模型的评估方法可以分析出系统自身内部机制中存在的危险性因素、发现系统与外界环境交互中的不正常及有害行为，从而完成对系统脆弱性和安全威胁的定性分析。

7.3 网络内容安全态势评估指标体系

网络内容安全态势评估模型是网络内容安全态势分析的基础，而网络内容安全态势量化评估是网络内容安全态势分析的核心部分。只有通过使用、准确的量化指标，才能有效地反映网络内容安全状况，为网络内容安全管理员提供综合、直观的网络内容安全信息。

7.3.1 评估指标的选取原则

1. 全面性原则

作为可应用于大规模网络信息内容的安全态势评估指标体系，必须要考虑到几乎所有对网络内容安全产生影响的要素，争取能够做到全方位、多角度评价当前网络内容安全态势。

2. 分层原则

网络信息内容安全态势评估指标具有层次性，有些是针对国家安全的，有些是针对企业安全的，有些是针对个人安全的，每个层次造成的影响差别较大，构建指标体系时应该分层考虑各个层次。

3. 突出性原则

各评估指标的选取要全面，但应区别主次，要选取那些能体现不安全因素的指标，即找到杠杆点，因为只有杠杆点最能影响整个系统的安全性。对于网络信息内容安全态势评估指标体系而言，由于网络内容危害造成的影响不同，对于指标体系的构建一定要坚持突出性原则，才能准确把握评估工作。

4. 动态性原则

这主要针对指标本身的特性。虽然在构建指标体系时，应尽量选取比较有规律变化的因素，以体现指标体系的稳定性，确保其价值，但是对于网络信息内容而言，应同时注重动态性，遵循动态结合的原则。因为预测信息内容安全的走势，需要信息的变化发展，因此流量时刻变化需要实时收集。

5. 科学性原则

网络内容安全态势评估指标的选择和设计应该建立在一定的统计理论基础上，并结合网络内容安全事件的具体情况，建立指标的代表性、计算方法、数据收集、指标范围、权重选

择等都必须要有科学依据。

7.3.2　评估指标的选取方法

网络信息内容安全态势指标可以分为多种类型：

（1）按照网络内容安全态势范围分：国家级网络内容安全态势指标、企业级网络内容安全态势指标、个人级网络内容安全态势指标等。

（2）按照网络内容安全态势时间分：长期性网络内容安全态势指标、阶段性网络内容安全态势指标、重大网络内容安全态势指标等。

（3）按照网络内容表现方式分：网络文本内容安全态势指标、网络图像内容安全态势指标、网络音频内容安全态势指标、网络视频内容安全态势指标等。

（4）按照网络内容安全态势指标描述的视角分：内容敏感度、内容倾向性、内容暴露度、内容恶意度、传播扩散性等。

网络信息内容安全态势涉及的因素较多，可采用分析法对网络内容安全态势评估指标进行选取。分析法是将指标体系的度量目标和对象分割成若干个不同的组成部分或侧面（子目标），之后逐步细分，直到各个组成部分和侧面都能用具体的统计指标来描述[11]。这种方法是建立评估指标体系工作中较为常用的一种方法，一般来说，可以分为三步：

（1）分析评估工作实质是什么、涉及哪些方面，每方面又包含哪些分支。

例如，在评估前我们应该首先了解网络内容安全态势的意义，它表现为哪几个方面？在此基础上，分析影响网络内容安全的各种因素，把态势评估的总体目标分解为各种子目标。

（2）细分各个子目标或侧面，直到各子目标或侧面都可以用明确的、可量化的指标描述为止。

（3）设计并确定指标层中的各个指标。

值得注意的是，最终形成的综合评估指标体系结构应该是树状的，如果指标体系呈网状结构，则需要通过调整或扩充某些子目标的方法使得体系结构呈树形化，如图 7-4 所示。此外，利用分析法构建的评估指标体系的构成指标一般都具有较高的独立性。

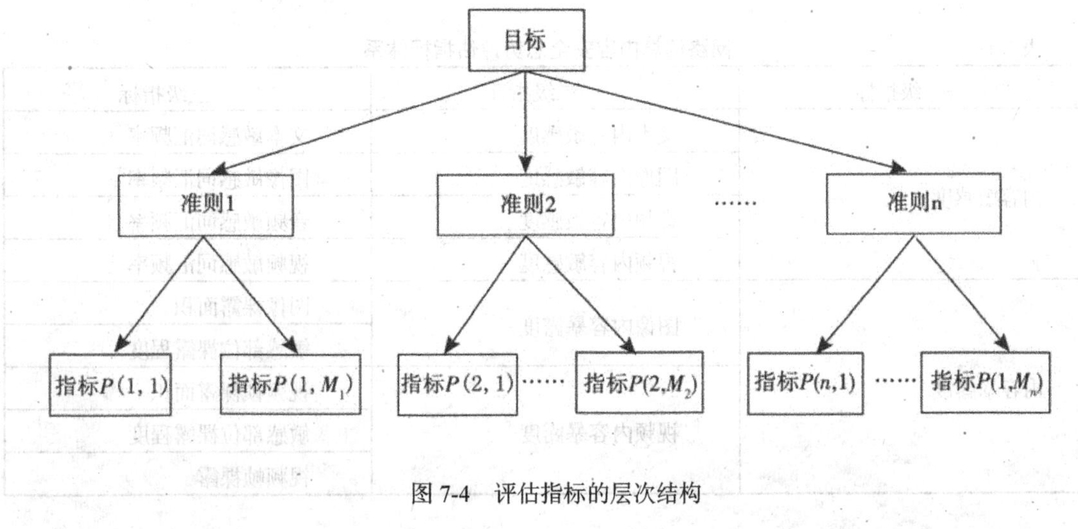

图 7-4　评估指标的层次结构

根据分析法形成如图 7-5 所示的网络内容安全态势评估指标层次结构。

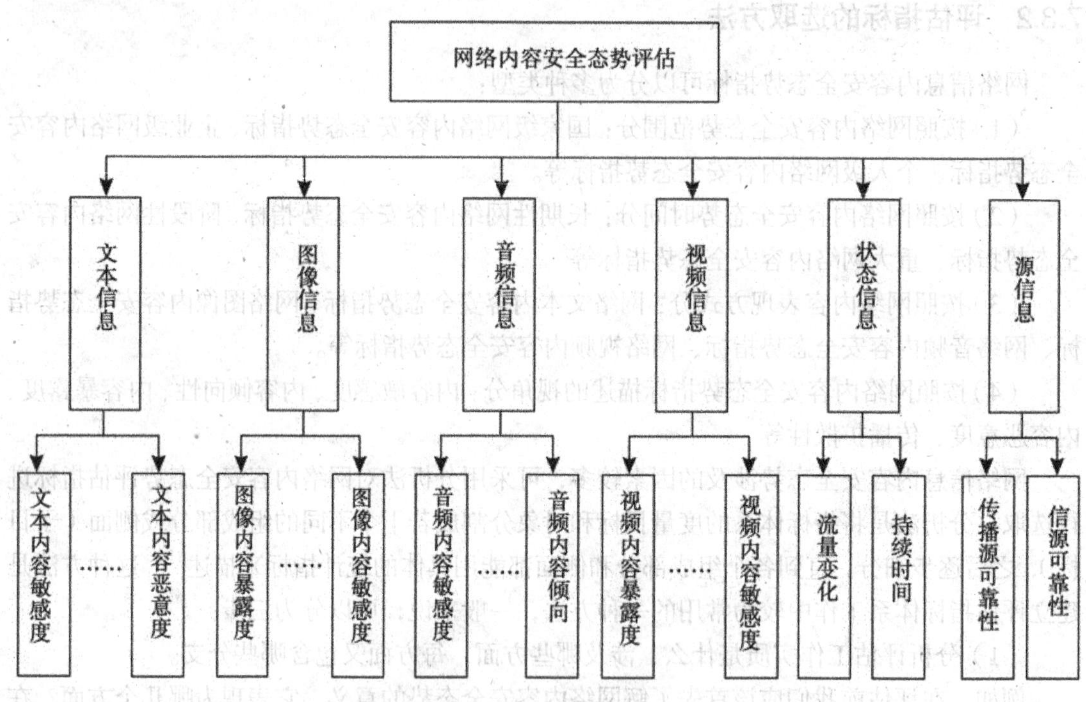

图 7-5　网络内容安全态势评估指标层次结构

7.3.3　指标体系分析

虽然网络安全态势评估正成为网络安全领域的一个研究热点，已受到国内学者的高度关注，但是目前对网络安全态势评估的研究工作仍集中在网络化系统自身的物理安全评估问题上[12][13][14]，对于网络信息内容安全态势评估的研究还很少，集中在网络舆情安全态势评估上[15][16][17]。本节在上节的基础上构建了一个分级的网络信息内容安全态势评估指标体系[18][19]，如表 7-1 所示。

表 7-1　　网络信息内容安全态势评估指标体系

一级指标	二级指标	三级指标
内容敏感度	文本内容敏感度	文本敏感词汇频率
	图像内容敏感度	图像敏感词汇频率
	音频内容敏感度	音频敏感词汇频率
	视频内容敏感度	视频敏感词汇频率
内容暴露度	图像内容暴露度	图像裸露面积
		敏感部位裸露程度
	视频内容暴露度	视频帧裸露面积
		敏感部位裸露程度
		视频帧裸露

续表

<table>
<tr><th>一级指标</th><th>二级指标</th><th>三级指标</th></tr>
<tr><td>内容恶意度</td><td>文本内容恶意度</td><td>文本内容主动干扰的程度</td></tr>
<tr><td rowspan="4">内容影响度</td><td rowspan="4">内容影响度</td><td>网站质量</td></tr>
<tr><td>浏览人数</td></tr>
<tr><td>回复次数</td></tr>
<tr><td>发布时间</td></tr>
<tr><td rowspan="8">内容倾向性</td><td rowspan="2">文本内容倾向性</td><td>文本内容的倾向</td></tr>
<tr><td>文本内容的倾向强度</td></tr>
<tr><td rowspan="2">图像内容倾向性</td><td>图像内容的倾向</td></tr>
<tr><td>图像内容的倾向强度</td></tr>
<tr><td rowspan="2">音频内容倾向性</td><td>音频内容的倾向</td></tr>
<tr><td>音频内容的倾向强度</td></tr>
<tr><td rowspan="2">视频内容倾向性</td><td>视频内容的倾向</td></tr>
<tr><td>视频内容的倾向强度</td></tr>
<tr><td rowspan="2">信息稳定性</td><td>流量变化</td><td>流通量变化值</td></tr>
<tr><td>持续时间</td><td>持续时间</td></tr>
<tr><td rowspan="4">传播扩散性</td><td rowspan="3">传播源可靠性</td><td>传播速度</td></tr>
<tr><td>传播规模</td></tr>
<tr><td>传播源网站质量</td></tr>
<tr><td>信源可靠性</td><td>信源网站质量</td></tr>
</table>

下面对指标体系中的各指标做简要分析：

（1）传播源可靠性

传播源可靠性与传播速度和传播规模相关，传播速度越快，且传播范围越广，那么信息越受关注，对人民产生的影响越大。网络信息的传播主要是通过浏览和转载来完成的，即浏览人数越多，信息产生的影响越大；同理，转载信息的网站的质量越高，信息产生的影响也越大。

（2）信源可靠性

信源可靠性是对信源网站质量的评估。好的网站发出的信息往往具有比较高的质量，其内容安全性要比差的网站发出的信息内容安全性高。而且好网站的浏览人次一般都会比较多，因而它对社会产生的影响就比一般网站更深远。

（3）内容敏感度

内容敏感度是出现敏感信息的程度，由敏感词汇的出现频率来决定。敏感信息具有时效性，具体表现为在一段时期内，某些信息容易对国家或人民造成危害，变成不良信息。如在 2003 年，词汇“SARS”是敏感词汇，出现“SARS”多的网页，很可能是鼓吹“SARS”传播的虚假消息。该指标包括文本内容敏感度、图像内容敏感度、音频内容敏感度和视频内容敏感度四个二级指标。

（4）内容恶意度

内容恶意度是对信息内容主动干扰的程度[20]。采用中文主动干扰技术对敏感关键词进行各种变形，使得变形后的敏感关键词难以被检测和提取，但又不影响信息内容的语义表达。例如将“法轮功”变形为“Fa论功”。内容恶意度越高，信息内容的不安全性越高。

（5）内容影响度

内容影响度是指信息内容对人民造成的影响。主要与点击次数、回复人数、网站质量、发布时间等相关。网站质量越高、发布时间越长，被转载和被回复的几率越大，回复次数和转载次数越多，对人民造成的影响也越大。如果是不良内容，内容影响度越大，其危害程度也越大。

（6）内容倾向性

内容倾向性包括内容的倾向和内容的倾向程度。该指标包括文本内容倾向性、图像内容倾向性、音频内容倾向性和视频内容倾向性四个二级指标。

内容的倾向主要是指内容的情感倾向。情感倾向分为正向和负向，正向和负向对信息内容安全的影响不是单独存在的，即并不是所有的正向都是好的，负向都是不好的，它同时取决于评价对象是什么。对正面的评价对象进行正向描述和对负面的评价对象进行负向描述都是好的，如“宣扬雷锋精神”和“反对法轮功”；反之，对正面的评价对象进行负向描述和对负面的评价对象进行正向描述则是不好的。

内容的倾向强度是对内容情感倾向的一个量化，如将情感倾向分成十级，其中正向五级，负向五级，正五级表示最强烈的正向情感倾向，依次递减到零，负五级表示最强烈的负向情感倾向，依次递减到零。

（7）内容的暴露度

内容的暴露度主要针对黄色图片或视频帧而言的，它与皮肤裸露面积和敏感部位有关，皮肤的裸露面积越大，图像的暴露度越大，信息内容的危害程度越大，图像敏感部位裸露越大，图像的暴露度越大，信息内容的危害程度越大。该指标包括图像内容暴露度和视频内容暴露度两个二级指标。

（8）流量的变化

网络信息流量的变化是指在一定的统计时期内某一信息通过网络不同的数据源通道形成的报道数、帖子数、博文数等相关信息总量的变化值，它总是通过网络页面数的变化来呈现的。具体来说，从网络媒体的层面来看，如果一个新闻事件的影响和冲击越大，政府新闻网站、重大门户网站与其他内容网站就这一新闻事件所做的“新闻专题”和“相关新闻”的页面通常也就越多；如果民众对某一事件、话题感兴趣，也会通过论坛、博客通道进行发帖、回复和转载等，其帖子和博文数量也就会增加等。那么，通过各种网络传播通道所形成的对某一信息数量都表现为可以搜索到的网络页面，通过对网络页面数进行科学的查询、搜索和统计，就可以在一定程度上反映该信息在网络上的传播扩散情况。

（9）持续时间

持续时间是指信息的时效性，由单位时间内浏览信息的人次来衡量。持续时间有两种类型，一种是缓慢增长性，表现为长期性，人们对它们的关注度是随着时间的推移缓慢增长的，另外一种则是快速增长下降型，表现为阶段性，人们对这类信息的关注度在短时间内快速增长，经过一段时间之后，关注度快速下降。持续时间指标主要是用于阶段性网络信息内容安全态势评估和长期性网络信息内容安全态势评估中。

7.3.4　网络内容安全等级划分

通过对网络内容整体安全态势做出量化评分，实现对危险的控制和管理，可以对网络内容安全态势评估的结果进行等级化处理。根据 GB/T 20984-2007[21]，将内容安全状况划分为五级，等级越高，危险越高，如表 7-2 所示。

表 7-2　网络内容安全等级划分表

等级	评语	描　述
5	超级危险	一旦发生将产生非常严重的不良社会影响，如国家、政府、党或组织信誉严重破坏、严重影响到人们的正常生活，社会影响恶劣
4	危险	一旦发生将产生较大的不良社会影响
3	较危险	一旦发生将产生不良社会影响，但影响不大
2	临界	一旦发生产生的不良社会影响程度几乎不存在，通过简单措施就能弥补
1	正常	一旦发生不会产生不良社会影响

网络内容安全等级值是关于评估指标的函数。等级处理的目的是为安全态势评估过程中对不同危险的直观比较，以确定组织安全策略。管理人员应当综合考虑危险控制成本与危险造成的影响，制定相应等级应急措施。

网络内容安全等级的划分可用于阶段性网络内容安全等级评估和长期性网络内容安全等级走势评估中。管理人员根据阶段性网络内容安全等级评估结果可以考虑提高近期频发内容安全事件类别的优先级，有效遏制该类别内容安全事情的发生。长期性网络内容安全等级走势评估结果可以为管理人员提供内容安全态势的知识支持，对于制定网络管理策略，预防重大内容安全事件的发生都具有很大意义。

7.4　网络内容安全态势预测与可视化

7.4.1　态势预测技术

预测就是“鉴往知来”，借对过去的探讨，而得到对未来的了解，具体是指根据准确、及时、系统、全面的调查统计资料和信息，运用统计方法或其他数学模型，对未来事件、现象发展的规模、水平、速度和比例等量的关系的测定。预测过程一般分为三个步骤：分析历史数据和信息，发现或识别数据模式或规律；通过一定的数学模型来描述这种模式或规律；将建立的数学模型在时间域上扩展完成预测。在应用中，有时只需要对所关心的量给出一个预测值，有时还需要关心满足一定置信度要求的预测区间。这样就分为两种预测：点预测和区间预测。点预测只是对待预测值的最佳估计；区间预测是在一定置信度（如 95%）下得到的对待预测变量取值范围的估计。网络内容安全态势的变化具有一定的时序性和规律性，因而也遵从一般预测方法的基本规则和步骤。

要选择一个恰当的预测算法必须考虑如下几个因素：

①现有的信息；

②预测形式的要求（点预测或区间预测）；

③数据的模式和规律；

④对预测精度的要求；

⑤预测的实时性要求（数据量，时间）；

⑥可理解性和可操作性。

当前典型的态势预测算法有：

（1）回归分析法

有相关关系的变量之间虽然具有某种不确定性，但是通过对现象的不断观察可以探索出他们之间的统计规律，这类统计规律称为回归关系。有关回归关系的理论、计算和分析称为回归分析。

把两个或两个以上定距或定比例的数量关系用函数形式表示出来，就是回归分析要解决的问题，其作用主要表现在以下几个方面：判别自变量是否能解释因变量的显著变化；判别自变量能够在多大程度上解释因变量；判别关系的结构或形式——反映因变量和自变量之间相关的数学表达式；预测自变量的值；当评估一个特殊变量或一组变量对因变量的贡献时，对其自变量进行控制。

（2）时间序列预测法

时间序列预测法是将预测目标的历史数据按时间的顺序排列成为时间序列，然后分析它随时间的变化趋势，外推预测目标的未来值。也就是说，时间序列预测法将影响预测目标的一切因素都由“时间”综合来描述。因此时间序列预测法主要用于分析影响事物的主要因素比较困难或相关变量资料难以得到的情况。时间序列预测法可分为确定性时间序列预测法和随机时间序列预测法。

现实中的时间序列的变化受许多因素的影响，有些起着长期的、决定性的作用，使时间序列的变化呈现出某种趋势和一定的规律性，有些则起着短期的、非决定性的作用，使时间序列的变化呈现出某种不规则性。时间序列分析具有以下三种变化分解式[22]：

①趋势变动，指现象随时间变化朝着一定方向呈现出持续稳定地上升、下降或平稳的趋势。

②周期变动，指现象受季节影响，按某固定周期呈现出的周期波动变化。

③随机变动，指现象受偶然因素的影响而呈现出的不规则波动。

（3）灰色模型法

灰色系统理论是我国学者邓聚龙教授在1982年创立的[23]，是一门研究某些既含有已知信息又含有未知或未确定信息的系统理论和方法。它从杂乱无章的、有限的、离散的数据中找出数据的规律，然后建立相应的灰色模型进行预测。灰色理论的实质就是对原始随机数列采用生成信息的处理方法来弱化其随机性，使原始数据序列转化为易于建模的新序列。灰色预测的基本原理就是确定一条通过系统的原始序列累加生成的点群的最佳模拟曲线。

灰色预测的特点是所需的样本数较少，计算简单，因此比传统的预测方法更有优越性。但是，基本的灰色算法也存在很多缺陷，如对于光滑离散函数建模，在数据序列随机性较大时预测结果误差较大。灰色预测方法可以用较少的数据建立微分方程模型，特别适于宏观预测。

（4）贝叶斯预测算法

贝叶斯动态模型及预测算法不仅仅是依赖于t时刻以往的历史数据和根据模型的知识进行预测，而且包括专家的经验信息以及主观的判断来进行预测，这对于预测突发事件特别有

用，而历史数据以及预先规定的模型不能完全反映它们。贝叶斯相对于传统的时间序列方法而言，有它的特点，它通过人的主观经验给出先验分布，使得数据的要求大大减少，而得到同样精度的预测。

（5）神经网络预测法

神经网络是模拟人脑神经网络的结构与功能特征的一种技术系统。它用大量的非线性并行处理器来模拟众多的人脑神经元，用处理器间错综灵活的链接关系来模拟人脑神经元间的突触行为，是一种大规模并行的非线性动态系统。与传统预测方法相比，它具有高度的非线性运算和映像能力、自学习和自组织能力高速运算能力、能以任意精度逼近函数关系、高度灵活可变的拓扑结构及很强的适应能力等优点，一般适用于中、短期预测，预测精度较高。

7.4.2　可视化技术

安全态势可视化是依据大量数据的分析结果来显示当前状态和未来趋势，而通过传统的文本形式，无法直观地将结果呈现给用户。可视化技术正是通过将大量的、抽象的数据以图形的方式表现，实现并行的图形信息搜索，提高可视化系统信息处理的速度和效率。可视化技术具有很好的实用价值，作为安全态势评估的新技术越来越多地得到关注。

从计算机安全领域的角度来看，可视化技术最初用来实现对系统日志或者 IDS 日志的显示。TakataT.和 KoikeH.开发的 Mielog[24]可以实现日志可视化和统计分析的交互式系统，依据日志的分类统计分析结果，进行相应的可视化显示。Koike H.和 Ohno K.专门为分析 Snort 日志以及 Syslog 数据开发的 SnortView 系统[25]，可以实现每两分钟对视图的一次更新，并可以显示四个小时以内的报警数据。

然而，基于日志数据的可视化显示受到日志本身特性的限制，实时性不好，需要较长的时间才能上报给系统，无法满足实时性要求高的网络需求，因此后来有学者提出了基于数据流的可视化工具。

由 Lau S.设计的 spinning cube of potential doom 是一个三维网络流量检测工具[26]。使用 OpenGL 开发语言进行设计开发，数据源使用了 BRO-IDS 中的 TCP/IP 日志数据。该工具以三维立方体显示整个网络空间的链接状况。立方体的三维坐标分别是源地址 IP、目的地址 IP 以及端口号。对于网络中的链接，以点的形式映射到该三维立方体中，并根据链接时间和内容的危险程度显示不同的颜色，增加了图形中包含的信息量，在一定程度上消除了视觉障碍的影响，起到了比较好的效果。

由 Conti G.和 Abdullah K.开发的可视化工具通过对网络流量的实时监控，能够提取出网络攻击行为的特征[27]。由 Krasser S.等人开发的 SeCViz 在三维的可视化视图中，以离散的、平行的点表示捕获的数据，使得一些网络攻击行为在视图中显示得十分明显，易于发现[28]。

对于大规模的网络，主机间的数据交换以及链接的建立活动非常频繁，仅依靠流量数据无法准确的判断网络安全态势，于是提出了基于多数据源、多视图的可视化系统。

由 SIFT（Security Incident FusionTools）项目组研制的 NVisionIP 和 VisFlowConnect 两种可视化工具都是基于 NetFlow 设计的[29]。NetFlow 数据是由路由器生成的，在其日志中主要包含以下信息：源地址 IP、目的地址 IP、源端口、目的端口、协议类型、数据报传输速度、时间戳和字节统计信息等，具有较好的网络统计分析功能。NVisionIP 是一种新颖的可视化工具，采用 NetFlow 审计日志作为数据源，可以在单屏内实现全局网络安全态势的显示。NVisionIP 可以将一个 B 类网络的链接状态显示出来，并且提供了三种不同精度的视图：对整个网络的链接状态的显示、对部分网络的链接状态的显示、对特定主机链接状态的显示。VisFlowConnect使用 Argus NetFlow 作为数据源，Argus NetFlow 这种流数据是由网络节点中特定主机对网络流量进行处理后得到的日志数据。VisFlowConnect 能动态显示网络链接状态和网络流量，也有三种不同层次的视图显示，并且具有数据过滤能力，能够只显示用户定义的特殊数据。

网络安全态势的可视化技术对网络状况提供了直观的表示，为网络管理员的分析提供很多便利。目前还没有专门针对网络内容安全态势的可视化工具。随着研究人员对网络内容安全的重视，网络内容安全态势的可视化技术必将受到重视。

7.5 本章小结

在当今网络日益普及深入的形势下，网络内容安全态势评估面临着前所未有的发展机遇和挑战。本章对网络内容安全态势评估进行了尝试性分析，可为后续研究提供基础。本章首先介绍了网络内容攻击并构建了一个网络内容攻击模型，进而引出网络内容安全态势评估的定义。随后在安全评估的基础上构建了网络信息内容安全态势评估模型。根据模型需求，构建了网络内容安全态势评估指标体系，重点分析了各个指标。最后介绍了网络内容安全态势预测技术和可视化技术。

参考文献

[1] Libicki M. The mesh and the Net: Speculations on armed conflict in an age of free silicon[D]. National Defense University McNair Paper 28, 1994.

[2] Schneier B. Semantic attacks: the third wave of network attacks[N]. Cryptogram News letter. October 15，2000.

[3] Thompson P. Semantic hacking and intelligence and security informatics[C]. Symposium on intelligence and security informatics, Lecture notes in computer science, Berlin: Springer-Verlag, 2003.

[4] Cybenko G，Annarita Giani，Paul Thompson. Cognitive hacking: a battle for the mind. IEEE Computer，2002，35（8）：50-56.

[5] 管海明，陈爱民. 计算机网络对抗的四个层次[J]. 微电脑世界，1999，6（34）：84-85.

[6] 栗苹. 信息对抗技术[M]. 北京：清华大学出版社，2008.

[7] 胡建伟，汤建龙，杨绍全. 网络对抗原理[M]. 西安：西安电子科技大学出版社，2004.

[8] Yan Sun，Xue guang Zhou. Attack model for cognitive Network based on Scientific Analysis of Network Material System[J]. Applied Mechanics and Materials，63-64（2011）：911-914.

[9] 孙钦东. 网络信息内容审计[M]. 北京：电子工业出版社，2010：280.

[10] 戴媛. 我国网络舆情安全评估指标体系研究[D]. 北京：北京化工大学，2008.

[11] 司加全. 网络安全态势感知技术研究[D]. 黑龙江：哈尔滨工程大学，2009.

[12] 陈秀真，郑庆华，管晓宏等. 网络化系统安全态势评估的研究[J]. 西安交通大学学报，2004，38（4）：404-408.

[13] 陈秀真，郑庆华，管晓宏等. 层次化网络安全威胁态势量化评估方法[J]. 软件学报，2006，17（4）：885-897.

[14] 李涛. 基于免疫的网络安全风险监测[J]. 中国科学 E 辑，2005，35（8）：798-816.

[15] 戴媛，姚飞. 基于网络舆情安全的信息挖掘及评估指标体系研究[J]. 情报理论与实践，2008，6（31）：873-876.

[16] 戴媛，郝晓伟，郭岩等. 基于多级模糊综合评判的网络舆情安全评估模型研究[J]. 信息网络安全，2010，5：60-62.

[17] 杜阿宁. 互联网舆情信息挖掘方法研究[D]. 哈尔滨：哈尔滨工业大学，2007.

[18] Yan Sun，Xue guang Zhou. Artificial Immune for Harmful Information Filtering[C]. The 2011 International Conference on Electric and Electronics，NanChang. Lecture Notes in Electrical Engineering，Springer Press，2011，100：125-131.

[19] 孙艳，周学广. 基于粗糙集与贝叶斯决策的不良网页过滤研究[J]. 中文信息学报，2012，26（1）：67-72.

[20] 孙艳，周学广，陈涛. 意会关键词信息取证方法[J]. 计算机工程，2011，37（19）：266-269.

[21] GB/T 20984–2007，信息安全技术信息安全风险评估规范[S]. 北京：中国标准出版社，2007.

[22] 潘红宇. 时间序列分析[M]. 北京：对外经济贸易大学出版社，2005.

[23] 邓聚龙. 灰色预测与决策[M]. 湖北：华中科技大学出版社，1986.

[24] Takata T，Koike H. Mielog：A highly interactive visual log browser using information visualization and statistical analysis[C]. In Proceedings of LISA XVI Sixteenth Systems Administration Conference，Philadelphia，2002：133-144.

[25] Koike H，Ohro K. SnortView：Visualization systems of snort logs[C]. In VizSEC/DMSEC'04，NewYork：ACM，2004：143-147.

[26] Lau S. The spinning cube of potential doom[J]. Communications of the ACM，2004，47（6）：25-26.

[27] Conti G，Abdullah K. Passive visual fingerprinting of network attack tools[C]. In VizSEC / DMSEC'04，NewYork：ACM，2004：45-54.

[28] Krasser S，Conti G，Grizzard J，et al. Real time and forensic network data analysis using animated and coordinated visualization.[C]. In Proceedings of 2005 IEEE workshop on Information assurance and security，NewYork：IEEE，2005：42-49.

[29] Xiao xin Yin，et al. VisFlowConneet：NetFlow Visualizations of Link relationships for security situational awareness[C]. In ACM CCS workshop on visualization and data mining for computer security（VizSEC/DMSEC）held in conjunetion with the 11th ACM conference on computer and communications security，NewYork：ACM，2004：26-34.

本章习题

1. 名词解释：超逻辑层次的网络攻击、安全评估、距离评估、定性评估、定量评估、内容敏感度、内容恶意度、预测。
2. 管海明等人提出计算机网络攻击的四个层次有哪些？
3. 网络内容安全态势评估的含义是什么？
4. 网络内容安全态势评估具有什么意义？
5. 安全评估有哪些环节和步骤？

6. 介绍三种安全评估方法。
7. 介绍安全评估方法中的层次分析法的处理步骤。
8. 介绍安全评估方法中的模糊综合评估法的评估过程。
9. 介绍安全评估方法中的距离综合评估法的评估过程。
10. 网络内容安全态势评估模型包括哪几个部分？画图说明。
11. 叙述网络内容安全态势评估方法的发展方向。
12. 定量评估和定性评估的区别是什么？
13. 简述网络安全态势评估指标的选取原则。
14. 简要叙述网络信息内容安全态势指标的类型。
15. 网络安全态势评估指标体系中的一、二、三级指标分别有多少个？
16. 简要分析网络安全态势评估指标体系中的一级指标。
17. 网络内容安全等级如何划分？
18. 叙述信息内容安全态势的层次结构。
19. 典型的态势预测算法有哪些？
20. 灰色预测的优缺点有哪些？
21. 简要叙述网络安全可视化技术的发展。

第 8 章　信息内容安全与对抗

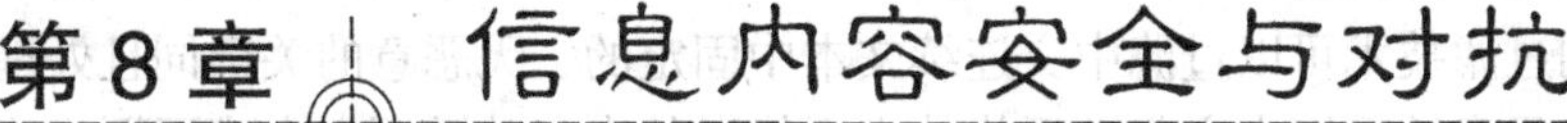

网络信息内容安全攻防双方斗争本土化[1]、形势严峻是信息内容安全与对抗的根本原因。所谓信息内容安全本土化，是指网络攻防双方都以中文为信息处理背景，都熟悉和掌握中文信息处理技术和规律。对于采用本土化的中文不良信息，现有的中文网络搜索软件、过滤软件以及其他相关处理软件系统在处理上是困难的或无效的。

本章第 1 节从信息内容安全与对抗的角度出发，提出中文主动干扰概念和方法，包括运用主动干扰算法进行的相关测试；第 2 节给出抗中文主动干扰的柔性中文处理算法；第 3 节提出基于粗糙集与贝叶斯决策的不良网页过滤算法；第 4 节介绍作者所在课题组定制的互联网舆情监测分析系统，最后是本章小结。

8.1　中文主动干扰概念和方法

8.1.1　中文主动干扰原因

中文主动干扰原因多种多样，可以简要地从内在原因和外在原因两个方面来讨论：

1. 内在原因

中文语言特性不利于自动信息处理。由于汉语的词缺乏形态变化，且不同语言单位（语素、词、短语、句子乃至篇章）之间的界限不清，包括中文分词的困难性，造成中文文本自动处理一直是中文信息处理最困难的工作之一[2]。中文自动分词算法的难点一是歧义切分字段处理，二是未登录词辨识。自 1992 年《信息处理用现代汉语分词规范》（GB/T13715–92，以下简称《分词规范》）公布和推行后，为中文信息处理中汉语的词汇平面构成了重要支撑平台。

信息处理过程中的无意行为。很明显，信息处理过程中，人的行为是可能存在一定比率的无意识出错行为的。例如，在中文写作中存在错别字，就有可能导致与错别字相关的关键词成为不良信息。而在中文输入过程中经常出现的串行、漏行现象，也会造成相关文档出现不良信息。

2. 外在原因

政治斗争需要。境内外敌对势力依托互联网，采用主动干扰方法，源源不断地制作和传播大量本应受到严格管制的有害信息和不良信息，将互联网演变为对我进行西化、分化的新“阵地”，导致网上出现大量遭受过主动干扰的中文不良信息。

经济利益驱使。搜索引擎优化师 SEO 为了提高搜索引擎的效率、网上营销商为了给自己的商铺带来巨大的经济利益，这些需求驱使众多的网络技术人员和信息技术爱好者成为网络中文主动干扰信息的制造者，导致网络上出现大量遭受中文主动干扰过的信息。

在真实的互联网环境里，别有用心的网络敌手几乎不遵守《分词规范》的内容，人为制造歧义切分和未登录词，导致网络中文信息内容的科学性、严谨性、稳定性、通用性、实用性以及语言现象覆盖完整性远低于《分词规范》实施中文自动分词处理的要求，从而使中文自动分词处理技术无法利用计算机处理被干扰过的网络信息，造成各类基于中文自动分词的过滤软件、监控软件或安全软件失效。

总之，传统的关键词过滤技术可以过滤中文连续文本中固定的、无恶意的关键词且处理效率较高；却无法处理被恶意地采用中文主动干扰技术干扰过的中文关键词文本或网页；或者说，传统的关键词过滤技术只考虑了纯技术因素，没有考虑网络攻击者可能采取的人为的主动干扰因素，因此不能解决当今复杂的网络对抗环境中有敌手实施主动干扰的过滤问题。

8.1.2 中文主动干扰概念

文献[3]给出了非形式化的中文主动干扰概念：网络攻击者了解中文特点，依据汉语同音字、繁体字与简体字并存的特点，利用中文分词技术的困难性，采用在中文连续文本中随机夹杂符号（如宣扬邪教的信息“法？//*轮*ＹＹ！功”），和/或用繁体字/同音字代替（如用“法轮攻”代替“法轮功”）某个中文关键词的方法，欺骗并绕开各种过滤器，造成网络内容安全处理效果大幅下降。

下面给出中文主动干扰形式化定义的相关描述：

定义 1　基本元素

设Σ是 Unicode 字符表集合；E是英文字母集合（包括大小写），$E=\{a,b,\cdots,Y,Z\}$；C是 Unicode 汉字集合；$C=\{啊,阿,\cdots,幵,鼈\}$；S 是字符、数字、日文假名等字符集合$S=\{1,2,\cdots,ゝ,ゞ\}$，$(E\cup C\cup S)\subset\Sigma$。

定义 2　文本

给定字符表集Σ，文本（也称文本串）T 是信息对的有序链表，记作$T=\{(t_1,o_1),(t_2,o_2),\cdots,(t_N,o_N)\}$，其中$t_i$是文本串 T 的第 i 个元素值，且$t_i\in\Sigma$，$o_i$是元素$t_i$对应的串信息值（$1\leqslant i\leqslant N$）。文本串 T 的长度记作$|T|$，即$|T|=N$。对于任意的 $1\leqslant i\leqslant j\leqslant N$，$T[i,j]=\{(t_i,o_i),\cdots,(t_j,o_j)\}$称为文本串T的子串，也称为$q\text{-}gram$，其中$q=j-i+1$。文本串 T 所有的 N-q+1 个$q\text{-}gram$可以通过在文本串 T 上每次移动一个大小为 q 的窗口来获得[4]。

汉字通常有同音字、同形字和同义字三类混淆，同音包括：拼音替代、繁体替代、同音字替代、谐音替代等；同形包括：拆分偏旁替代等；同义包括：图像替代、缩写替代、特殊符号替代、其他语言替代等。

定义 3　中文主动干扰

在不改变文本信息语义的情况下，对文本信息进行干扰，造成计算机无法执行自动中文信息处理的技术。由于删除操作会导致显著的语义改变，故中文主动干扰方法主要采用插入干扰和替代干扰两种方式，插入干扰用函数 Ins（·）表示，替代干扰用函数 Sub（·）表示。

定义 4　插入干扰

$\mathrm{Ins}(t_i)=T[x,h]$表示在文本T的第i个元素值后插入$q=\eta-\xi+1$的子串，$t_k\in(E\cup S)$，$\xi\leqslant k\leqslant\eta$，其中子串对应的串信息值为零，即$\{o_\xi,o_{\xi+1},\cdots,o_\eta\}=\varnothing$。

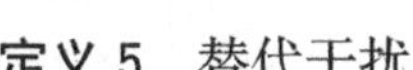

定义 5 替代干扰

$\text{Sub}(T[i,j]) = T[\phi,\varphi]$ 表示将文本 T 的子串 $T[i,j]$ 替代为子串 $T[\phi,\varphi]$，$t_k \in (E \cup C)$，$\phi \leqslant k \leqslant \varphi$，其中，子串 $T[i,j]$ 和子串 $T[\phi,\varphi]$ 的串信息值相等，即 $\{o_i, o_{i+1}, \cdots, o_j\} = \{o_\phi, o_{\phi+1}, \cdots, o_\varphi\}$。替代有三种方式：同音替代、同形替代和同义替代，替代的最细粒度为单个汉字，最粗粒度是整个文本。

定义 6 干扰相关系数

干扰相关系数记为 $Co = \{type, position\}$，其中 $type = \{T_1, T_2, T_3, T_4\}$，$T_1$ 为插入字符，T_2 为同音替代，T_3 为同形替代，T_4 为同义替代；position 为介于 0 和文本长度 $|T|$=N 之间的随机数，即 0≤*position*≤*N*。

定义 7 干信比

借用文献[5]关于通信的相关定义，令输入文本词数为 N_{in}，输出文本词数为 N_{out}，输入文本长度为 N，伪随机序列发生器产生的伪随机序列个数为 N_{ja}，其中 $N_{ja} = \gamma * N$，γ 是干扰因子，$0 \leqslant \gamma \leqslant 1$，文本干信比 C_{JSR} 定义如下：

$$C_{JSR} = \frac{N_{out}}{N_{in} + N_{Ja}} = \frac{N_{out}}{N_{in} + \gamma * N_{in}} = \frac{N_{out}}{N_{in} * (1+\gamma)} \tag{8-1}$$

8.1.3 中文主动干扰方法

中文主动干扰方法包括盲干扰算法和对准干扰算法，其区别在于盲干扰算法产生干扰信息的位置、类型都是随机的，干扰过程中由伪随机序列控制；而对准干扰算法产生干扰信息的位置是确定的，例如以关键词为干扰对象，干扰全文的关键词，干扰类型由伪随机序列控制。

1. 盲干扰算法

盲干扰产生干扰信息的位置和类型都由伪随机序列控制，输入文本 T_{in}。其中 $X = [c_1 c_2 \cdots c_n] = [w_1 w_2 \cdots w_{N_{in}}]$，$c_i \in \Sigma$，$w_j \in W$，$W$ 为词集合。输出文本 T_{out}。其中 $Y = [c'_1 c'_2 \cdots c'_p] = [w'_1 w'_2 \cdots w'_{N_{out}}]$，同理，$c'_i \in \Sigma$，$w'_j \in W$，$W$ 为词集合。

盲干扰算法随机产生 $Co = \{type, position\}$，根据 *type* 和 *position* 决定在文本的何位置进行何种类型的干扰。例如：由伪随机序列随机产生 $Co = \{T_2, 32\}$，则从文本头开始，将第 32 个词进行 T_2 型干扰，即替换为该词的同音词，如拼音。盲干扰算法伪代码如图 8-1 所示。

2. 对准干扰算法

对准干扰是对关键词库中的词进行干扰，干扰信息的类型由伪随机序列控制，关键词库可以是极性词库、不良关键词库或其他。对准干扰算法实例运算如下：指定待干扰关键词，然后编程搜索该关键词在文本中的位置 *position*（可能搜出一个或多个位置，与文本中该关键词出现次数对应），对于每一个 *position* 由伪随机序列随机产生一个干扰类型 *type*，从而形成 $Co = \{type, position\}$ 对准干扰。“计算机”是关键词库中的一个词，在文本的第 32 个词的位置出现，随机产生 $type = T_2$，即形成干扰 $Co = \{T_2, 32\}$，则从文本头开始，将第 32 个词“计算机”替换为其同音词，如拼音替代“jisuanji”。对准干扰算法伪代码如图 8-2 所示。

```
Algorithm 1: BJA（ ）//Blind Jamming Algorithm
Input: Tin
Output: Tout
Initialize Parameter;
Input=Tin;
//create the disturb index by random function
TEXT[i]=PreSegment（Tin）;Dis_Index=Random（）;
Begin
WHILE（Dis_Num<INTENSION）
{
    //creat the disturb mode by random function
    Dis_Mode=Random（）;
Disturb（TEXT[i],Dis_Mode）;Dis_Num++;
}
Tout=Revert the disturbed Text using TEXT[i];
End
```

图 8-1　盲干扰算法 BJA（）

```
Algorithm 2: PJA（ ）   //precision jamming algorithm
Input: Tin,sensitive keyword list
Output: Tout
Initialize Parameter; Input= Tin;
//create the disturb index by random function
TEXT[i]=PreSegment（Tin）;Dis_Index=Random（）;
Begin
WHILE（Dis_Num<INTENSION）
{
    //fread the sensitive keyword list,and distinguish this word
    If （TEXT[i] in sensitive keyword list） then Dis_Flag=true;
    If（Dis_Flag）
    {
    //creat the disturb mode by random function
    Dis_Mode=Random（）;
    Disturb（TEXT[i],Dis_Mode）;Dis_Num++;
    }
}
Tout=Revert the disturbed Text using TEXT[i];
End
```

图 8-2　对准干扰算法 PJA（）

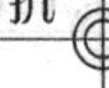

8.1.4 中文主动干扰效果评估

为了客观地验证盲干扰模型和对准干扰模型的有效性，在中文分词语料库、文本倾向性语料库等数据集上，本小节对干扰产生的分词效果、主题判别和倾向性判断等方面进行了效果评估实验研究。

1. 中文分词测试

中文信息处理只要涉及句法、语义（如检索、翻译、文摘、校对等应用），就需要以词为基本单位. 句法分析、语句理解、自动文摘、自动分类和机器翻译等，更是少不了词的详细信息，因此正确的中文分词是进行中文文本处理的必要条件。

本节试验采用容量达 8.42MB 的《人民日报》(1998 年 1 月）公开语料库①，整理成 3183 个 TXT 文本文件，称为语料库 1，记为 $corpus_1$。分词软件采用中国科学院汉语词法分析系统 ICTCLAS[6]。图 8-3 是盲干扰条件下干扰强度因子 γ 与分词精度 p 的关系图。

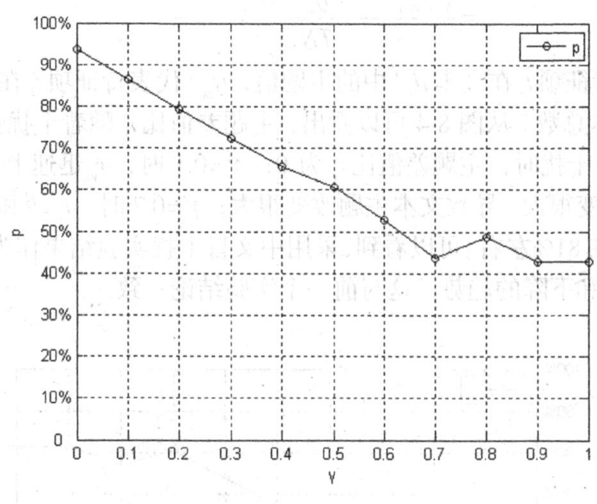

图 8-3　盲干扰条件下 γ 与 p 关系图

从图 8-3 可以看出，ICTCLAS 分词系统的分词精度随着干扰强度因子的增大而减小：γ=0 时，即不干扰时，分词精度达到 93.67%；γ=0.7 时，分词精度下降到 43.65%；$\gamma \geq 0.7$ 时，分词精度趋于稳定，在 43%左右。从上图可以看到，当 γ=0.8 时，分词精度有缓和上升的趋势，这是因为本实验是在盲干扰条件下进行的，产生的干扰信息类型和位置由伪随机函数控制，当产生的干扰信息类型为 T_1，位置在词前或词后时，不影响分词精度。

2. 主题判别测试

对文本按主题进行分类可以提高用户查找效率，文本分类技术已在搜索引擎、数字图书馆技术、信息过滤、信息检索、信息监控等领域中得到了广泛应用。本实验采用简单的向量空间模型对文本进行主题值计算。

主题判别测试语料库有两个，干扰前语料库记为 $corpus_1$，建库方法如下：采用中文分词实验处理结果文本，对其中的 3183 个 TXT 文本文件进行中文分词后，其结果由一组独立的

① http://download.csdn.net/source/1784296#acomment.

词组成，每篇文本去除停用词后，对剩下的词按频率从高到低进行排序，取前十个高频词作为特征项，对其进行权重赋值并归一化，按式（8-2）求出特征项的主题值。

$$v_{ik} = tf_{ik} * tw_{ik} \tag{8-2}$$

其中，v_{ik} 代表特征项 t_i 在文本 d_k 中的主题值，tf_{ik} 代表特征项 t_i 在文本 d_k 中出现的频率，tw_{ik} 代表特征项 t_i 的权重，权重计算采用 TFIDF 的特征权重计算方法[7]。

干扰后语料库记为 $corpus_2$，计算 $corpus_1$ 中的特征项在 $corpus_2$ 中的词频，并按式（8-3）求出干扰后特征项的主题值，按式（8-4）计算主题差值比 r_v，干扰强度因子 γ 与主题差值比 r_v 关系如图 8-4 所示。

$$v_{ik}' = tf_{ik}' * tw_{ik} \tag{8-3}$$

$$r_v = \frac{\sum_{k=1}^{TN}\sum_{i=1}^{10}\frac{tf_{ik} * tw_{ik} - tf_{ik}' * tw_{ik}}{tf_{ik} * tw_{ik}}}{TN} \tag{8-4}$$

其中，v_{ik}' 代表特征项 t_i 在文本 d_k' 中的主题值，tf_{ik}' 代表特征项 t_i 在文本 d_k' 中出现的频率，TN 代表测试文本总数。从图 8-4 可以看出，主题差值比 r_v 随着干扰强度因子的增大而增大：γ=0 时，即没有干扰时，主题差值比 r_v 为 0；γ=0.1 时，r_v 迅速上升达到 45.9%，可见干扰后特征项词频改变很大，导致文本主题改变很大；γ=0.7 时，r_v 缓和上升到 80.5%；$\gamma \geqslant$ 0.7 时，r_v 趋于稳定，在 81%左右。可以看到，采用中文盲干扰实验结果作为测试文本，当 γ=0.8 时，主题差值比有缓和下降的趋势，这与前一个实验结论一致。

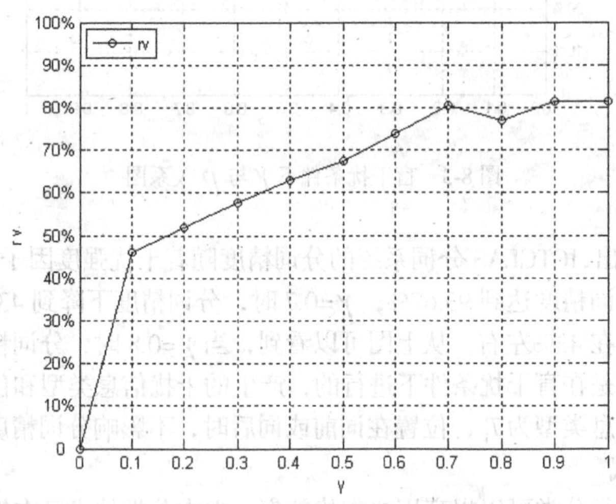

图 8-4　盲干扰条件下 γ 与 r_v 关系图

3. 文本倾向性测试

文本情感或者倾向性分析已经成为近几年自然语言处理中的一个热点问题，极性词挖掘是文本倾向性分析的核心。由于对准干扰对关键词库中的词进行准确干扰，其干扰力度要比盲干扰强，若将极性词列入对准干扰关键词库，发布经对准干扰过的文本信息，将影响文本倾向性分析。

本实验语料库采用由中科院计算所谭松波博士整理的关于酒店评论的语料库①，记为 $corpus_3$，为使本实验数据更具有说服力，本实验情感倾向性分析软件仍采用由谭松波博士研制的情感分析系统 Sentifier②。

本实验的关键词词库由褒义词词库和贬义词词库组成。词库来自于《褒义词词典》[8]和《贬义词词典》[9]，通过删除一些不常用的词语，添加一些近年出现的新词，共同构成关键词词库，实验结果如表 8-1 所示。

表 8-1 中文主动干扰下 Sentifier 准确率表

	消极文本（neg：2999）		准确率	积极文本（pos：3000）		准确率	综合准确率
干扰前	neg:2259	pos:640	78.63%	pos:2292	neg:708	76.40%	77.52%
γ=0.1 盲干扰	neg:2365	pos:634	78.83%	pos:2246	neg:754	74.86%	76.85%
γ=0.5 盲干扰	neg:2289	pos:709	76.30%	pos:1850	neg:1150	61.67%	68.99%
γ=1.0 盲干扰	neg:2415	pos:583	80.50%	pos:1125	neg:1875	37.50%	59%
对准干扰	neg:2561	pos:438	85.36%	pos:1542	neg:1458	51.40%	58.38%

从表 8-1 可以看出，语料库通过中文主动干扰后，Sentifier 的准确率明显下降了，说明了干扰算法的有效性。盲干扰条件下，随着γ的增大，综合准确率在下降，γ=0.1 时，综合准确率为 76.85%；γ=1.0 时，综合准确率下降到 59%。对准干扰条件下，综合准确率下降到 58.38%，破坏力度高于盲干扰。由于本实验的词库只采用了《褒义词词典》和《贬义词词典》，覆盖范围不是很全，破坏力度不是很大。

本节提出中文主动干扰概念和方法，构造了两种干扰模型：盲干扰模型和对准干扰模型，其中盲干扰模型的干扰范围更广，对准干扰模型的干扰力度更强，对中文文本的破坏性更大。实验测试结果表明，该项干扰技术能有效降低中文分词系统和文本倾向性分析软件的效率，扰乱文本的词频从而改变文本的主题，对于信息内容安全防护研究具有较强的指导意义。

8.2 抗中文主动干扰的柔性中文处理算法

中文网络内容安全改进措施包括两个方面：一是改进现有的中文文本自动处理算法，提高自学习能力；包括如何尽可能地缩维而不改变原来的表达集合[10]，如何实现正交的基于布尔模型的 OCAT 规则推理[11]等；二是提供更有效的过滤不良网页/文本的算法，包括根据字频同现（关联特征）实现关键字符串提取[12]、串匹配及其在网络内容分析中的应用[13]等。根据中文主动干扰的内在原因和外在原因，本节提出中文串匹配算法的形式化定义；开发了柔性中文关键词模式匹配算法，并分析算法复杂度；基于柔性匹配方法提出了一种文本特征信息提取方法，对遭受中文主动干扰过的网页可以提供有效的安全防护。

① http://www.searchforum.org.cn/tansongbo/corpus/ChnSentiCorp_htl_ba_6000.rar

② http://www.searchforum.org.cn/tansongbo/corpus-senti.htm.

8.2.1　柔性中文串匹配算法

1. 中文串匹配的形式化定义

文献[14]给出了传统的字符串匹配相关的定义：文本、模式、字母表、窗口、尝试、滑动窗口机制、边界和字符串匹配。本小节给出与中文信息处理相关的定义描述。

（1）记号

本节使用以下记号描述中文串匹配算法：

C：全部简体汉字和繁体汉字集合

U：包括汉字及其他字符的 Unicode 集合，$C \subset U$

Z：整数集合

p：用于进行匹配的中文字符串，$p \in C$

t：待匹配的纯中文文本，$t \in C$

v：待匹配的夹杂中文文本，$v \in U$

（2）形式化定义

中文串匹配形式化定义包括以下算法：

- $\text{Lenth}(x)$：该算法为统计函数，输入是文本 x，输出是文本 x 的长度，其中 $x \in U$，$\text{Lenth}(x) \in Z$。例如：$m=\text{Lenth}(p)$ 表示模式 p 的长度为 m，又记为 $|p|=m$。
- $\text{SingleMatch}(p_i,t_j)$：该算法为单个字符匹配函数，输入是模式第 i 个字符 p_i 及待匹配文本的第 j 个字符 t_j，输出值 true 或 false。其中，$p_i \in C$，$t_j \in C$，$1 \leqslant i \leqslant m$，$1 \leqslant j \leqslant \text{Lenth}(t)$。
- $\text{WindowMatch}(p,t_j)$：该算法为窗口匹配函数，输入是模式 p 及待匹配文本 t 的第 j 到第 $j+m$ 之间的字符串，通过调用 $\text{SingleMatch}(p_i,t_j)$ 函数完成窗口匹配功能，输出值 true 或 false。
- $\text{TextMatch}(p,t)$：该算法为文本匹配函数，输入是模式 p 及待匹配文本 t，通过调用窗口匹配函数 $\text{WindowMatch}(p,t_j)$ 完成文本匹配功能，输出值为窗口匹配函数匹配成功的次数累计。

（3）算法性能分析

通过算法的形式化定义与文献[14]的定义对比，可以直观地得到以下结论：

- $\text{WindowMatch}(p,t_j)$ 仅对纯文本 t 有效，对夹杂文本 v 无效。也就是说，基于窗口的经典的字符串匹配算法 $\text{TextMatch}(p,t)$ 无法解决夹杂文本的字符串匹配问题。
- 目前的基于中文关键词恶意夹杂的中文主动干扰技术可以有效地避开基于中文字符串匹配算法，使得包含这类算法的内容安全过滤/网络入侵检测手段失效。
- 只有改进中文字符串匹配方法才能解决恶意夹杂字符的字符串匹配问题，克服恶意的中文网络主动干扰。

2. 柔性中文字符串匹配算法

为了解决采用中文主动干扰技术作为网络突破技术的难题，本小节首先给出改进的柔性中文字符串匹配算法思想和伪代码，然后分析柔性中文字符串匹配算法的性能。

（1）算法的思想和伪代码

柔性中文字符串匹配算法采用基本的蛮力算法思想，但上一节中的形式化定义除了 $\text{Lenth}(x)$ 之外均不再有效。其匹配过程可以形象地看成用一个包含中文模式 p 的模板沿文本 t 滑动，同时对文本 t 的每个字符位移注意模板上的字符是否与文本中的相应顺序的字符相匹配，这里“相匹配”的概念包括以下内容：如果文本关键词中夹杂了非汉字符号，直接跳过；如果文本中存在夹杂同音字、繁体字或拼音的方式进行中文主动干扰处理的关键字，采用拼音字典模式进行匹配；如果有采用英文夹杂干扰处理的关键字，采用英文字典进行匹配。最后统计模式匹配成功的次数，包括正常关键字个数和异常关键字个数。

算法步骤如下：

Step 1：参数计算，判断是否异常退出；

Step 2：文本预处理，包括将文本中的拼音转化为汉字，将繁体字转化为简体字，将英文通过英汉字典转化为汉字。字典预处理，若字典为空，建立关键字典；将关键字典 $p[m]$转化为拼音关键字典 $q[m]$；

Step 3：采用滑动窗口机制，使用拼音关键字典作为模式，将文本比较一遍，分别统计文本中存在的正常模式匹配成功次数和异常模式匹配成功次数。

算法伪代码如图 8-5 所示。

```
算法：FlexMatch（ ）算法
输入参数：用于匹配的模式 p，待匹配文本 v;
输出结果：v 中模式 p 正常个数 nom，异常个数 jam;
FlexMatch（p,v）  {
m=Lenth（p）;
n=Lenth（v）;
if（m>n）  exit（0）;
PreProcess（v）;//文本预处理;
if（!m） SetupDict（p）;//若字典为空，建立关键字典;
TransDict（p, q）;//将关键字典转化为拼音关键字典;
flag_jam=0; //夹杂标志清 0,
jam=0; // 夹杂关键字计数器清 0
nom=0; //普通关键字计数器清 0
for（int i=1; i<=n-m; i++）  {
for （int j=1; j<=m; j++）
  {if （v[i] ∉ C） //v[i]是夹杂字符
     then { flag_jam++; i++;}
       else  if（v[i]==pp[j]） then {i++; j++;}
                 else break;    }
 if（j>=m）  then {
       if（!flag_jam） then nom++; else jam++;  }
flag_jam=0;   }    }
```

图 8-5　FlexMatch（）算法伪代码

（2）算法性能分析

串匹配算法性能的影响因素很多，算法的性能表现主要取决于模式的符号分布规律和模式的长度。下面先进行中文模式（词组）均数和均长的计算，然后对 FlexMatch( )算法进行分析。

- 中文模式（词组）均数与均长

根据现代汉语词典[15]，现代汉语词组约有 60000 条，记为 $w=60000$ 条。由 GB2312-1980，有汉字个数 $|C|_{\min}=6763$。根据 GB18030-2000，有汉字个数 $|C|_{\max}=27538$。根据文献[15]，用 $nw=\frac{w}{|C|}$ 估算中文每个汉字能够组词的词组（模式）均数 nw，计算结果如下：

$$nw_{\max}=\frac{w}{|C|_{\min}}=\frac{60000}{6763}=8.87 \tag{8-5}$$

$$nw_{\min}=\frac{w}{|C|_{\max}}=\frac{60000}{27538}=2.18 \tag{8-6}$$

$$\overline{nw}=\frac{nw_{\max}+nw_{\min}}{2}=(8.87+2.18)/2=5.53 \tag{8-7}$$

根据文献[16]，中文词的出现频率参见表 8-2。

表 8-2　　中文词的出现频率

m_i	p_i/%
单字	12.1
双字	73.6
三字	7.6
四字	6.4
多字	0.2

注：$m_i=1,2,\cdots,5$，表示中文词长；p_i 表示中文词出现的频率百分比。

根据表 8-2，用 $\bar{m}=\sum_{i=1}^{5}m_i\cdot p_i$ 进行中文词组平均长度计算，中文词组（模式）均长约为 $\bar{m}=2.078$ 字。下面的分析和计算将用到这些参数。

- 算法复杂度分析

柔性中文串匹配算法分预处理阶段和匹配阶段两部分，预处理阶段解决了异常的判断和中止处理，并使用辅助存储空间 $O(\lceil n/\bar{m}\rceil)$ 存放处理结果。

算法核心部分是匹配阶段算法，主要进行以待匹配文本长度 n 为外循环、以模式长度 m 为内循环的两重循环处理。本算法可以看作朴素的字符串匹配算法，进行模式匹配时，一旦发现一个不匹配字符或整个模式已被匹配时，朴素算法就终止对于给定位移的字符比较

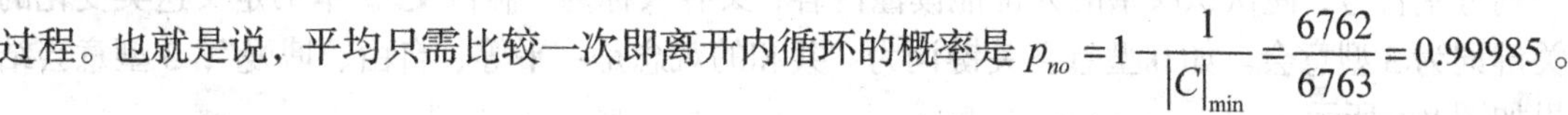

过程。也就是说，平均只需比较一次即离开内循环的概率是 $p_{no}=1-\frac{1}{|C|_{\min}}=\frac{6762}{6763}=0.99985$。

因为中文平均模式长度即词组均长为 $\overline{m}=2.078$。如果第 1 个汉字匹配成功，则以词组均数倒数 $\frac{1}{\overline{nw}}$ 发生第 2 次匹配成功，该词组匹配成功概率为 $p_{\text{Yes}}=\frac{1}{|C|}\times\frac{1}{\overline{nw}}=2.67384E\text{-}5$。换言之。将以约 0.00003 的概率发生词组匹配成功，而不匹配就离开内循环的概率是 $p_{\text{No}}=1-\frac{1}{|C|_{\min}}\times\frac{1}{\overline{nw}}=1-\frac{1}{6763}\times\frac{1}{5.53}\approx 0.99997$。如果都不匹配，则内外两重循环总共只发生 $O(n+\overline{m})$ 次匹配计算，即算法的匹配次数为待匹配文本的长度 $n+2.078$。这一点充分展示了本算法利用中文特征而获得的优良的匹配效率。

柔性中文串匹配算法 FlexMatch()适合在中文文本编辑及匹配等场合使用，当模式长度为 m、文本长度为 n 时该算法的时间复杂度达到最优，为 $O(m+n)$。

当本算法处理非自然语言的小字符集文本匹配时，如英文字符集，或阿拉伯数字匹配，可能出现最坏的匹配，其时间复杂度为 $O(n*m)$。

8.2.2　基于意会关键词柔性匹配的文本特征信息提取算法

英国著名心理学家和科学哲学家波兰尼[17]在关于科学知识的研究中指出：个体的知识系统实际上有两种类型，即便于与他人沟通或交流的“言传知识”(explicit knowledge)，以及无法用言语与他人沟通的“意会知识”(tacit knowledge)。本小节引申波兰尼的研究结果，把中文关键词分类为言传关键词(explicit keyword)和意会关键词(tacit keyword)。言传关键词就是原形关键词，又称为本体关键词(ontology keyword)。意会关键词相对于言传关键词而言，是一种“只可意会不可言传”的关键词。

1. 意会关键词分类与统计方法

基于中文主动干扰的意会关键词分类定义如下：

定义 8　中文言传关键词又称为原形关键词，它在文本中不发生任何变化，定义为 0 型意会（原形关键词以“蓝天白云”为例）。

定义 9　图像意会型：关键词中有关键字或关键词用图像的方式表示，称为 1 型意会。本文研究对象仅限于图像中的字为印刷体，不包括手写体汉字。如 1 型意会关键词“蓝天白云”。

定义 10　火星文意会型：流行于中文互联网上的一种普遍用法，融合了各种语言符号（符号、繁体字、日文、韩文、冷僻字等），用同音字、音近字、特殊符号等来替代中文汉字的“次文化用语”，由于与日常生活中使用的文字相比明显不同，文法奇异，又叫做“火星文”，本文定义为 2 型意会。如 2 型意会关键词为“1 切斗 4 换 J”，则 0 型意会结果是“一切都是幻觉”。火星文意会型包括夹杂繁体字关键词、夹杂同音字关键词以及拆分偏旁关键词等。

定义 11　假古文意会型：模仿汉语古文排版，将横排文字转换成竖排文字，并自定义每一列分割符号，使认识汉字的人都能读懂内容，又有人称为“假古文”。本书定义这类变化的关键词为 3 型意会。如 0 型意会关键词为“共和的观念是：平等、自由、博爱”，3 型意会结果如图 8-6 所示。

共和的观念
是：平等、
自由、博爱

图 8-6　3 型意会示例图

定义 12　字母意会型：在中文串中随机夹杂非汉语字符，或用汉语拼音，或用英文串代替关键词的意会方式，本书定义为 4 型意会。字母意会包括夹杂字符关键词、夹杂拼音关键词以及夹杂英文关键词等。如 4 型意会关键词为“blue tian 白云”，其 0 型意会结果是“蓝天白云”。

通过以上刻画将基于中文主动干扰的关键词进行了分类，避免在进行意会提取时发生重复统计或遗漏，影响关键词统计的度量，进而影响信息取证分析的准确性。

意会关键词分类模型如图 8-7 所示。

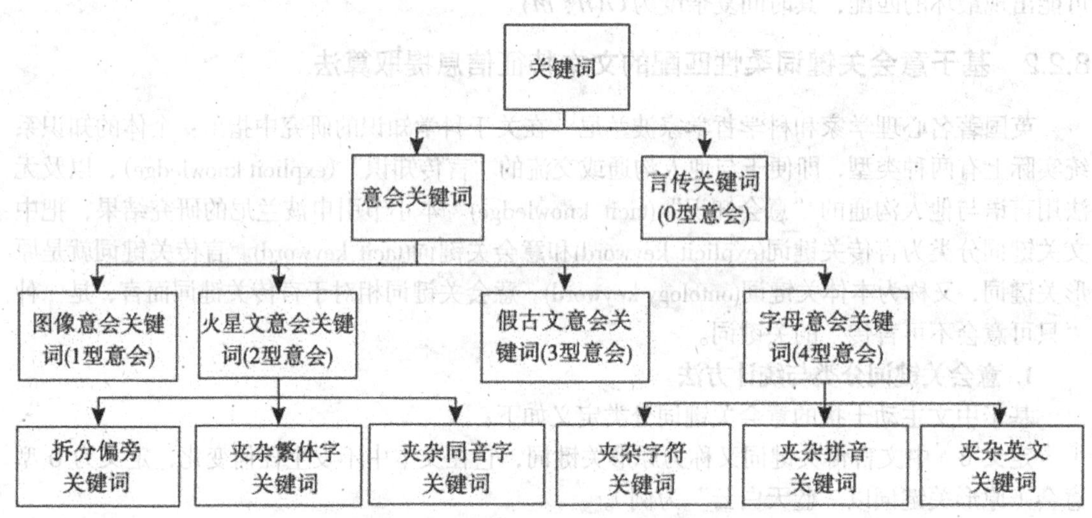

图 8-7　基于中文主动干扰的意会关键词分类模型

中文意会关键词统计方法：设 R_J 为查全率，P_J 为查准率，令 i 代表中文主动干扰类型（从 0 型意会到 4 型意会），T 为遭受中文主动干扰的关键词数量，T_i 表示第 i 型意会的关键词命中记录数，N 为数据库中全部关键词数（包括提取出来的和未提取出来的关键词），x 为提取出的关键词数（包括正确提取的和不正确提取出的关键词），有

$$R_J = \frac{\sum_{i=0}^{4} T_i}{N} \times 100\% \quad (8\text{-}8)$$

$$P_J = \frac{\sum_{i=0}^{4} T_i}{x} \times 100\% \qquad (8\text{-}9)$$

$$F_J = \frac{2 \times P_J \times R_J}{P_J + R_J} \qquad (8\text{-}10)$$

2. 文本特征信息提取模型

本节采用柔性匹配技术先对变形关键词进行识别，进而提取文本特征。特征信息提取模型如图 8-8 所示。模型主要由预处理、柔性匹配和特征信息提取三部分组成，预处理部分主要去除文档中的无用词、停用词等。本节包括中文柔性匹配分成原型关键词匹配、夹杂符号匹配、同音字/繁体字代替匹配、拼音代替匹配和英文代替匹配五部分，原型匹配是关键词不变的匹配，这里不作介绍。

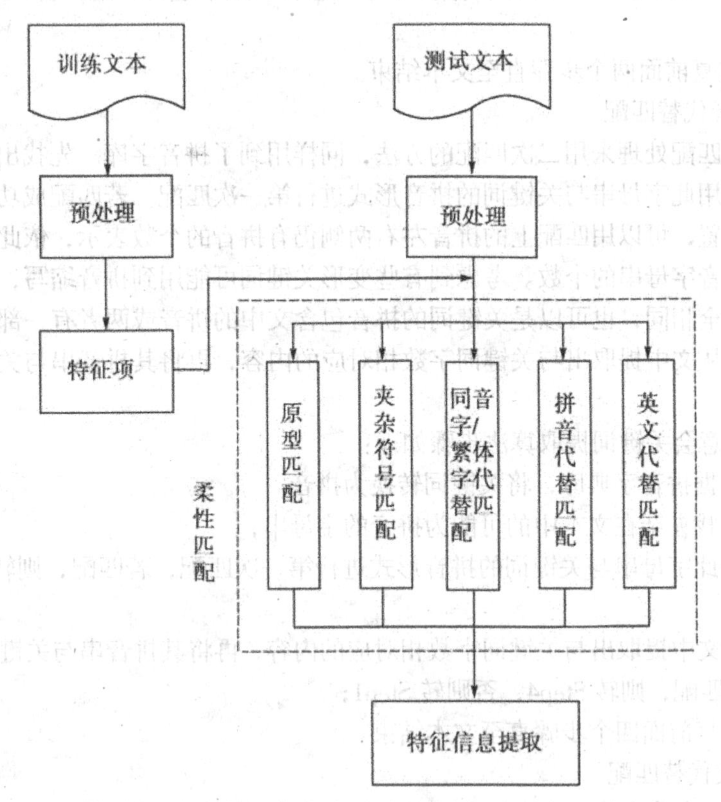

图 8-8　基于柔性匹配的文本特征信息提取模型

3. 柔性匹配算法

（1）夹杂符号匹配

这里的符号是指除简体汉字、繁体汉字和英文字母外所有的字符，不管夹杂的符号是全角还是半角形式，都能匹配出来。当在文本中向前匹配时，遇到符号时直接跳过，并标记此处夹杂符号。

夹杂字符及假古文意会关键词提取算法步骤如下：

Step1：关键词模式串在文本中向前匹配，遇到符号时直接跳过；

Step2：若正向关键词首字匹配成功，纵向提取下一行对应列的汉字，与关键词字典进行匹配，若匹配，则转 Step3，否则转 Step1；

Step3：将关键词剩余部分与对应的文档进行匹配，若匹配，则转 Step4，否则转 Step1；

Step4：重复前面三个步骤直至文本结束。

（2）同音字/繁体字代替匹配

在匹配前，先建立了一个拼音字库，里面存有每个汉字对应的拼音。不管关键词中含有同音字还是繁体字，它们的拼音是一致的。在匹配前先进行“形”->“音”->“形”的转换，即将关键词中的每个字转化为拼音，再根据拼音得到每个字对应的同音字/繁体字序列，最后用此序列与文本内容进行匹配。

步骤如下：

Step1：根据拼音字典库，将关键词转化为其同音字/繁体字构成的关键词；

Step2：将关键词的每种同音字/繁体字序列组合与文本进行匹配，若匹配，则转 Step3，否则转 Step1；

Step3：重复前面两个步骤直至文本结束。

（3）拼音代替匹配

拼音代替匹配处理采用二次匹配的方法，同样用到了拼音字库。先找出文本中可能为拼音的字母串，用此字母串与关键词的拼音形式进行第一次匹配。若匹配成功，得到拼音串在关键词中的位置，可以用匹配上的拼音左右两侧仍有拼音的个数表示，依此可确定再次提取文中汉字或拼音字母串的个数。考虑到有些变形关键词可能用到拼音缩写，因此这里的匹配成功可以是完全相同，也可以是关键词的拼音包含文中的拼音或两者有一部分交集。根据第一次匹配结果从文中提取出与关键词字数相对应的内容，再将其拼音串与关键词拼音串进行第二次匹配。

拼音代替意会关键词提取算法步骤如下：

Step1：根据拼音字典库，将关键词转换为拼音。

Step2：查找夹杂在文本中的可能为拼音的字母串；

Step3：将此字母串与关键词的拼音形式进行第一次匹配，若匹配，则转 Step4，否则转 Step1；

Step4：从文中提取出与关键词字数相对应的内容，再将其拼音串与关键词拼音串进行第二次匹配，若匹配，则转 Step4，否则转 Step1；

Step5：重复前面四个步骤直至文本结束。

（4）英文代替匹配

在匹配前，先建立英文字库，里面存有每个英文对应的汉语解释。由于英文处理比较复杂，此处采用多次匹配的方法。先找出文本中可能为英文的字母串，在英文字库查找是否有此英文，无则进行下一个字母串的操作，有则将其汉语解释依次与关键词匹配。若匹配成功，分别进行匹配成功的关键字左边和右边与文本中英文的左边和右边匹配，两者都匹配成功，则说明此处为英文代替关键词。

英文代替意会关键词提取算法步骤如下[8]：

Step1：查找夹杂在文本中的英文；

Step2：调用英汉数据库，将英文翻译成中文并与中文关键词采用 BM 算法进行初步匹配，若匹配，则转 Step3，否则转 Step1；

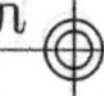

Step3：将中文关键词和英文匹配的剩余部分与夹杂英文处左右对应的文档进行匹配，若匹配，则转 Step4，否则转 Step1；

Step4：重复前面三个步骤直至文本结束。

4. 特征信息提取算法

设测试文档 d_i，特征项 t_k，利用柔性匹配技术，可以匹配出 t_k 的变形形式 $t_k^{'}$，这里变形形式包括夹杂符号，用同音字、繁体字、拼音或英文代替等 5 种变形形式。设文档的向量空间为 n 维，文档中共有 m 个特征项的变形，那么此时向量空间维数就变成 $(n+m)$ 维。向量空间维数的增大，必然会加大文档相似度 $Sim(V(d_i),V(d_j))$ 的计算复杂度，影响过滤效率，因此，在处理时，把变形形式 $t_k^{'}$ 归类为其本体 t_k，空间维数仍为原来的 n 维。

$t_k^{'}$ 是不法分子为了逃避安全过滤，故意将 t_k 进行变形的，因此 t_k 是反映文档 d_i 最重要的特征。如果不能识别出其变形形式，那么就达到了掩饰文档特征的目的；如果仅仅将识别出的变形形式归类为本体，只增加 t_k 的词频，此时也没能体现出 t_k 对文档的重要程度。所以，应该赋予有变形形式的特征项以更高的权重，综合考虑，给出下面的权重计算公式。

$$w_{ik}=\frac{f_k^{'}(d_i)\times\log(N/N_k^{'}+0.01)}{\sqrt{\sum_{t_k\in d_i}\left[tf_k^{'}(d_i)\times\log(N/N_k^{'}+0.01)\right]^2}}\times\frac{(1+\alpha(t_k^{'}))}{\lambda}\tag{8-11}$$

式中，$f_k^{'}(d_i)$ 表示特征项 t_k 及其变形 $t_k^{'}$ 在文档 d_i 中出现的次数（即词频）；N 表示测试文本总数；$N_k^{'}$ 表示测试文本集中出现特征项 t_k 及其变形 $t_k^{'}$ 的文本数；$\alpha(t_k^{'})$ 表示特征项具有变形形式的权重因子，若特征项 t_k 没有变形形式，则 $\alpha(t_k^{'})=0$；λ 表示比例因子，用来调节有变形形式的特征项与无变形形式的特征项间的权重。利用式（8-8）计算出每个特征项的权重，这时 d_i 就可以用向量空间来表示；根据 d_i 与不良文档的相似度，设定过滤阈值 φ，当 $Sim(V(d_i),V(d\ ))>\varphi$ 时，则此文档 d_i 为不良文档，应该过滤。

本节提出了柔性中文字符串匹配算法，解决了传统字符串匹配算法无法解决的中文网页中恶意干扰的关键词无法过滤问题。利用意会概念对主动干扰汉字关键词现象进行了分类，给出了文本特征提取模型,给出了柔性匹配算法，包括夹杂拼音、同音字/繁体字代替、拼音代替和英文代替等，最后给出特征信息提取算法。

8.3 基于粗糙集与贝叶斯决策的不良网页过滤算法

不良网页过滤是网页两分类问题。本节提出了一种基于粗糙集与贝叶斯决策相结合的不良网页分类过滤算法，首先利用粗糙集理论的区分矩阵和区分函数得到网页分类决策的属性约简；然后通过贝叶斯决策理论对网页进行分类与过滤决策。仿真实验表明，该方法在不良网页分类过滤系统中开销小，过滤准确度高，因而在快速过滤不良网页的应用中具有工程应用价值。

8.3.1 引言

随着网络的普及，人们每天接触的信息与日俱增，信息的迅速膨胀产生了“信息过载”和“信息迷航”，同步加大了网络不良信息（包括垃圾信息、反动信息、虚假信息、恶意信息等）的传播，带来了各种信息安全问题和社会问题，因此不良信息过滤问题日益被人们重视。

1982 年，Denning 在计算机协会通信（CACM）上首次提出信息过滤的概念[18]。1987 年，Malone 等人在 CACM 上提出了两种信息过滤行为方式：认知过滤和社会过滤[19]，认知过滤即基于内容的过滤。Nanas 将信息过滤分为基于内容的过滤和协同过滤[20]。基于内容的过滤是解决当前网络不良信息泛滥问题的主流技术。从内容上看，不良信息过滤问题可以看做一个“两类”分类问题。因此，各种分类算法可以应用于不良信息过滤中，如贝叶斯算法[21]、支持向量机[22]、粗糙集理论[23]、决策树算法[24]等。Pang 等人曾用贝叶斯方法、最大熵法和支持向量机法对电影评论做分类效果评比，发现支持向量机的分类效果最好[25]。虽然 SVM 的分类效果优于其他分类方法，但是其计算开销大的缺点促使研究人员寻找更加完美的分类器。

贝叶斯算法是以贝叶斯定理为理论基础的一种在已知先验概率与条件概率情况下得到后验概率的文本分类算法。贝叶斯分类算法原理简单，健壮性强。粗糙集理论能够获得分类所需的最小特征属性集，在不影响分类精度的条件下降低特征向量的维数，得到最简的显式表达的分类规则。采用贝叶斯和粗糙集理论相结合的方法进行不良网页过滤，可以优化分类系统的总体性能。

本节利用粗糙集中区分矩阵和逻辑运算对网页特性现象进行知识约简，剔除判断网页类别的冗余属性，对约简后的网页特征现象进行网页类别的初步分类，建立网页类别决策初表，然后进行网页分类，通过网页归类，建立网页类别决策复表，最后通过贝叶斯决策过程来判别网页类别以及决定是否过滤。

8.3.2 粗糙集理论

粗糙集理论是一种新的处理模糊和不确定性知识的数学工具。其主要思想就是在保持分类能力不变的前提下，通过知识约简，导出问题的决策或者分类的规则。知识约简是粗糙集理论的核心内容之一。众所周知，知识库中知识（属性）并不是同等重要的，甚至其中某些知识是冗余的。所谓知识约简就是在保持知识库分类能力不变的条件下，删除其中不相关或不重要的知识，并得到知识的最小表达。本节提出利用区分矩阵和区分函数[26]来表达知识，它能够很容易地计算约简和核。

设 $K=(U,P,AT,V,\rho)$ 为一概率知识表示系统，即 U 是论域，P 是 U 的子集全体构成的 σ 代数上的概率测度，$AT=\{a_1,a_2,\cdots,a_n\}$ 是有限个属性构成的集合，$V=V_1\times V_2\times\cdots\times V_n$，$V_i$ 是属性 a_i 的值域，$\rho:U\to V$ 是信息函数，对于 U 中的每个对象 x，$\rho(x)$ 称为 x 的描述，具有相同描述的对象是不可分辨的，记与 x 具有相同描述的对象全体为 $[x]$。设 $\Omega=\{\omega_1,\omega_2,\cdots,\omega_s\}$ 是具有有限个特征状态的集合，每个具有状态 ω_i 的对象是 U 的子集，常称为概念，$A=\{r_1,r_2,\cdots,r_m\}$ 是由 m 个可能决策行为构建的集合，$P\left(\omega_j\middle|[x]\right)$ 表示一个对象在描述 $[x]$ 下处于状态 ω_j 的概率，一般假定 $P\left(\omega_j\middle|[x]\right)$ 为已知的。令 $\lambda\left(r_i\middle|\omega_j\right)$ 表示状态 ω_j 时采用决策 r_i 的风险损失。

8.3.3 粗糙集与贝叶斯决策的网页过滤方法

提出一种采用粗糙集与贝叶斯决策相结合的不良网页过滤方法，在相应的网页特征现象对应的各个网页类别下，利用粗糙集中区分矩阵和逻辑运算对网页特性现象进行知识约简，剔除判断网页类别的冗余属性，对约简后的网页特征现象进行网页类别的初步分类，建立网页类别决策初表，然后进行网页分类，通过网页归类，建立网页类别决策复表，最后通过贝叶斯决策过程来确定页面类别以及是否进行过滤。

粗糙集对网页特征现象信息的约简方法如下：设决策表系统为 $S=(U,A,V,f)$，S 为知识表达系统，它对应网页分类决策系统；$A=P\cup D$ 是属性集合，子集 $P=\{a[i]|i=1,\cdots,k\}$ 和 $D=\{d\}$ 分别称为条件属性集和决策属性集，在网页分类中分别对应网页特征现象集和网页类型集；$U=\{x_1,x_2,\cdots,x_n\}$ 为论域，对应网页分类中的被分类的单个网页对象集；$a[i](x_j)$ 是被分类页面 x_j 在特征现象 $a[i]$ 上的取值。区分矩阵 $C(i,j)$ 表示区分矩阵中第 i 行和第 j 列交点处的元素，则区分矩阵 C_D 定义为：

$$C_D(i,j)=\begin{cases} m[k], d(x_j)\neq d(x_i) \\ 0, d(x_j)=d(x_i) \end{cases} \tag{8-12}$$

其中 $\{m[k]|m[k]\in P\wedge m[k](x_i)\neq m[k](x_j)\}$。利用区分矩阵进行属性约简的算法如下：

引用布尔函数，称为区分函数（discernibility function），用 Δ 表示，对每个属性 $a\in A$，我们指定一个布尔变量"a"。若 $a(x,y)=\{a_1,a_2,\cdots,a_k\}\neq\varnothing$，则指定一个布尔函数 $a_1\vee a_2\vee\cdots\vee a_k$，用 $\sum a(x,y)$ 来表示；若 $a(x,y)=\varnothing$，则指定布尔常量 1，区分函数可定义如下：$\Delta=\prod_{(x,y)\in U\times U}\sum a(x,y)$。

贝叶斯决策过程在不良网页过滤中简述如下：假定一个对象的描述为 $[x]$，对于这个对象实施了决策 r_i，由于 $P(\omega_j|[x])$ 是在给定描述 $[x]$ 下的处于 ω_j 的概率，因此对象在给定描述 $[x]$ 下采用决策 r_i 的期望损失（常称为风险条件）可由全概率公式得到：

$$R(r_i|[x])=\sum_{j=1}^{s}\lambda(r_i|\omega_j)P(\omega_j|[x]) \tag{8-13}$$

对于给定描述 $[x]$，记 $\tau(x)$ 为一个决策规则，即 $\tau(x)\in A$，则 τ 是描述空间到 A 的一个函数。令 R 是在给定一个总体决策规则下的期望总体风险。由于 $R(\tau(x)|[x])$ 是在描述 $[x]$ 下决策 $\tau(x)$ 的条件风险率，因此总体风险：$R=\sum_{[x]}R(\tau(x)|[x])P([x])$，其中的和是对整个知识表示系统而言。显然，如果决策规则 $\tau(x)$ 使得对每个 $[x]$ 而言条件风险率 $R(\tau(x)|[x])$ 尽可能的小，那么总体风险就能达到最小值。对于每个对象 $x\in U$，计算由式（8-13）给出的风险 $R(r_i|[x]), i=1,2,\cdots,m$，如果有两个或两个以上的决策使条件风险达到最小则根据实际情况取其中之一。设 U 是一系列不良的网页，设 ω 是某种不良类型的信息（如暴力、色情等），则 ω 把 U 分成两部分，含某种类型的不良网页（记为 ω）和不含此类型的网页（记为 $\sim\omega$），记 $pos(\omega)$ 和 $neg(\omega)$ 为 ω 的正域（存在不良信息需要进行过滤的网页）和负域（存在不良信息不需要过滤的网页）。

每一个网页 x 在网页特征现象 $[x]$ 下面临两种可能的决策：

（Y）决策 $r_1: x\in pos(\omega)$，即 $r_1=[x]\to pos(\omega)$；

（N）决策 $r_2: x\in neg(\omega)$，即 $r_2=[x]\to neg(\omega)$。

这时，$A=\{r_1,r_2\}$。令 $\lambda=\{r_i|\omega\}$ 为含不良信息的网页实际为不良页面（对象实际属于 ω）而采取决策 r_i 时的风险，$\lambda=\{r_i|\sim\omega\}$ 为含不良信息的网页实际不为不良页面而采取决策 r_i 时的风险，$P(\omega|[x])$ 为网页在页面特征现象 $[x]$ 下有故障的概率，$P(\sim\omega|[x])$ 为网页在页面特征现象 $[x]$ 下没有故障的概率。这样，网页在页面特征现象 $[x]$ 下采取决策 r_i 的条件风险 $R(r_i|[x])$ 可由全概率公式得：

$$R(r_i|[x])=\lambda_{i1}P(\omega|[x])+\lambda_{i2}P(\sim\omega|[x]) \tag{8-14}$$

其中 $\lambda_{i1}=\lambda(r_i|\omega),\lambda_{i2}=\lambda(r_i|\sim\omega),i=1,2$。

由贝叶斯决策过程可得最小风险规则为：

（Y） $r_1:[x]\to pos(\omega)$，若

$$R(r_1|[x])\leqslant R(r_2|[x]) \tag{8-15}$$

（N） $r_2:[x]\to neg(\omega)$，若

$$R(r_2|[x])\leqslant R(r_1|[x]) \tag{8-16}$$

由于在实际情况中，对于存在不良信息的但还不能确定为哪类不良页面的网页来说，进行网页过滤的风险比不进行页面过滤处理的风险要小；而对于没有不良信息的网页来说，进行过滤的风险比不进行过滤的风险要大，即满足关系式：

$$\lambda_{11}<\lambda_{21}，且\ \lambda_{12}>\lambda_{22} \tag{8-17}$$

将式（8-17）代入式（8-15）和式（8-16），并利用 $P(\omega|[x])+P(\sim\omega|[x])=1$ 经计算可得最小风险决策规则重新表达为：

（Y） $r_1:[x]\to pos(\omega)$，若 $P(\omega|[x])\geqslant\alpha$，

（N） $r_2:[x]\to neg(\omega)$，若 $P(\omega|[x])\leqslant\alpha$，

其中

$$\alpha=\frac{\lambda_{12}-\lambda_{22}}{(\lambda_{21}-\lambda_{11})+(\lambda_{12}-\lambda_{22})} \tag{8-18}$$

显然，由式（8-17）可知 $0<\alpha<1$。这样最终得到了概念 ω 关于 α 的近似（全体实际被过滤网页）为：

$$apr_\alpha(\omega)=pos_\alpha(\omega)=\cup\{[x]|P(\omega|[x])\geqslant\alpha\} \tag{8-19}$$

即当页面特征现象表现为 $[x]$ 的情况下，实际为某种不良网页 ω 的概率大于和等于 α 的那些网页肯定被过滤。

8.3.4　算法设计

1. 风险系数

由于对网页中不良页面的确定并不一定通过存在不良信息的阈值百分之百的确定，所以

算法在通过粗糙集确定不良类型页面后，根据贝叶斯准则，给予每种不良类型评定一个风险系数，用于进一步进行过滤决策，这样可以提高网页过滤的正确率和避免误过滤而带来的计算机高开销。

由上述内容可知$\lambda_{11} < \lambda_{21}$，且$\lambda_{12} > \lambda_{22}$。对于网页过滤来说，$\lambda_{11} = \lambda_{22} = 0$表明不良网页被正确过滤的风险为 0。但是网页被误判时风险明显提高，假设风险函数根据过滤网页重要度成指数增长。网页内容越重要，错误过滤后的风险越大。把非不良页面当作不良网页过滤的风险设为$\lambda_{12} = e^{\beta}$，其中β为页面重要度，页面重要度分为Ⅰ、Ⅱ、Ⅲ、Ⅳ四个等级：Ⅰ为重要度小的网页（一般指普通的新闻、娱乐等网页），Ⅱ为重要度中等的网页（一般指企业、公司、学校等网页），Ⅲ为重要度较高的网页（一般指涉及商业秘密、网络交易等网页），Ⅳ为重要度很高的网页（一般指涉及国家机密、军事机密等网页）。重要度系数如表 8-2 所示。

表 8-2　**网页重要度系数表**

等级	Ⅰ	Ⅱ	Ⅲ	Ⅳ
难度系数β	0.3	0.5	0.7	0.9

其中重要度系数在$0 \leqslant \beta \leqslant 1$，其中网页为不良或存在不良信息时未被过滤而导致的风险为$\lambda_{21} = e^{\gamma}$，其中$\gamma$为网页的危害度。根据网页的信息内容，把页面危害程度也分为Ⅰ、Ⅱ、Ⅲ、Ⅳ四个等级，危害程度为Ⅰ＜Ⅱ＜Ⅲ＜Ⅳ。网页危害度系数如表 8-3 所示。

表 8-3　**网页危害度系数表**

等级	Ⅰ	Ⅱ	Ⅲ	Ⅳ
危害度系数γ	0	0.3	0.6	0.9

由式（8-18）得到风险系数为

$$\alpha = \frac{e^{\beta}}{e^{\beta} + e^{\gamma}} \tag{8-20}$$

2. 过滤算法

本节通过计算机和人工相结合的方式来提取网页的特征信息，由于考虑到某些特征现象（如流媒体中裸露镜头的比例）机器很难进行阈值判断，是通过人工判断来提取特征信息。例如文本关键词的阈值以及文本夹杂恶意字符等是采用 THIDF 的方法进行获取特征现象。在获取特征现象后，进行网页分类，根据粗糙集理论去除冗余的判别信息，只保留必要的特征信息；然后根据网页的重要性和危害性进行贝叶斯决策，从而达到利用最小的过滤代价来过滤最有危害性的不良网页的目的。具体步骤如下：

Step1 收集网页特征信息，根据网页特征信息进行类别的初步分类，建立网页类别样本决策初表；

Step2 根据粗糙集理论对网页类别样本决策初表建立相应的区分矩阵C_D，用式（8-12）对其进行属性约简，选择最优的属性组合，简化网页类别样本决策初表，形成网页类别决策复表；

Step3 对于网页特征信息不在类别决策复表中的根据收集的历史特征信息以一定的先验概率确定为某种类别的网页；

Step4 对于网页实时分类用网页类别决策复表进行决策，确定网页为某种不良类别的后验概率为 $P(\omega|[x])$；

Step5 由贝叶斯准则，根据公式（8-20），确定过滤网页的风险系数 $\alpha=\dfrac{e^{\beta}}{e^{\beta}+e^{\gamma}}$；

Step6 当网页为某种不良类别的后验概率为 $P(\omega|[x])\geqslant\alpha$ 时，确定为不良类别并进行过滤，当 $P(\omega|[x])<\alpha$ 时，定为非不良页面并不予过滤，最后给出决策结果。

诊断算法流程图如图 8-9 所示：

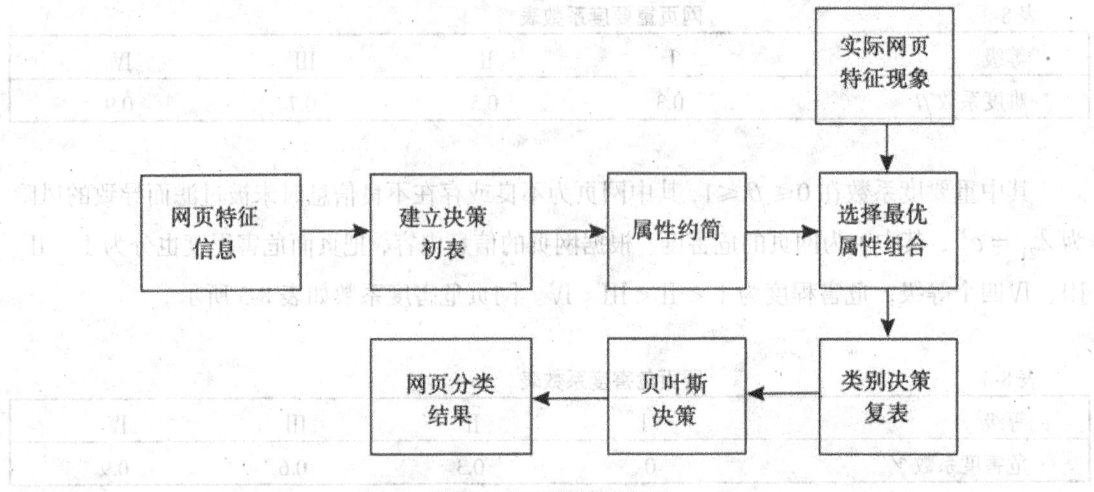

图 8-9 诊断算法流程图

8.3.5 算例与仿真结果

1. 算法实例

假定在客户端对网页进行过滤，由算法的 Step1，根据表 8-5 和表 8-6 的网页特征现象和网页类别与相应特征现象表。由算法 Step2，建立区分矩阵 C_D，如式（8-21）所示，用粗糙集理论对 C_D 进行属性约简，得到表 8-8 的网页类别决策复表，由算法 Step3，得到网页类别不确定表，如表 8-9 所示。由算法 Step4-Step6，确定风险系数，由于考虑实际网页为普通的不良页面，根据表 8-3 和表 8-4，风险系数中参数 β 定为Ⅰ级，γ 定位Ⅲ级。所以

$\alpha=\dfrac{\lambda_{12}}{\lambda_{21}+\lambda_{12}}=\dfrac{e^{0.3}}{e^{0.3}+e^{0.6}}=0.4256=42.56\%$，风险系数概率超过 $\alpha=42.56\%$ 的都可以进行网页过滤，这样可以最大程度地保护网页的安全过滤。

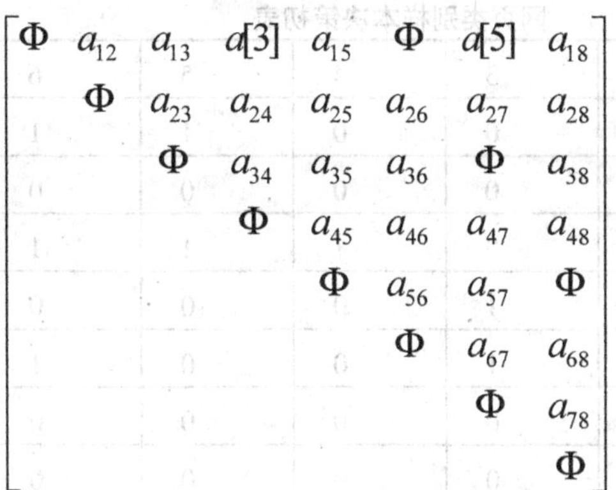

$$\begin{bmatrix} \Phi & a_{12} & a_{13} & a[3] & a_{15} & \Phi & a[5] & a_{18} \\ & \Phi & a_{23} & a_{24} & a_{25} & a_{26} & a_{27} & a_{28} \\ & & \Phi & a_{34} & a_{35} & a_{36} & \Phi & a_{38} \\ & & & \Phi & a_{45} & a_{46} & a_{47} & a_{48} \\ & & & & \Phi & a_{56} & a_{57} & \Phi \\ & & & & & \Phi & a_{67} & a_{68} \\ & & & & & & \Phi & a_{78} \\ & & & & & & & \Phi \end{bmatrix} \tag{8-21}$$

表 8-5　　**网页特征现象与属性值**

编号	特征现象	属性值
a[1]	网页内容中心思想倾向性不健康，带有不良思想。	a[1] = 0（无） a[1] = 1（有）
a[2]	宗教迷信类关键词占整个网页文本比重超过设定阈值。	a[2] = 0（不超过） a[2] = 1（超过）
a[3]	宗教迷信类语句占整个网页文本比重超过设定阈值。	a[3] = 0（不超过） a[3] = 1（超过）
a[4]	网页中 Flash 和视频等流媒体中出现大量裸体镜头。	a[4] = 0（无） a[4] = 1（有）
a[5]	网页中含有人物裸体图片占比重超过设定阈值。	a[5] = 0（不超过） a[5] = 1（超过）
a[6]	网页链接的 IP 地址、域名和 URL 多数在反动恶势力黑名单中。	a[6] = 0（不在） a[6] = 1（在）
a[7]	网页中背景声音中存在法轮功等宗教反动语言和声音。	a[7] = 0（无） a[7] = 1（有）
a[8]	网页文本内容潜在情感倾向性为宗教迷信类。	a[8] = 0（无） a[8] = 1（有）

表 8-6　　**网页类别及相应特征现象表**

编号	网页类别	相应特征现象
d1	正常网页	所有均正常
d2	混合不良网页	a[1],a[2],a[3],a[4], a[5],a[6],a[7],a[8]
d3	色情网页	a[4],a[5]
d4	封建迷信网页	a[1],a[2],a[3],a[8]
d5	宗教反动网页	a[1],a[2],a[3],a[6],a[7],a[8]

表 8-7　　　　网页类别样本决策初表

U	1	2	3	4	5	6	7	8
a[1]	0	1	0	0	1	1	0	1
a[2]	0	1	0	0	0	0	0	0
a[3]	0	1	0	1	1	1	0	1
a[4]	0	1	1	0	0	0	0	0
a[5]	0	1	1	0	0	1	1	1
a[6]	0	1	0	0	0	0	0	1
a[7]	0	1	0	0	0	0	0	1
a[8]	0	1	0	0	1	1	0	1
d	d1	d2	d3	d4	d5	d1	d3	d5

表 8-8　　　　网页类别决策复表

U	a[2]	a[3]	a[5]	a[8]	D
1	0	0	0	0	d1
2	1	1	1	1	d2
3	0	0	1	0	d3
4	0	1	0	0	d4
5	0	1	0	1	d5
6	0	1	1	0	d1
7	0	1	1	1	d5

表 8-9　　　　网页类别不确定表

U	a[2]	a[3]	a[5]	a[8]	D
8	0	0	0	1	d4=80%
9	0	0	1	1	d2=60%
10	1	0	0	0	d4=60%
11	1	0	0	1	d4=90%
12	1	0	1	0	d2=60%
13	1	0	1	1	d2=80%
14	1	1	0	0	d4=70%
15	1	1	0	1	d5=40%
16	1	1	1	0	d2=70%

表中 D 表示网页类别的可能性，其分类概率为样本训练后得到的先验概率。

2. 仿真结果

对此算法实例进行仿真，对仿真的 417 组不良网页特征现象反馈数据进行网页分类，假

设考虑环境人为影响和外界干扰，每组数据的可靠性为 98.5%，网页分类情况如图 8-10 和表 8-10 所示。

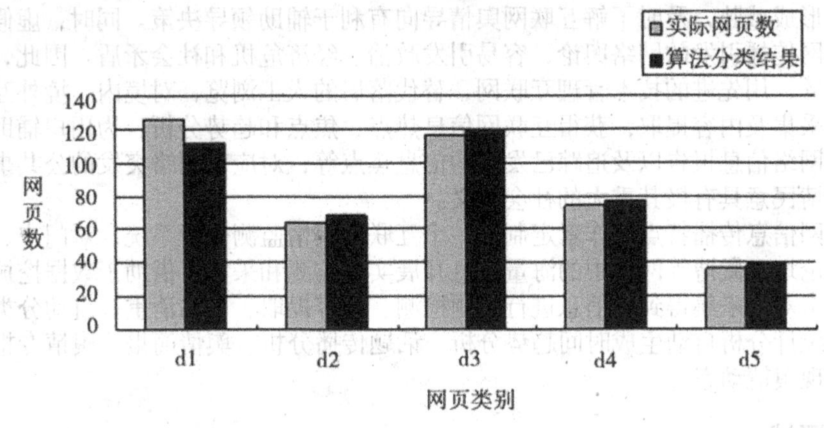

图 8-10　不良网页分类结果

图中 d1 表示正常页面，d2 表示混合不良页面，d3 表示色情页面，d4 表示封建迷信页面，d5 表示宗教反动页面。

表 8-10　**网页分类结果表**

页面类别	实际各页面数量	算法分类结果	误差
正常页面	126	112	14
混合不良网页	64	68	4
色情网页	116	120	4
封建迷信网页	74	78	4
宗教反动网页	37	39	2

从仿真结果来看，利用本算法进行对不良网页分类过滤效果明显，并且能进一步提高过滤正确率，在对传统单用决策表进行不良网页分类过滤时，过滤正确率为 88.6%（数据可靠性为 98.5%）。与传统单用决策表的方法相比，本节采用的算法平均分类正确率为 93.2%，过滤正确率为 92.2%，与传统的算法有明显提高。这是因为网页分类过程实际上是一个搜索匹配过程。由于网页的数据庞大，这使得传统的搜索匹配过程冗余而效率低下。在本节所用的粗糙集理论对属性进行约简后再次进行匹配可以大大降低系统的冗余度，提高搜索匹配效率，也避免了大量冗余无用信息造成的误过滤。而且对于模糊类别采用贝叶斯决策可以使得过滤风险性降为最小并得到最佳分类过滤。

本节提出的基于粗糙集理论和贝叶斯决策的网页过滤算法能够快速准确地解决不良网页的分类和过滤决策。尤其在大量冗余信息和部分信息缺失的情况下，更能有效准确地进行网页分类与过滤，提高了分类的效率和准确率；并且本算法融入了贝叶斯决策理论，根据网页重要度和危害度来定义风险函数，从而最小化了过滤页面的风险性，达到不良页面分类过滤的最优化。

8.4 定制的互联网舆情监测分析系统

互联网作为一块正在加速膨胀的思想阵地，网络舆情的爆发将以“内容威胁”的形式对社会公共安全形成威胁，及时了解互联网舆情导向有利于辅助领导决策。同时，虚假、不良信息通过互联网传播引发的网络舆论，容易引发政治、经济危机和社会矛盾。因此，加强互联网信息的监管，用先进的技术管理互联网，替代落后的人工浏览，对境内、境外互联网信息实时监测、采集及内容提取，获得互联网信息热点、焦点和趋势分析，为用户辅助编辑提供信息预警、网络信息报告以及追踪已发现的信息焦点等，对应对网络突发的公共事件和全面掌握社会社情民意具有极其重大的社会意义。

结合互联网信息传播特点，作者定制了一个互联网舆情监测分析系统，对门户、新闻、社交、博客、论坛、微博等网站中的海量信息开展实时监测和采集，借助于数据挖掘、自然语言处理等技术对所采集得到的信息进行主题检测、内容提取、自动消重、自动分类、专题聚焦，并通过统计分析自动生成时间趋势分析、话题传播分析、舆情简报、舆情专报和舆情预警，真实体现舆情动态。

8.4.1 系统概述

通过使用互联网舆情监测分析系统，实现互联网信息发布进行全面掌控。定制的信息展示系统能够对互联网信息（新闻、论坛、博客、微博等）实时监测、采集、内容提取及排重；并且对获取的初始信息通过汇集、分类、整合、筛选等技术处理，形成对网络热点、动态、网民意见等实时统计报表；按照业务需求定制信息分类规则，为用户辅助编辑提供信息服务，如信息预警、自动形成网络热点报告、情感判断，追踪已发现的信息焦点等。其互联网监控系统架构如图 8-11 所示。

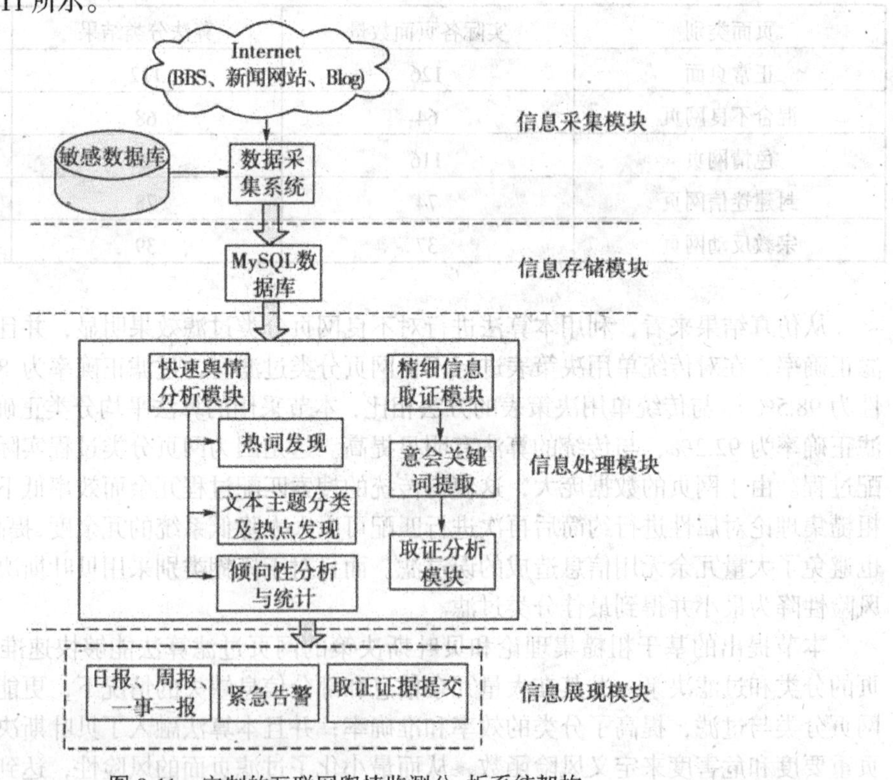

图 8-11 定制的互联网舆情监测分 析系统架构

定制的互联网舆情监测分析系统架构：

信息采集模块：针对互联网数据（包括结构化数据与非结构化数据），进行实时寻址、采集、抽取、清洗、挖掘、处理，从而为各种信息服务系统提供精准数据支持。

信息存储模块：为数据管理层，在硬件环境基础上，采用关系型数据库，建立信息管理平台数据源，包括建立舆情库、敏感词库和规则库。管理各类信息数据，采用成型的内容管理技术、知识管理技术、发布技术等通用技术，建立业务应用的基础平台。

信息处理模块：通过建立舆情库，匹配敏感词和规则库实现对互联网信息（新闻、论坛等）的实时监测、采集；结合系统自身的内容管理平台，对采集的信息进行自动分类聚类、自动消重、主题检测、专题聚焦等；将采集并分析整理后的信息直接为用户或为用户辅助编辑提供信息服务，如自动形成舆情信息简报、追踪已发现的舆论焦点等。

信息展现模块：将系统采集的信息和分析后的结果通过周报、日报或紧急告急等方式通过该模块展示给用户。

8.4.2　系统功能

1. 舆情信息采集

根据用户指定的互联网信息源或信息内容的条件描述，全面关注国内外关于正面、负面报道。利用网络雷达智能采集技术在互联网采集相关信息，并充分考虑为满足系统将来发展所需采集内部数据提供灵活的扩展性。

本系统采用定向采集为主、全网监控为辅的方法，针对与日常业务具有密切关系的网站进行定期监控，使这类网站的任何新的信息能快速及时地被采集。

采集系统的主要功能为：根据用户自定义的任务配置，批量、精确地抽取目标论坛栏目中的主题帖与回复帖中的作者，标题，发布时间，内容，栏目等，转化为结构化的记录，保存在本地数据库中。功能示意图如图 8-12 所示。

- 可以抽取所有主题帖或者最新主题帖内容；
- 可以抽取某个主题帖的所有回复帖或者最新回复帖的内容；
- 支持命令行格式，可以 Windows 任务计划器配合，定期抽取目标数据；
- 支持记录唯一索引，避免相同信息重复入库；
- 支持数据库表结构完全自定义；
- 保证信息的完整性与准确性；
- 支持各种主流数据库，如 MSSQL、Access、MySQL、Oracle、DB2 等。

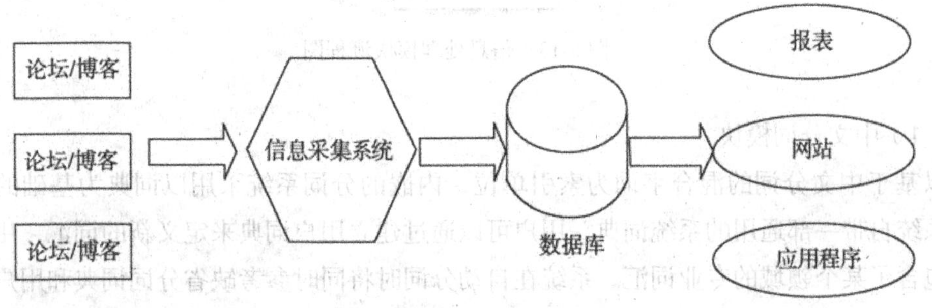

图 8-12　互联网舆情信息采集

2. 数据智能分析处理

信息处理模块是网络舆情监控系统的核心模块，涉及以下关键技术，包括中文分词、特征提取、文本分类、文本倾向性分析、敏感词库、词库建立与维护、信息取证等（带阴影框图），信息处理模块流程图如图 8-13 所示。

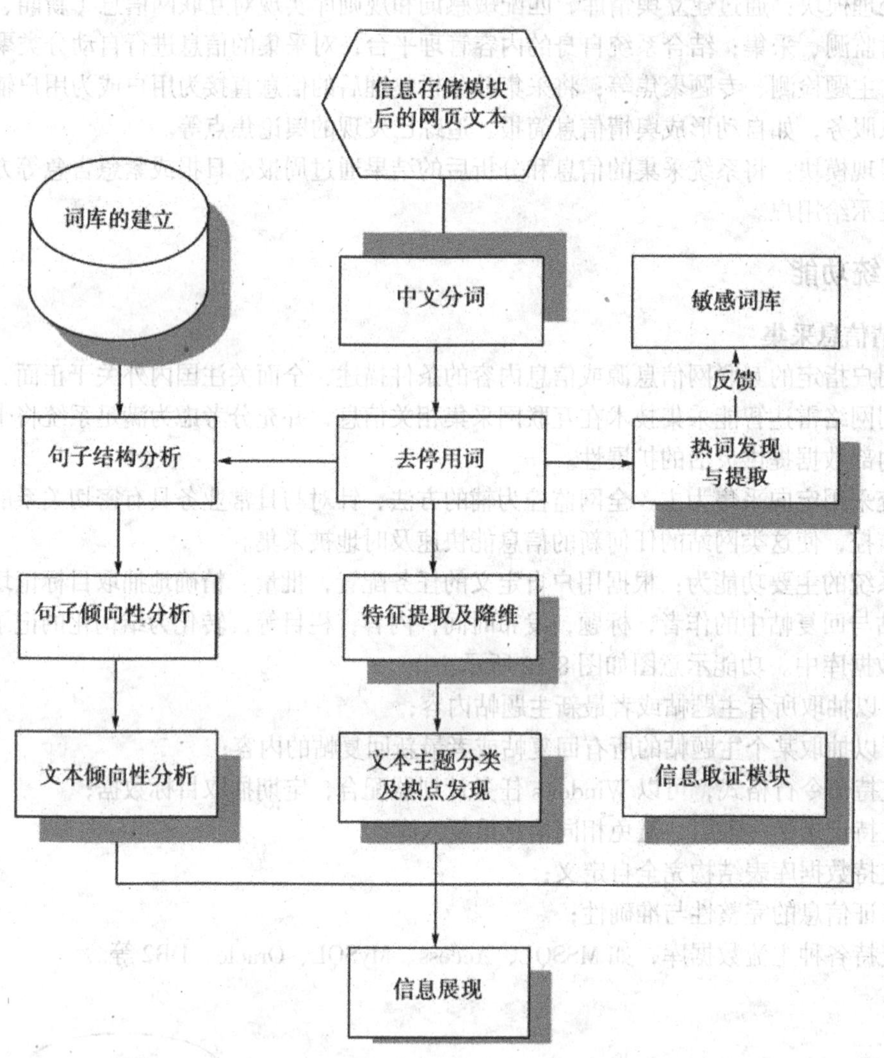

图 8-13　信息处理模块流程图

（1）中文分词模块

以基于中文分词的混合字词为索引单位，内嵌的分词系统采用以词典为基础的分词算法。系统自带一部通用的系统词典，用户可以通过建立用户词典来定义新的词汇，用户词典一般包含了某个领域的专业词汇。系统在自动分词时将同时参考缺省分词词典和用户词典中的词汇（如图 8-14 所示）。

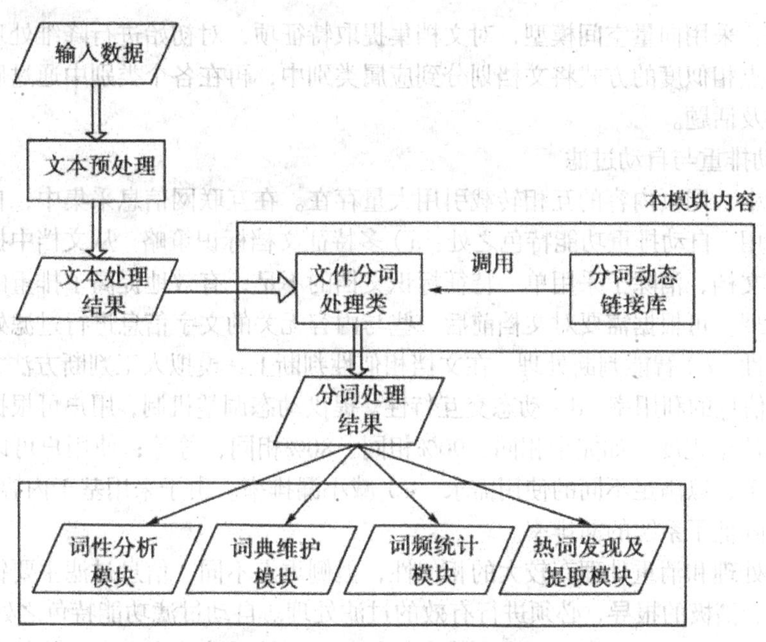

图 8-14　中文分词逻辑结构图

本模块技术指标：

a）以 PDAT 大规模知识库管理技术为基础，在高速度与高精度之间折中，可管理百万级别的词典知识库，单机每秒可以查询 100 万词条，内存消耗不超过知识库大小的 1.5 倍。分词速度单机约 1MB/s，分词精度 98.45%。

b）采用层叠隐马尔可夫模型，将汉语词法分析的所有环节统一到一个完整的理论框架，争取最好的总体效果。

c）可分别处理简繁体中文；支持当前广泛承认的分词和词类标准，包括计算所有词类标注集 ICTPOS3.0，北大标准、滨州大学标准、国家语委标准、台湾“中研院”、香港“城市大学”；用户可以直接自定义输出的词类标准，定义输出格式。

基于词典的中文自动分词系统，词典采用快速的索引方式进行组织，利用词频、词性信息提高了分词的准确度，通过用户词典、停用词典提高了分词灵活度。

（2）关键词筛选及自动获取摘要

自动关键词提取是通过智能的手段为文档自动提取关键词的技术。由于本系统处理的对象主要为舆情信息包括新闻报道、评论等，我们根据词性标注结果提取出文章含有的名词、动词、名词短语，然后使用自主设计的评估函数将关键词排列，从中选取可能性较大关键词，这大大提高摘要与关键词的准确性与可读性。同时，该引擎提供静态摘要与动态摘要的功能。

实际应用系统中，在该引擎核心上可实现对文本网页等的自动提取摘要（静态摘要）与关键词，对检索结果集提供与检索条件相关的动态自动摘要，从而使检索者只需要阅读少量内容就可判断当前文档是不是所需要的文档。

（3）文本主题分类及热点发现模块

本模块的输入是分词模块对网页文本分词得到的结果，通过处理将网页划分到预先设定好的主题类别中，然后从每个类别中检测出热点并按热点的受关注度依次排列，将结果送信息展现模块，为客户全面掌握网络舆情提供有效分析依据。

实现方法：采用向量空间模型，对文档集提取特征项，对初始进行降维处理，通过计算与各类别中心点相似度的方式将文档划分到应属类别中，再在各个类别中通过质心比较策略找出热点事件及话题。

（4）自动排重与自动过滤

在互联网中，网页内容的互相转载引用大量存在。在互联网信息采集中，自动排重具有非常重要的作用。自动排重功能特色之处：a）多特征文档标识策略。从文档中提取多个特征项来标识一篇文档，消除了采用单一特征标识文档的不足，有效地提高了排重的准确性。b）智能的过滤处理。可根据需要对文档前后一些与内容无关的文字信息进行过滤处理，提高特征提取的准确性。c）智能判断处理。在文档相似性判断上，模拟人工判断方法，提供智能判别处理，提高信息的利用率。d）动态交互特性。提供动态调整机制，用户可根据需要动态调节文档排重的严格程度，如完全相同、90%相同、80%相同，等等；使用户可以发现不同文档间的相关关系，以满足不同的使用需求。e）减小漏排率。由于采用基于内容的特征提取，因此可更好地降低了系统的漏排率。

信息过滤处理和消重处理有较大的相似性，但侧重点不同。信息过滤主要针对可能存在的一些负面的、消极的报导，必须进行有效的过滤处理。自动过滤功能特色之处：a）支持特征词过滤。可通过提供相应的特征词，将有关的新闻文档过滤出来；支持特征词的布尔组合处理。b）支持基于事例的过滤。同对用户提供的事例文档进行自动学习，并形成过滤特征，自动对相关文档进行过滤处理。c）基于分类的过滤。可将过滤的按照设置的类别进行分类处理。d）过滤范围动态设置。可以人工动态地进行过滤处理数据范围的设置，如新入库数据、历史数据等。

（5）文本倾向性分析模块

文本倾向性分析的核心是文本情感判断，是指通过机器自动学习对大量的文本集合进行情感分析，然后根据学习到的知识去对新文本的情感倾向性做预估。如果预估结果的准确率在我们可接受的范围之内，则可以利用该方法对文本情感倾向进行自动判断。一般说来，将文本分为积极、消极、中立、恶意四类。界面如图 8-15 所示。

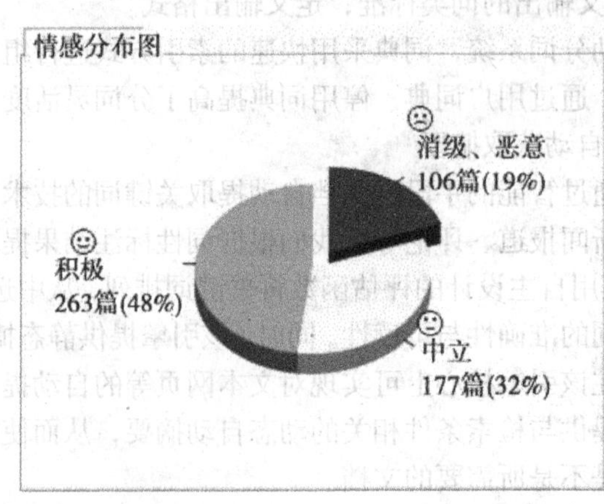

图 8-15　情感分布图

（6）信息取证模块

网络舆情存在大量经过恶意处理过的非法信息需要进行计算机取证。针对非法信息取证

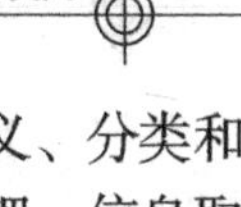

问题，提出了意会关键词信息取证技术，该技术首先对中文意会关键词进行了定义、分类和量化，然后提出了6个意会关键词提取算法，并对提取的证据信息进行完整性处理。信息取证分析模块是本软件所特有的功能模块。主要技术指标：a）基于意会关键词信息取证提取算法的提取速度为ms级；b）查准率和查全率分别达到了92%和95%，有效保证网页舆情监控下的非法信息的信息取证效率；c）取证内容实施完整性认证处理，可作为法律证据提交有关机构或组织。

8.4.3　舆情处理结果展示

1. 关注信息

（1）网络新闻、论坛的例行报告

系统能够对重要的热点新闻进行分析和追踪，及时掌握舆情爆发点和事态。系统会根据新闻文章在各大网站和社区的传播链进行自动跟踪统计，提供不同时间段的热点新闻，并且每条热点新闻还可以查看新闻相关传播链，了解在某一时间段，该热点新闻在某些站点的传播数量，形成日报、一事一报、周报的word模板。

（2）网络舆情紧急告警报告

系统对采集的信息按照不同的级别提供紧急告警功能。

（3）舆情负面信息判断及取证

传统基于关键词匹配的信息过滤，往往导致大量正面信息也会被封杀，比如批判“法轮功”的文章也容易被过滤排除掉。系统基于统计、关键词匹配、知识库建立和句法规则等不同的技术形成信息褒贬分析，向用户提供正负面信息判断，同时获取证据。

2. 模块功能

（1）每天下午在指定的时间（例如17：00）生成并打印出当天十大热点话题及每个话题的类别、相关倾向程度；

（2）每周指定一个下午的固定时间（例如周五17：00）生成并打印出本周十大热点话题及每个话题的相关倾向程度；

（3）给定一个热词，一个时间段，能够展现该时间段内相关的网页新闻数、论坛帖子数总数，每个类别的相关的网页新闻数、论坛帖子数，相关文本倾向程度；

（4）设定一系列阈值，按照该阈值分成不同的级别，对24小时内网页新闻数、论坛帖子数总数超过每个阈值的话题展现出不同级别的告警；

（5）设定一个最高阈值，若某段时间内的网页新闻数和论坛帖子数总数超过了该阈值，认为该事件是高谈论对象的突发事件，即时报警并打印出该事件的相关信息，包括网页新闻数和论坛帖子数总数、时间段、类别、相关文本倾向程度；

（6）展现不良信息网页的URL、网页的日期、标题及文本内容和意会扭曲程度。

3. 信息展现形式

信息展现有两种表现形式：屏幕展现和打印通报展现，屏幕展现形式如图8-16所示。

其中排序类型有按发布时间、按主题类型、按热度、按倾向程度、按输入热词等。软件界面主要分为信息栏、工具栏、浏览帮助栏、网页列表、热点展示框、情感分布图和网页文本框七大部分。

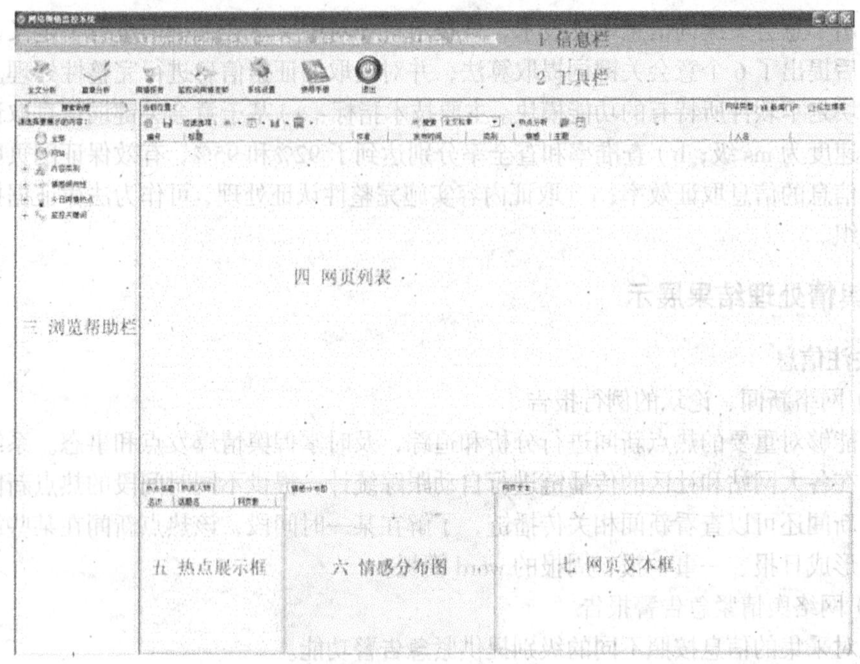

图 8-16 软件界面

舆情报告主要分为两个部分：左侧的内容选取栏以及右侧的舆情展示栏。可以根据近期的数据和指定的来源分析出热点人物和话题，参见图 8-17。点击“输出报表”按钮可以将舆情输出到 Word 报表。

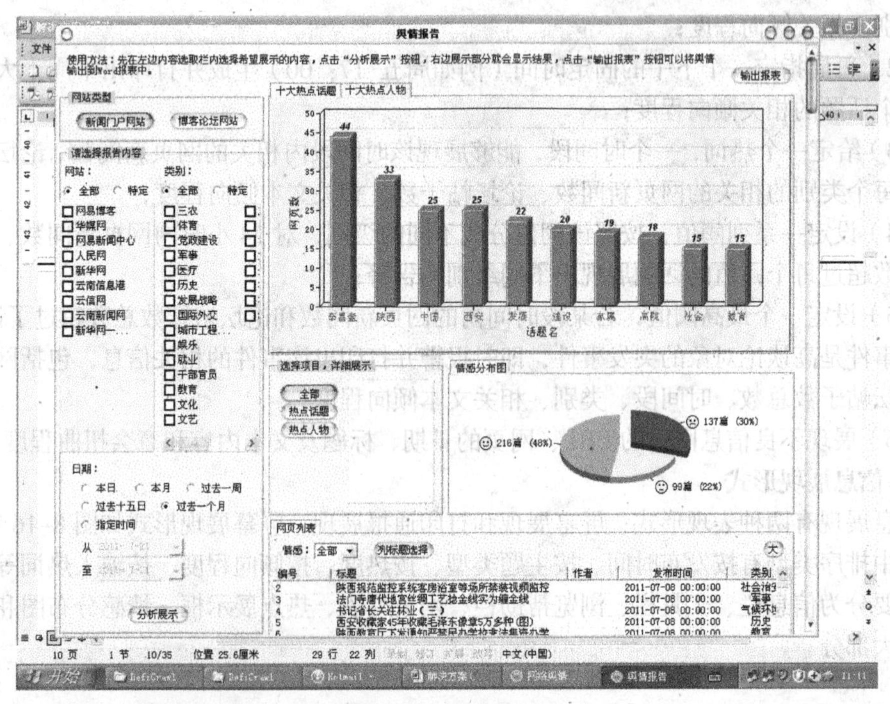

图 8-17 舆情报告

舆情走势分析功能可以让用户选取特定的关键词和时间段，对舆情的走势进行分析。图 8-18 中可以看到对特定关键词“李昌奎”在过去一个月中正向、负向和中立的舆情走势。

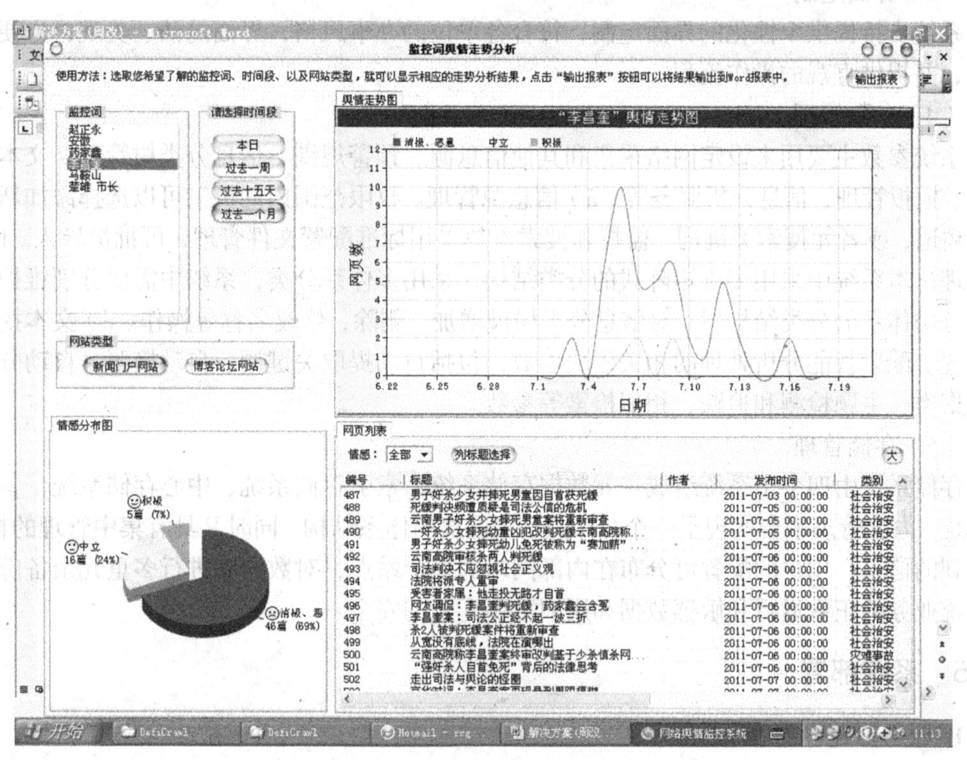

图 8-18　监控词舆情走势分析

4. 舆情监控信息管理

敏感词管理：系统支持敏感词库的管理，通过关系型数据库建立数据管理平台，可以由监管人员根据每个时期监管的对象自由定义。支持敏感词分类树管理的方式，可分组管理。

热点管理：系统通过关系型数据库建立数据管理平台，支持主题管理，可以由监管人员根据自由定义主题分类，支持分组管理。

任务管理：系统支持多种案件管理的方式，可以任务名、时间、处理结果等方式进行管理查询。

8.4.4　系统管理

系统管理是用来配置信息系统参数的模块。主要用来设定网络雷达和其他信息源、预警规则、敏感词库、信息分类树管理、文本挖掘配置、模板管理、人员权限管理和信息分析服务管理等。

（1）人员及权限管理

提供系统管理员相关配置选择，包括人员、日志、系统配置、公告及统计等功能。本系统提供了完善用户和权限管理机制，充分保证情报信息内容的安全性。用户分组、分类，权限分级。在视图管理环境下，可以实现对信息资讯库的访问权限的分配，对用户权力定制。通过多层次的权限控制可以达到对用户的身份甄别，对内部资源的安全保护与利用。

（2）日志管理

保存所有登录系统人员的浏览和操作历史记录，供需要参考时调用。

（3）界面定制

系统支持提供个性化的界面定制，符合各单位的办事风格，界面简洁、美观，方便用户操作，并提供直观的操作流程。

（4）参数管理

系统参数主要用来设定网络采集和其他信息源、预警规则、信息分类树管理、文本挖掘配置、模板管理、信息分析服务等。a）信息源管理。权限范围内的员工可以选择添加新的站点、频道，或者元搜索关键词。监控和搜索参数采用标准配置文件管理，可批量导入。b）规则管理。本系统中采用多维矩阵式的分类结构，采用多体系分类，系统中需要分别维护各体系的分类体系的分类结构树。对信息分类树做增加，删除，修改名称等操作。c）文本挖掘参数配置。配置智能分析处理的相关模块参数，包括自动提取关键词、自动摘要、自动分类、自动聚类、主题检测和追踪、相似检索等参数。

（5）存储管理

存储系统由四个子系统组成：元数据存储系统、索引存储系统、中心存储系统、备份存储系统。内容管理平台实现了一个分布式、多层次的体系结构，同时又具有集中管理的特性。抓取到的信息、用户的配置可分布在内部网络的多个站点，对数据库进行多重冗余备份，保证系统业务的正常运行和敏感数据和用户重要配置的安全。

8.4.5 系统部署

1. 服务器建设内容

本系统包括信息采集服务，检索服务，分析处理服务，上述几项服务可以集中部署在一台性能较强的服务器上，也可以分散部署于多台硬件服务器，以降低主服务器的应用负载和网络带宽的占用，提高处理和查询效率。基本配置为 C/S 结构，服务器包括：采集服务器 1 台，检索服务器 1 台，分析服务器 1 台，WEB 应用服务器 1 台，数据服务器采用 1 台。

2. 网络系统建设内容

主要包括 2 台三层核心交换机。三层核心交换机具有网管功能，负责访问控制，划分四个 VLAN 区域：数据信息采集服务区域、信息存储区域和信息处理区域和办公区域。

3. 系统安全建设内容

包括硬件防火墙设备，服务器端的机密数据加密。根据项目对安全的高要求，在网络边界部署硬件防火墙，然后通过从服务器到客户端的一整套对机密数据的保护方案来保证敏感数据的安全性。这样既保证敏感数据的安全，又提高了系统的正确性和稳定性。

4. 舆情监控系统信息防护

为确保系统的安全，在信息采集、信息存储、信息处理和信息展现模块中采用以下 5 条安全防护措施，系统的物理结构图如图 8-19 所示。

（1）从 Internet 网上采集到的数据传入信息处理模块时，数据要求明传但又不可逆，故设置一个单向硬网关控制信息处理模块中的数据回流。

（2）对敏感数据库（配置文件）进行加密存储在 USB-key 中，保证敏感数据不以明文形式出现在计算机运行环境的外部。

（3）信息处理模块产生的结果传递给信息展现模块时采用标准加密方式传输，采用

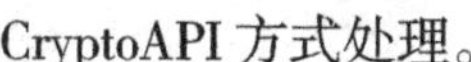

CryptoAPI 方式处理。

（4）为防止系统遭受反向工程攻击，对最终软件完成加壳处理。

（5）操作人员采用 USB-key + 用户口令方式进入系统操作，未经授权用户无法使用系统，授权操作人员配发 USB-key 进行身份认证。

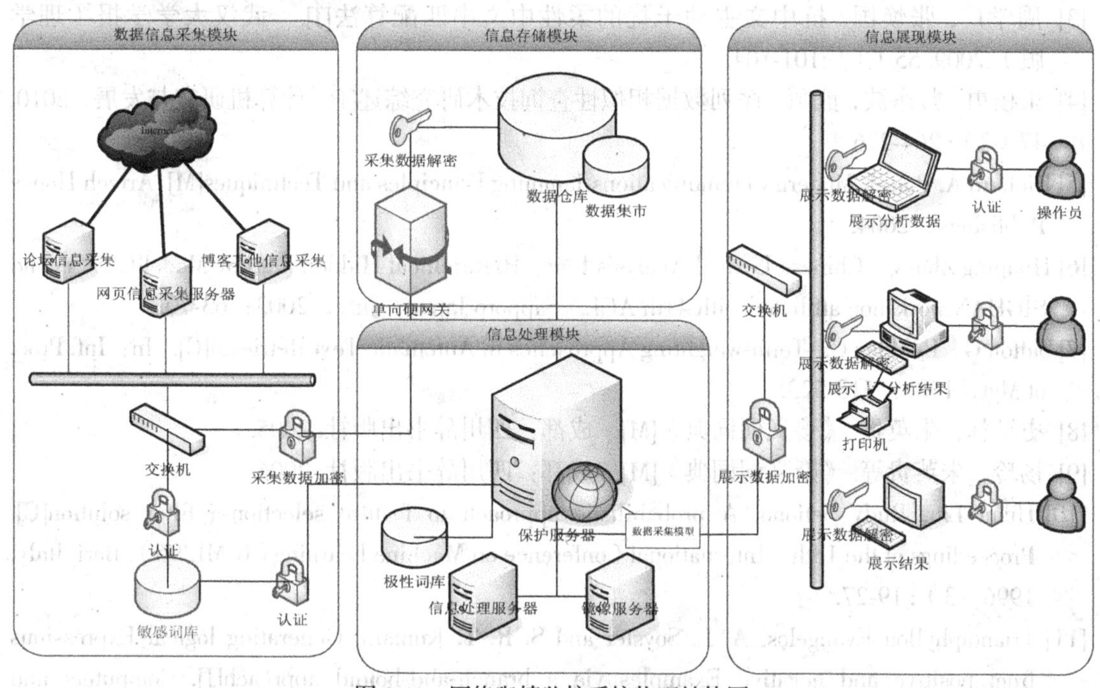

图 8-19　网络舆情监控系统物理结构图

USB 接口密码模块：通过 USB 接口，安装在计算机、服务器等设备上，作为信任根，结合其他技术，构建可信计算环境。模块使用可信密码芯片为可信 BIOS、安全增强操作系统内核、可信典型应用提供杂凑运算、ECC 数字签名、验证运算以及对称密码加解密运算服务。

USB 接口密码模块配置：舆情监控系统硬件架构采用 C/S 架构，其中凡是用到数据库参数配置的场合、敏感词典存放的位置、信息处理专用计算机以及信息展现平台，均需用 USB-key 驱动，否则，系统不提供预定服务。可确保本系统处理网络舆情不会出现意外差错，也保证本系统软件不会成为自由软件。

8.5　本章小结

本章是作者课题组从事信息内容安全与对抗研究的部分学术研究成果，包括中文主动干扰概念和方法，抗中文主动干扰的柔性中文处理算法以及基于粗糙集与贝叶斯决策的不良网页过滤算法；这些内容均可以为广大师生进行信息内容安全研究提供参考和帮助；第 4 节介绍的互联网舆情监测分析系统已经完成，是本课题组的一项自主研究课题，包括了构建信息内容安全系统必备的基本组件、信息处理流程、信息控制方法，以及系统硬件部署方法。通过本章学习，力求使学生能够拥有自主研究和创新能力，为参加信息安全竞赛提供参考。

参考文献

[1] 周学广. 内容安全领域的关键字挖掘方法研究[D]. 武汉：武汉大学计算机学院，2008.

[2] 吕叔湘. 现代汉语八百词[M]. 北京：商务印书馆，1980.

[3] 周学广，张焕国. 抗中文主动干扰的柔性中文串匹配算法[J]. 武汉大学学报（理学版）,2009, 55（1）:101-104.

[4] 朱杨勇，戴东波，熊赟. 序列数据相似性查询技术研究综述[J]. 计算机研究与发展，2010, 47（2）: 264-276.

[5] Richard A. Poisel. Modern Communications Jamming Principles and Techniques[M], Artech House Publishers，2004.

[6] Huaping Zhang. Chinese Lexical Analysis Using Hierarchical Hidden Markov Model[C]. Second SIGHAN workshop affiliated with 41th ACL. Sapporo Japan，July，2003：63-70.

[7] Salton G，Buckley C. Term-weighting Approaches in Automatic Text Retrieval[C]. In：Inf. Proc. of Mgt，1988：513-523.

[8] 史继林，朱英贵.《褒义词词典》[M]. 成都：四川辞书出版社. 2005.

[9] 杨玲，朱英贵等.《贬义词词典》[M]. 成都：四川辞书出版社. 2006.

[10] Huan Liu, Rudy Setiono, A probabilistic approach to feature selection-a filter solution[C]. Proceedings of the 13th International Conference on Machine Learning（ICML'96）. Bari. Italy, 1996（3）: 19-27.

[11] Triantaphyllou Evangelos, A. L. Soyster and S. R. T. Kumara. Generating logical Expressions from positive and negative Examples via a branch-and-bound approach[J]. Computers and Operations Research, 1994, 21（2）: 185-197.

[12] 李钝，曹元大，万月亮. 基于关联规则的安全特色关键词提取研究[J]. 计算机工程与应用, 2006（S1）, 105-107+116.

[13] 谭建龙. 串匹配算法及其在网络内容分析中的应用[D]. 北京：中国科学院研究生院, 2003.

[14] 李雪莹，刘宝旭，许榕生. 字符串匹配技术研究[J]. 计算机工程, 2004, 30（22）: 24-26.

[15] 中国社会科学院语言研究所词典编辑室编. 现代汉语词典（第5版）[M]. 北京: 商务印书馆, 2005.

[16] 王永成. 中文信息处理技术及其基础[M]. 上海: 上海交通大学出版社, 1990: 30-31.

[17] Polanyi M. Personal Knowledge[M]. Chicago，ILL. University of Chicago Press，1958.

[18] Denning P J. Electronic junk[J]. Communications of the ACM，1992，25（3）：163-165.

[19] Malone T，Grant K，Trubak F，et al. Intelligent information sharing system[J]. Communication of the ACM，1987，5：390-402.

[20] Nanas N，Roeck A D，Vavalis M. What happened to content-based information filtering?[J]. ICTIR 2009，LNCS 5766，2009：249-256.

[21] 张宇，刘挺，文勖. 基于改进贝叶斯模型的问题分类[J]. 中文信息学报，2005，19（2）: 100-105.

[22] Lee W， Lee S S，Chung S，et al. An harmful contents classification using the harmful word

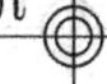

filtering and SVM[C]. ICCS 2007，Part III，LNCS 4489：18-27.
[23] 卢娇丽，郑家恒. 基于粗糙集的文本分类方法研究[J]. 中文信息学报，2005，19（2）：66-70.
[24] Malo P，Siitari P，Ahlgren O，et al. Semantic content filtering with wikipedia and ontologies[C]. 2010 IEEE International conference on data mining workshops，2010：518-526.
[25] Pang B. Lee L，Vaithyanathan S. "Thumbs up? Sentiment classification using machine learning techniques"[C]. In Proceedings of the Conference on Empirical Methods in Natural Language Processing，2002：79-86.
[26] 张文修，吴伟志等. 粗糙集理论与方法[M]. 北京：科学出版社，2001.

本章习题

1. 名词解释：中文主动干扰、信息内容安全本土化、意会关键词、言传关键词、粗糙集、贝叶斯决策。
2. 中文主动干扰原因是什么？
3. 字符串匹配算法有哪些？
4. 意会关键词柔性匹配的实质是什么？
5. 如何理解文本特征信息提取模型？
6. 不良网页过滤算法有哪些？试收集相关资料，分析其中优劣。
7. 互联网舆情包括哪些内容？为什么要监控舆情？
8. 通过收集相关网络爬虫资料，分析使用爬虫的应用场合。
9. 叙述与互联网操作使用相关的硬件保护方法？
10. 系统自我保护方法有哪些？你还能提供其他方法吗？

第9章 信息内容安全实践

为了综合运用本书前面各章介绍的各种信息内容安全的理论和方法，本章将着重介绍信息内容安全的技术实践。按照信息处理层次从低到高，依次介绍网络数据包、Web 页面以及中文语言的获取与处理技术，包括相关工具的使用，以及基于这些工具实现定制和扩展。本章包括四个小节：9.1 节介绍网络数据包的获取与分析技术，包括 WinPcap 和 Ethereal 等工具的介绍；9.2 节介绍互联网 Web 页面的获取与分析技术，包括网络爬虫 Heritrix 的安装、配置、使用和开发等；9.3 节介绍语义信息处理技术，包括中文分词软件 ICTCLAS 工具的使用说明；9.4 节对本章内容进行小节。

9.1 网络数据包的获取与分析

随着计算机网络的快速发展，越来越多的信息通过计算机网络进行传输。为了有效地对计算机网络进行管理，对计算机网络的性能进行分析，快速解决计算机网络的故障，发现潜在的安全威胁，需要高效的网络管理和网络分析工具。作为网络管理和网络分析的基础和核心技术，网络数据捕获技术得到了充分的研究和发展[1]。

9.1.1 网络数据捕获技术简介

网络数据捕获就是在通过物理接入网络的方式在网络的传输信道上获取数据。不管是无线网络还是有线网络，只要能够接入网络，就可以通过技术手段获取网络中的数据。网络数据捕获的基本思想就是利用网络传输信道获取网络数据。Ethernet 中利用载波监听多路访问/冲突检测方法（Carrier Sense Multiple Access/Collision Detection，CSMA/CD）和共享媒体的方式，保证了总线上挂接的所有节点都有机会接收到任一个节点发送的信息，而 Ethernet 默认的多向地址访问的工作原理又使每个节点只能接收目的地址指向它的数据信息。通过设置以太网网络适配器，改变其工作模式，可以实现数据捕获。

广播式局域网是共享通信介质的，而且采用广播机制，使得这种环境下的监听非常方便。仅仅需要将某一台主机的网络适配器设置成混杂模式，就可以实现对整个网段的监听。由于 Ethernet 采用的广播机制，在物理线路上传输的数据包能到达链接在集线器上的每一主机。当数字信号到达一台主机的网络接口时，正常状态下网络接口对读入数据帧进行检查，如果数据帧中携带的物理地址是自己的或者物理地址是广播地址，那么就会将数据帧交给上层服务软件。如果通过程序将网络适配器的工作模式设置为“混杂模式”，那么网络适配器将接收所有流经它的数据帧。

在局域网中采用交换机，不但可以提升网络性能，还能解决一些与集线器有关的安全问题，其中包括防止数据被捕获。交换机不是采用端口广播的方式，而是通过 ARP 缓存来决定数据包传输到哪个端口上。因此，在交换网络上，即便设置网络适配器为混杂模式，也不能

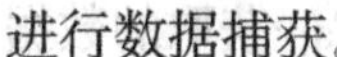

进行数据捕获。

在交换环境下有两种方式可以实现数据的捕获。一种方式是通过端口镜像来捕获整个局域网的数据。所谓端口镜像就是可以将一个或多个端口的传输数据按要求复制到指定监控端口分析和保存。一般的交换机都具有端口镜像的功能。另外一种方式是攻击交换机以得到所有的数据包，主要方法有 MAC Flooding 攻击和 ARP 包欺骗：

- MAC Flooding 攻击。交换机维护着一个动态的 MAC 缓存，实际上是交换机端口与 MAC 地址的对应表。这个表开始是空的，其中间记录是交换机从来往数据帧中学习得来的。交换机通过这个地址映射表才知道把进来的数据帧转发到那个端口，而用于维护这个表的内存是有限的。某些交换机，当受到大量含有错误的 MAC 地址的数据帧攻击时就会溢出，退回到 HUB 的广播式工作方式，这样就可以达到数据捕获的目的。
- ARP 包欺骗。在发送 Ethernet 数据包时要根据目的 IP 地址查询 ARP 缓存表，取得目的 MAC 地址，如果本地查询不到就要向网络中广播目的 ARP 请求包，通过 ARP Replay 刷新本机的 IP-MAC 对应表。因此攻击者向目标机发送正常的 ARP Reply 包，但将网关的 IP 地址映射为自身的 MAC 地址，就可以获得全部的网络数据包。

基于 IEEE802.11b 的 WLAN 采用的是带冲突避免的载波侦听多路访问协议（CSMA/CA）来访问介质，与有线局域网中的 CSMA/CD 一样，使用的也是广播机制，而且无线网络适配器也有混杂模式。处于混杂模式的无线网络适配器除了可以接收数据包外，同时还可以发送数据包，但是和有限局域网不同的是，设为混杂模式的无线网络适配器捕获的只是 IEEE802.11b 中的以太帧，而忽略了 802.11b 的帧头，这对于后续的分析是很不利的。大多数无线网络适配器除了正常的工作模式和混杂模式以外，还有一种射频监听工作模式，工作在这种模式下的无线网络适配器只能接收数据而不能发送数据。当无线网络适配器工作在射频监听模式时，就能捕获到其所在的基本服务集（Basic Service Set，BSS）中的所有数据包。所以，在进行无线网络环境下的数据捕获，要把无线网络适配器设置为射频监听模式。需要指出的是，由于芯片类型和驱动程序的不同，不同的无线网络适配器进行数据捕获的方法不一定相同。

9.1.2　Linux 和 Windows 下的网络数据捕获

在了解了 Ethernet 不同环境下进行数据捕获的原理后，就能够通过系统提供的网络数据捕获引擎开发出特定的网络数据捕获软件。网络数据捕获引擎的处理流程在不同的操作系统中较为类似，只是局部细节方面有些不同。由于数据捕获的处理要经过网络适配器、内核过滤器和应用程序的流程，因此都涉及内核态和用户态的处理。

在数据捕获中，用户可能只需要某些类型的数据包，那么针对数据包类型进行过滤设置就可以很大程度提高处理能力和效率，因此数据的过滤处理就十分重要。数据的过滤规则一般根据用户设定的规则，在内核态生成过滤指令，由于数据的过滤一般发生在网络适配器捕获数据之后，用户获得数据之前，因此数据包过滤器和处理就成为数据捕获技术的关键所在。数据包过滤器和捕获器紧密关联，构成网络数据捕获引擎，其中比较突出是 BPF（Berkeley Packet Filter）[2]和 NPF（Network Packet Filter）[3]。

1. Unix 和 Linux 系统

BPF 框架如图 9-1 所示：系统大体由三部分组成：Network Tap，BPF 和 Libpcap。Network

Tap 负责获取共享网络中的所有数据包，BPF 用过滤条件匹配所有由 Network Tap 获取的数据包，若匹配成功则将之从网络适配器驱动的缓冲区中复制到核心缓冲区。Libpcap 则负责处理用户应用程序和 BPF 的接口。

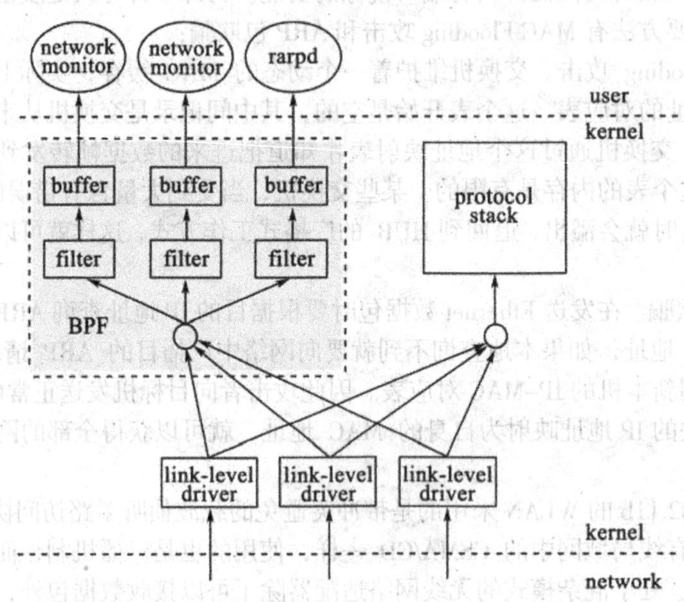

图 9-1　BPF 整体框架图

BPF 过滤器的过滤功能是通过虚拟机（Pseudo Machine）执行过滤程序来实现的。过滤程序（Filter Program）实际上是一组过滤规则用户定义，以决定是否接收数据包和需要接收多少数据。BPF 的过滤过程如下：当数据包到达网络接口时，链路层驱动程序将其提交到系统协议栈；如果 BPF 正在此接口监听，驱动程序将首先调用 BPF，BPF 将数据包发送给过滤器，过滤器对数据包进行过滤，并将数据提交给过滤器关联的上层应用程序；然后链路层驱动将重新取得控制权，将数据包提交给上层的系统协议栈处理。BPF 是内嵌于操作系统中的，它给用户提供了 Libpcap 开发动态链接库，Libpcap 隐藏了用户程序和操作系统内核交互的细节。主要完成如下工作：

■ 向用户程序提供了一套功能强大的抽象接口；

■ 根据用户要求生成过滤指令；

■ 管理用户缓冲区（User buffer）；

■ 负责用户程序和内核的交互。

2. Windows 系统

NPF 作为 BPF 在 Windows 环境下的演化版继承了 BPF 的过滤器，两级缓冲（核心和用户）以及用户级的一些函数库。NPF 的整体结构如图 9-2 所示。

NPF 主要用于 Windows 系统平台，但 Windows 系统没有像 Unix 系统一样将捕获过滤机制内置于操作系统，所以需要安装 NPF 系统包。WinPcap 就是这样的驱动安装包，该安装包在系统中安装了三个文件：高级系统无关库（Wpcap.dll ）、低级动态链接库（Packet.dll ）和内核级的数据包监听设备驱动程序（Npf.sys/Npf.vxd ）。

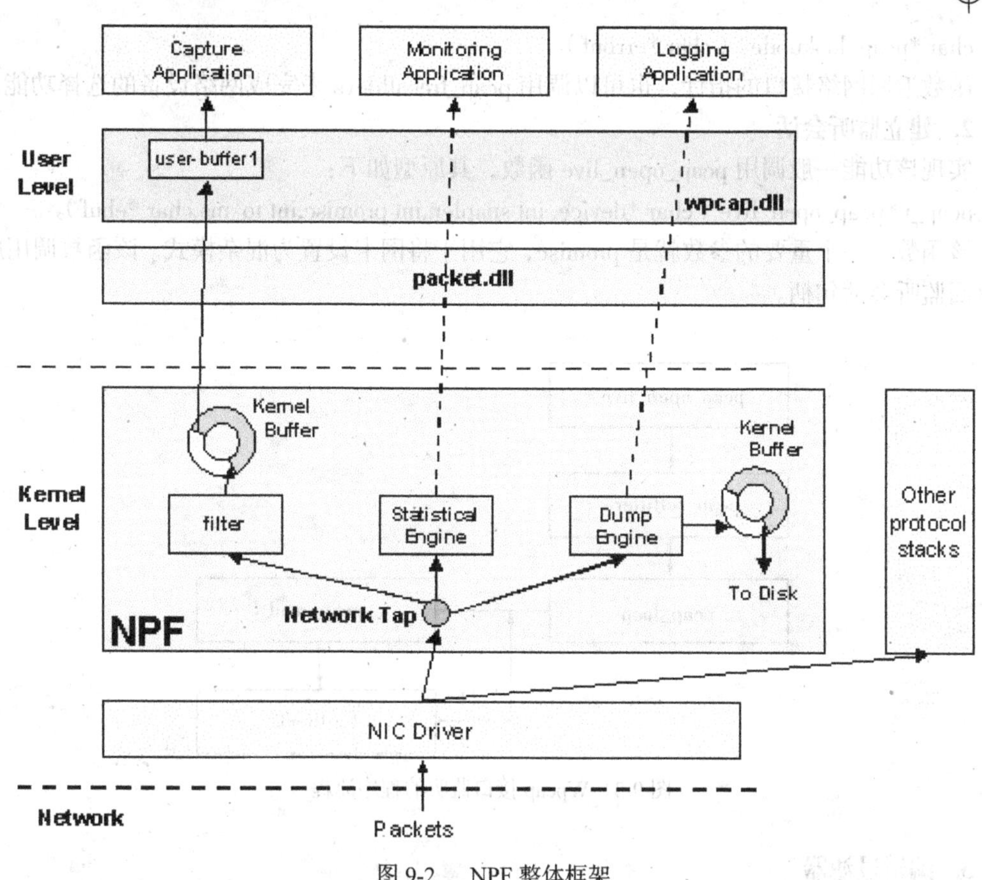

图 9-2　NPF 整体框架

9.1.3　基于 Winpcap 的数据包捕获程序设计

WinPcap（windows packet capture）是 Windows 平台下一个免费的网络访问系统，用于为 win32 应用程序提供访问网络底层的能力。WinPcap 目前最新的稳定版本是 4.1.2，可以在以下地址下载：http://www.winpcap.org/install/default.htm。WinPcap 的安装过程比较简单，按照提示一步一步安装即可。

WinPcap 提供了两个用于包捕获和过滤的动态链接库：Packet.dll 和 Wpcap.dll。Packet.dll 在 Win32 平台上提供了与 NPF 的一个通用接口，基于 Packet.dll 的应用程序可以在没有重新编译的情况下用于不同的 Win32 平台。Packet.dll 还有几个附加功能，它可用来取得适配器名称、动态驱动器加载以及获得主机掩码及以太网冲突次数等。Wpcap.dll 是通过调用 Packet.dll 提供的函数生成的，它包括了过滤器生成等一系列可以被用户级调用的高级函数，另外还有诸如数据包统计及发送功能。Wpcap.dll 的设计目标是提供一套可移植并且系统无关的捕获 API 集合，因此它不可能将驱动所提供的全部功能都输出出来。所以在有些情况下，需要使用 Packet.dll 提供的特殊函数来满足对系统开发的更高要求。

使用 Wpcap.dll 接口的监听程序流程如图 9-3 所示，其中用户对数据包的检查或者处理程序可以通过 CallBack 调用。

下面将分别介绍该流程中各个阶段中用到的关键 pcap 库函数[4]：

1. 选择监听网络接口

可以调用 pcap_lookupdev 函数寻找本机网络接口，pcap_lookupdev 函数原型如下：

char *pcap_lookupdev（char *errbuf）

函数返回网络接口的指针，也可以调用 pcap_freealldevs 来完成网络设备的选择功能。

2. 建立监听会话

实现该功能一般调用 pcap_open_live 函数，其原型如下：

pcap_t *pcap_open_live（char *device, int snaplen,int promisc,int to_ms,char *ebuf）。

该函数中一个重要的参数就是 promisc，它用于将网卡设置为混杂模式。该函数调用成功则返回监听会话句柄。

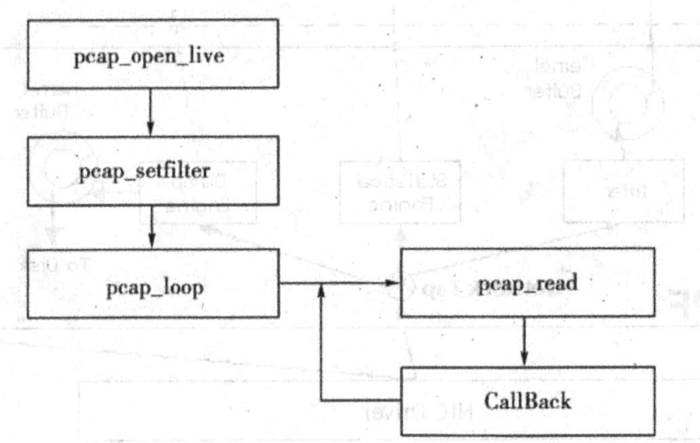

图 9-3 Wpcap 接口监听的程序流程

3. 编辑过滤器

在有了活动的监听会话句柄后，可以开始设置过滤器，通常使用 pcap_compile 函数将字符串形式的过滤语句编译成二进制形式存储在 bpf_program 结构中，其函数原型如下：

int pcap_compile（pcap_t *p, struct bpf_program *fp, char *str, int optimize, bpf_u_int32 netmask）。

其中参数 str 即为过滤语句的字符串指针，fp 用于存放编译后的 BPF 结构体。

4. 设置过滤器

在编译了过滤器后必须调用 pcap_setfilter 函数设置内核过滤器才能使之生效，其原型如下：

int pcap_setfilter（pcap_t *p,struct bpf_program *fp）。

5. 捕获数据包

捕获数据包一般调用 pcap_loop 函数或者 pcap_dispatch 函数，pcap_loop 的原型为：

int pcap_loop（pcap_t *p,int cnt,pcap_handler callback,u_char *user）.

callback 回调函数在捕获一个包后自动调用，在该函数中可以对数据进行进一步的处理。

我们开发的网络数据包捕获与分析系统中，抓包模块的主要流程就是调用 WinPcap 提供的函数库实现网卡的混杂模式的设置，并且直接从链路层直接截获数据存储到硬盘，并实时的显示所捕获数据包中各种协议类型数据包的数量和比例，具体介绍如下：

首先，抓包模块对网卡设置对话框进行初始化。通过调用 pcap_findalldevs( )函数来获取本机上的以太网卡列表，初始化时默认为选中第一块网卡。当用户改变所选的网卡时，设备描述信息相应的更新。为了不影响捕获的速度，我们在捕获数据时，不进行数据协议的实时分析和显示，所以我们采用在捕获的数据存储到硬盘的上临时文件中，在捕获结束时再进行离线的分析。因此在选择网卡的同时，需要设置临时文件的路径，默认的存储路径为C盘TEMP文件夹，以.pcap 为文件后缀。

其次，抓包开始时，创建并运行抓包工作线程 PcapThread( )，同时，打开统计对话框，对获取的数据包进行分类统计。抓包工作线程 PcapThread( )首先调用 pcap_open_live( )函数来打开要捕获的网络适配器，设置网卡为混杂模式，并返回监听会话句柄。如需要进行在线过滤，则通过调用过滤设置函数来进行在线过滤设置。在调用回调函数开始抓包之前调用 WinPcap 提供的 pcap_dump_open( )函数来打开一个文件，用来暂时存放捕获的数据。最后调用调 pcap_loop（adhandle, 0, packet_handler, （unsigned char *）dumpfile）函数，以回调的方式开始循环抓包，其中参数 packet_handler 为回调函数。在回调函数中主要完成两个工作：第一是调用 WinPcap 提供的函数 pcap_dump( )，将捕获的数据存储到临时文件里；第二是简单分析数据的协议类型，向统计窗口提供数据。

最后，抓包结束，调用列表视图显示模块，显示捕获数据包的摘要信息。

系统的运行界面如图 9-4 所示：

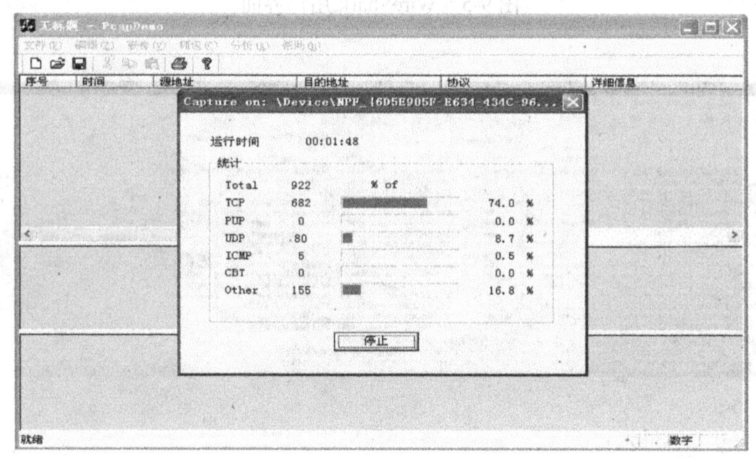

图 9-4　抓包程序运行界面

9.1.4　Ethereal 使用介绍

Ethereal 号称世界上最流行的网络协议分析器，它是一款跨平台的网络调试与数据包分析软件，具有良好的用户界面和众多分类信息及过滤选项，可以在 Linux、Unix 和 Windows 等平台上运行。可以在 http://www.ethereal.com/download.html#releases 下载 Ethereal，目前的最新版是 0.99 版。2006 年 6 月，因为商标的问题，Ethereal 更名为 Wireshark。在本书的演示中，以 WireShark 1.8.2 32bit 版本为例。

WireShark 在 Windows 系统上的安装比较简单。首先必须安装 WinPcap 软件包，不过也可以在安装 Wireshark 的过程中安装 WinPcap 软件包；其余按照默认选项安装即可。

启动 WireShark 以后，如图 9-5 所示，在 Start 按钮下方的列表框中选择一个待捕获数据包的网卡之后，点击 Start 按钮 ，就可以进行数据包的捕获，抓包过程如图 9-6 所示。当完成抓包后，点击 Stop 按钮，所有捕获的数据包就会显示在面板中，点击 Statistics→Summary

按钮，就可以看到抓包的分析结果，如图 9-7 所示。

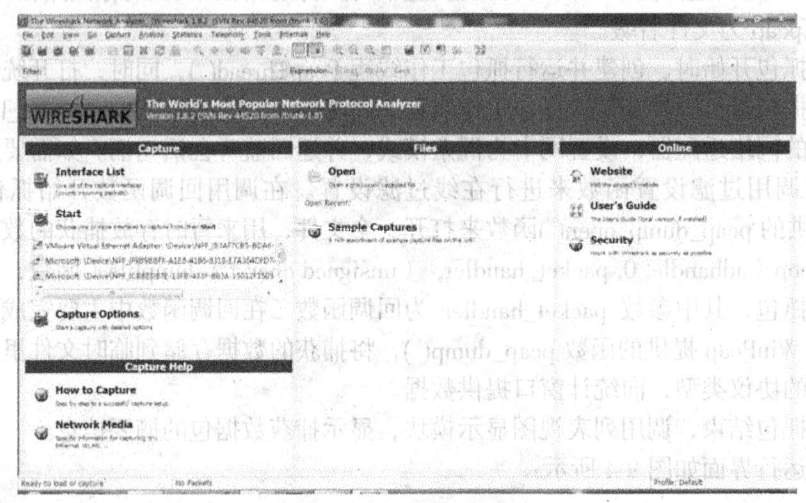

图 9-5　WireShark 用户界面

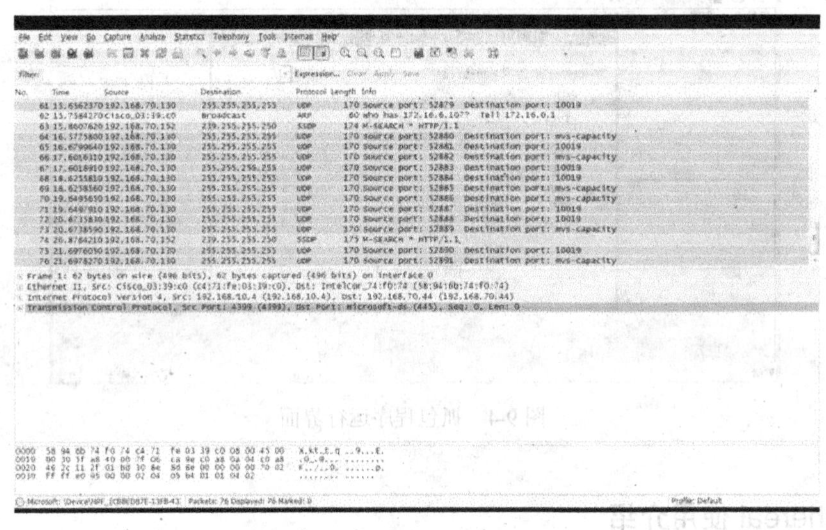

图 9-6　WireShark 抓包界面

WireShark 的 Capture 中的 Option 界面如图 9-8 所示：

■ 首先是 Capture 捕获选项，主要是配置需要对哪个网卡进行捕获，并选择是否使用混杂模式进行数据捕获；

■ 其次是 Capture File 选项，选择捕获的数据文件路径，数据文件是否采用多个文件分别保存，是否采用 pcap-ng 格式，并设置每个捕获分割文件是按照大小还是时间进行分割，是否使用循环缓冲，如果使用了循环缓冲，还需要设置文件的数目，当文件多大时回卷；

■ 再次是 Stop 选项，选择捕获了多少数据包、经过了多长时间以及数据包文件达到多大之后停止；

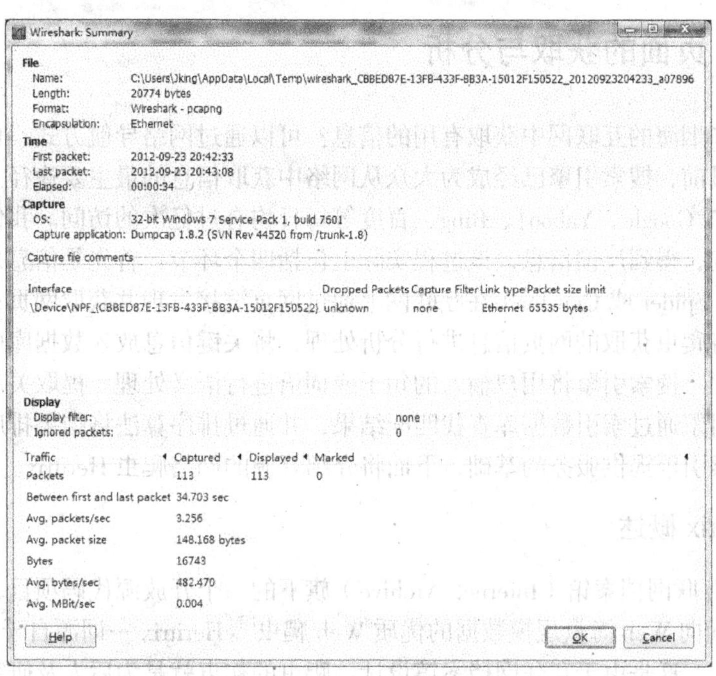

图 9-7　WireShark 抓包小节界面

■ 复次，下方右侧是 Display Option，选择是否实时更新、是否自动回滚以及是否隐藏捕获对话框等；

■ 最后是 Name Resolution Option，选择是根据 MAC、IP 和 TCP 进行解析。

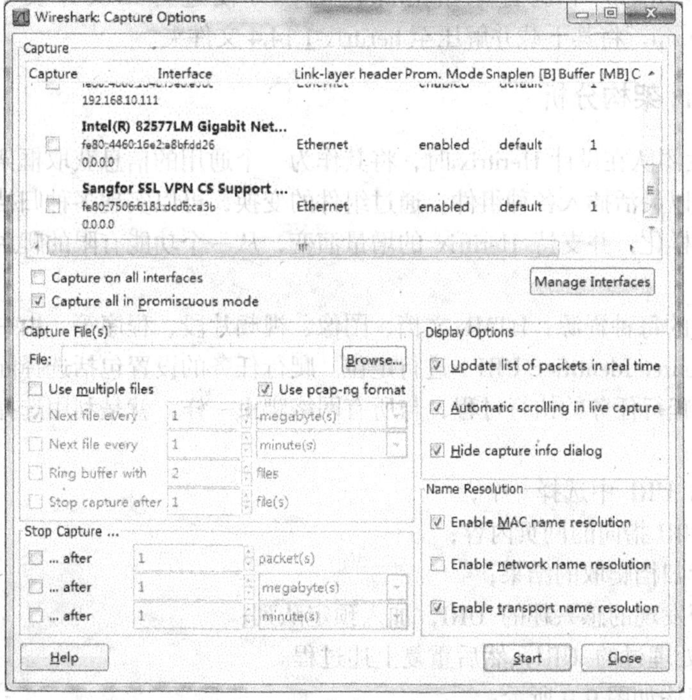

图 9-8　WireShark 抓包配置界面

9.2 Web 页面的获取与分析

如何从浩如烟海的互联网中获取有用的信息？可以通过网络导航方式，也可以通过搜索引擎的方式。目前，搜索引擎已经成为大众从网络中获取信息的最主要途径。著名的搜索引擎服务提供商如 Google、Yahoo!、Bing、百度等每日均有过亿次的访问。我们通过搜索引擎输入关键词查询，得到反馈信息，该过程实际上包括四个环节：首先是信息采集。搜索引擎利用网络爬虫（Spider 或 Crawler）在互联网上通过网页链接发现并获取网页；其次是构建索引。搜索引擎将爬虫获取的网页信息进行分析处理，将关键信息放入数据库中构建索引；再次是关键词处理。搜索引擎将用户输入的句子或词语进行语义处理，提取关键词；最后是结果排序。搜索引擎通过索引数据库查找匹配结果，并通过排序算法将结果排序输出。因此，信息采集是搜索引擎提供服务的基础，下面将介绍开源的网络爬虫 Heritrix。

9.2.1 Heritrix 概述

Heritrix 是互联网档案馆（Internet Archive）旗下的一个开放源代码项目，用于提供开源的、可扩展的、面向 Web 海量规模数据的优质 Web 爬虫[5]。Heritrix 一词源自于古英语 Heiress，意思是女继承人，这是由于互联网档案馆设计该爬虫的初衷就是为后人及研究者收集和保存互联网上的数字资产。2003 年初，由互联网档案馆和北欧国家图书馆联合开发，2004 年 1 月发布了第一个官方版本。

Heritrix 目前普遍使用的版本是 2010 年 5 月 10 日发布的 1.14.4，可以在下面的网址下载：http://sourceforge.net/projects/archive-crawler/files/，目录下面有四个压缩包，两个.tar.gz 包用于 Linux 下，.zip 用于 windows 下。其中 heritrix-1.14.4-dist.zip 是源代码经过编译打包后的文件，而 heritrix-1.14.4-src.zip 中包含原始的源代码，方便进行二次开发。本章需要用到 heritrix-1.14.4-src.zip，将其下载并解压至 heritrix-1.14.4 文件夹。

9.2.2 Heritrix 架构分析

Heritrix 研发团队在设计 Heritrix 时，将其作为一个通用的信息获取框架，因此其架构是松散耦合的，可以灵活插入各种组件。通过组件的变换，可以实现多种归档策略，从而使得信息收集方式多样化，并支持 Heritrix 的增量演变，从一个功能有限的爬虫扩展到功能无限的全能爬虫[6]。

Web 上可用的每种资源：HTML 文档、图像、视频片段、程序等，由一个通用资源标识符（Uniform Resource Identifier, URI）进行定位。爬行任务的设置包括选择配置一系列特定的运行组件。一次爬行任务的执行过程，与所有网络爬虫一样，就是利用选择的特定组件重复下列循环的过程：

1. 在预定的 URI 中选择一个；
2. 获取该 URI 指向的网页内容；
3. 分析或者归档爬取的结果；
4. 选择已经发现的感兴趣的 URI，加入预定队列；
5. 标记已处理过的 URI，然后重复上述过程。

Heritrix 的架构如图 9-9 所示：

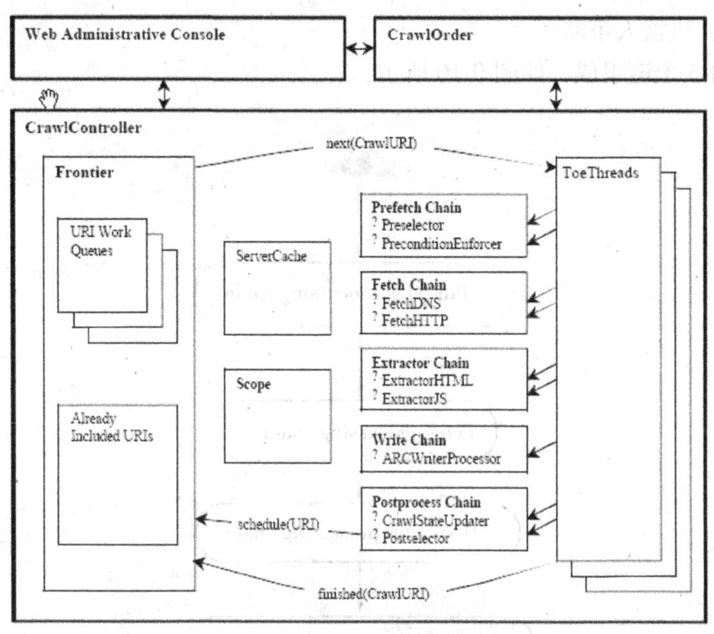

图 9-9　Heritrix 架构图

图 9-9 描绘了爬虫的主要组件，以及其余支撑组件，突出了组件之间的主要关系。Heritrix 中最为关键的三个组件是：范围组件(Scope)，边界组件(Frontier)和处理器链(Process Chains)，三者共同定义一次爬行任务。

■ 范围组件，主要按照规则决定哪些 URI 进入爬取的队列。范围组件包括用于开始一次爬行的种子 URI，加上上述步骤 4 中的规则从而决定哪些被发现的 URI 进入下载的队列。

■ 边界组件，跟踪哪个预定的 URI 将被收集，以及已经被收集的 URI。负责选择下个要被尝试的 URI（上述步骤 1），阻止已处理过的 URL 再次进入预定队列（上述步骤 4）。

■ 处理器链，包含几个模块化的处理器，依次对每个 URI 进行特定有序的操作——爬取 URI 指向的网页内容（正如上述步骤 2），分析返回的结果（正如上述步骤 3），将发现的 URI 返回给边界处理器（正如上述步骤四）。

图 9-9 中其他的组件包括：

■ WEB 管理控制台：绝大多数情况下 Web 管理控制台都是单机的 Web 应用，内嵌 JAVA HTTP 服务器。操作者可以通过构建 Crawler 命令（CrawlOrder）来操作控制台；

■ Crawl 控制器：Crawl 控制器是爬虫的全局上下文，负责实例化所有经过配置的爬虫组件，并维护它们的引用，所有其他的组件都是通过 Crawl 控制器访问其他的组件，Web 管理控制台也是通过它对爬虫进行控制；

■ Crawler 命令：包含足够的信息创建要爬取的 URI 范围；

■ Toe 线程：Heritrix 爬虫是多线程的，支持多个 URI 的并行处理。每个工作线程叫做 Toe 线程，Toe 线程的数量可以根据本地资源的最大上线进行调整，通常可以达到几百个；

■ 服务器缓存：存放服务器的持久信息，能够被爬行组件随时查到，包括 IP 地址、历史记录、机器人策略。

处理器链由 5 个链组成，如图 9-10 所示：

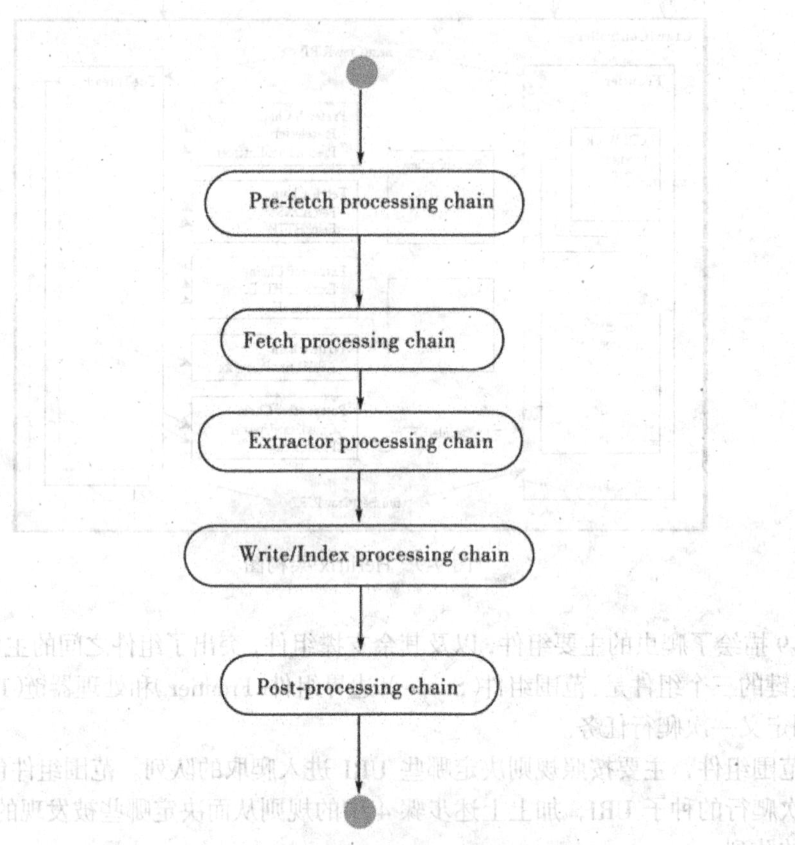

图 9-10 Heritrix 处理器架构图

- Pre-fetch processing chain（预处理链）：在解析或获取 URI 的网络行为发生之前接收 CrawlURI。这些处理器会对 CrawlURI 的后续处理进行延迟、重排序或否决；
- Fetch processing chain（爬取处理链）：尝试获取 CrawlURI 所指向的资源。通常是一个 HTTP 事务，爬取处理器会填写 CrawlURI 的请求和回复缓冲区，或指出在填写这些缓冲区时发生了什么错误；
- Extractor processing chain（提取处理链）：解析当前获取到的服务器返回内容，这些内容通常是以字符串形式缓存的。在这个队列中包括了一系列的工具，如解析 HTML、CSS 等。在解析完毕，取出页面中的 URL 后，将它们放入队列中，等待下次继续爬取；
- Write/index processing chain（写处理链）：Writers 主要是用于将所爬取到的信息写入磁盘。通常写入磁盘时有两种形式，一种是采用称为 Arc 的压缩方式写入，另一种则采用镜象 Mirror 方式写入，镜象方式的处理相比较为简单；
- Post-processing chain（后置处理链）：由 CrawlStateUpdater、LinksScoper 和 Frontier Scheduler 构成。在整个爬取解析过程结束后进行一些扫尾工作，比如将前面 Extractor 解析出来的 URL 有条件的加入到待处理队列中去。

9.2.3 Heritrix 实战

虽然 Heritrix 的架构清晰，但是对于刚接触网络爬虫的用户而言，它的配置使用还是比较复杂的。下面介绍利用 Heritrix 进行网络数据的获取[7][8][9]。

1. Heritrix 在 Eclipse 中的配置

Heritrix 的运行需要使用 Eclipse。Eclipse 是一个开放源代码的、基于 Java 的可扩展开发平台，可以作为 Java 集成开发环境使用。如果没有 Eclipse 可以在 http://www.eclipse.org/上下载相应的版本。

（1）在 Eclipse 中新建 Java 工程 HeritrixDemo，如图 9-11 所示：

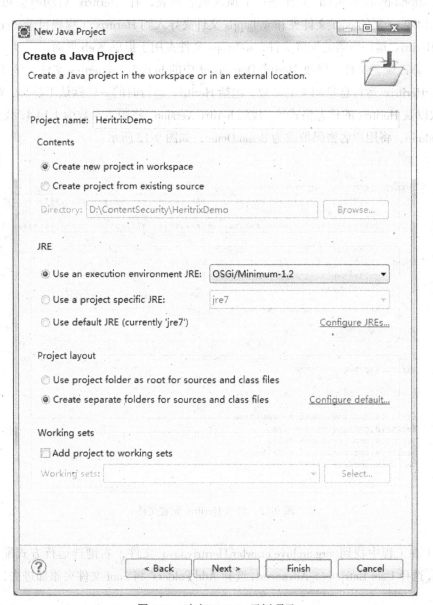

图 9-11　建立 Heritrix 示例项目

（2）导入类库。将 Heritrix-1.14.4 文件夹下的 lib 文件夹拷贝到 HeritrixDemo 项目根目录。在 HeritrixDemo 工程上右键单击选择“Build Path->Configure Build Path …”，然后选择 Library 选项卡，单击“Add External JARs …”，在弹出的“JAR Selection”对话框中选择 HeritrixDemo 工程 lib 文件夹下所有的 jar 文件，然后点击 OK 按钮。

（3）导入源代码，构建项目文件。在 HeritrixDemo 工程上右键单击选择 Import-> General->FileSystem，将 Heritrix-1.14.4\src\java 下的 com、org 和 st 三个文件夹导入 HeritrixDemo 工程的 src 下，这三个文件夹包含了运行 Heritrix 所必需的核心源代码；将 heritrix-1.14.4\src 下面的 resources 文件夹导入到 HeritrixDemo\ src\下，heritrix-1.14.4\ src\resources\org\archive\util 下的 tlds-alpha-by-domain.txt 文件是一个顶级域名列表，在 Heritrix 启动时会被读取；将 heritrix-1.14.4\src 下的 conf 文件夹和 webapps 文件夹导入到 Heritrix 工程根目录，conf 文件夹包含了 Heritrix 运行所需的配置文件，webapps 文件夹用于提供 Web 界面。

（4）修改配置文件。修改 HeritrixDemo\conf 中的 heritrix.properties 文件。该文件中配置了大量与 Heritrix 运行息息相关的参数，包括 Heritrix 运行时的一些默认工具类、Web UI 的启动参数以及 Heritrix 的日志格式等。找到 heritrix.version，将版本参数为 1.14.4，找到 heritrix. cmdline.admin，将用户名密码值改为 demo:Demo，如图 9-12 所示：

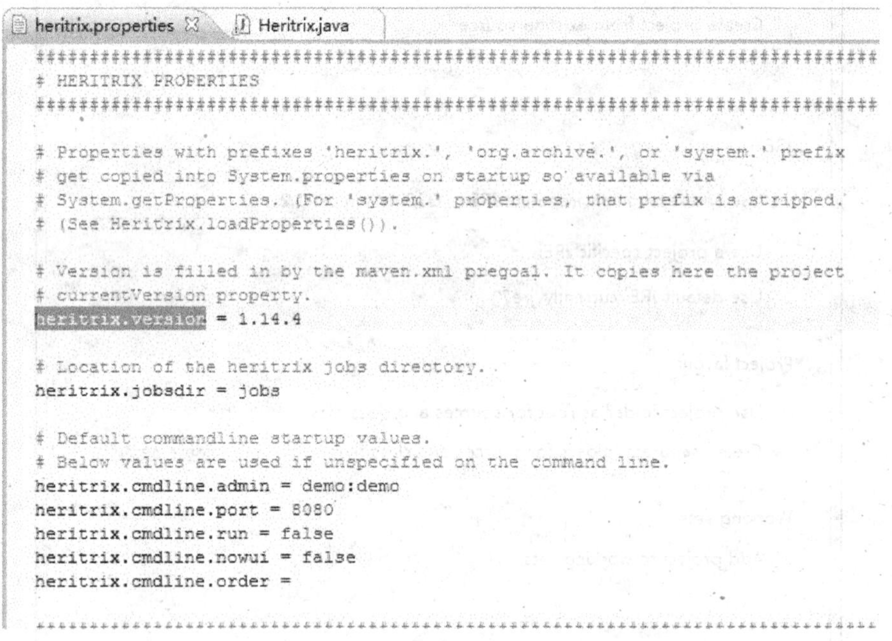

图 9-12　修改 Heritrix 配置文件

（5）在工程中找到 org.archive.crawler.Heritrix.java 文件，右键选运行方式配置，选择 Classpath，选择 User Entries -> Advanced，选择 Add Folders 将 conf 文件夹添加进去，如图 9-13 所示：

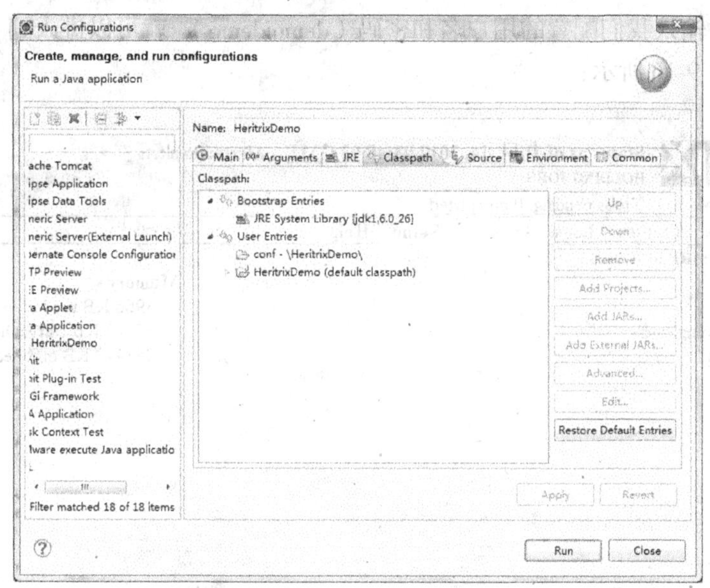

图 9-13　Heritrix 项目运行配置

（6）运行 Heritirx。点击 Run 开始运行，如果运行成功，在 Eclipse 控制台会出现如图 9-14 所示的输出。

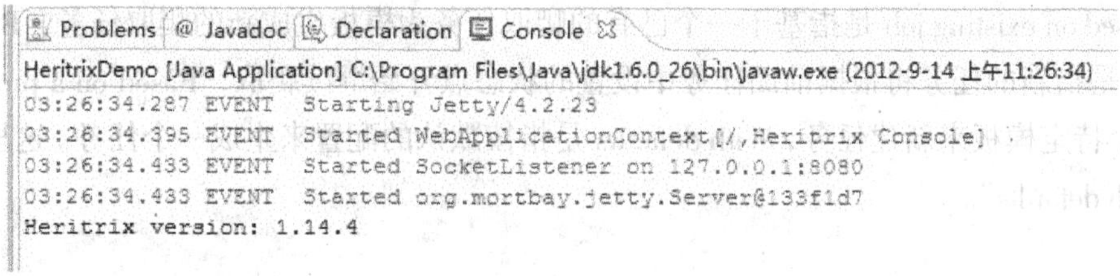

```
Problems  @ Javadoc  Declaration  Console
HeritrixDemo [Java Application] C:\Program Files\Java\jdk1.6.0_26\bin\javaw.exe (2012-9-14 上午11:26:34)
03:26:34.287 EVENT  Starting Jetty/4.2.23
03:26:34.395 EVENT  Started WebApplicationContext[/,Heritrix Console]
03:26:34.433 EVENT  Started SocketListener on 127.0.0.1:8080
03:26:34.433 EVENT  Started org.mortbay.jetty.Server@133f1d7
Heritrix version: 1.14.4
```

图 9-14　控制台输出

2. 创建网页爬取任务

在 Eclipse 中配置并运行 Heritrix 之后，就可以通过 Web 界面来启动 Heritirx，设置爬行参数并监控爬行，界面简单直观，易于管理。登录地址为本机的 8080 端口，即 http://localhost:8080，在浏览器中输入上述地址之后就可以看到如图 9-15 所示的登录界面。

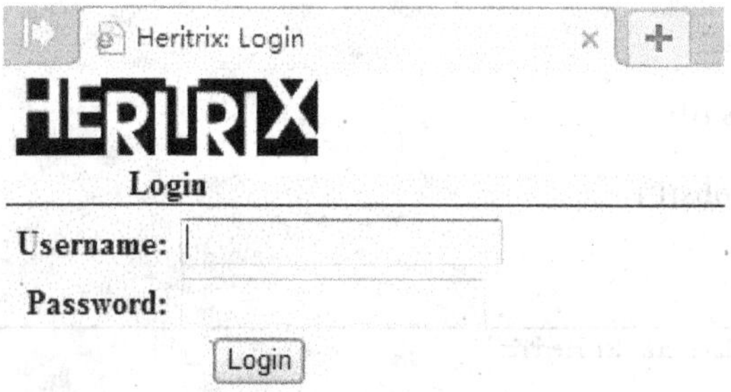

Heritrix: Login
HERITRIX
Login
Username:
Password:
Login

图 9-15　Heritrix 登录界面

在该页面中输入我们配置的用户名和密码（demo:demo），就可以进入到 Heritrix 的 Web 管理界面，如图 9-16 所示：

HERITRIX
Status as of 九月. 14, 2012 08:48:03 GMT Alerts: no alerts
HOLDING JOBS
Admin Console
0 jobs pending, 0 completed
Console Jobs Profiles Logs Reports Setup Help
Crawler Status: HOLDING JOBS | Start
Jobs
None running
0 pending, 0 completed
Alerts: 0 (0 new)
Memory
3966 KB used
15872 KB current heap
253440 KB max heap
Refresh
Shut down Heritrix software | Logout
Identifier: org.archive.crawler.Heritrix

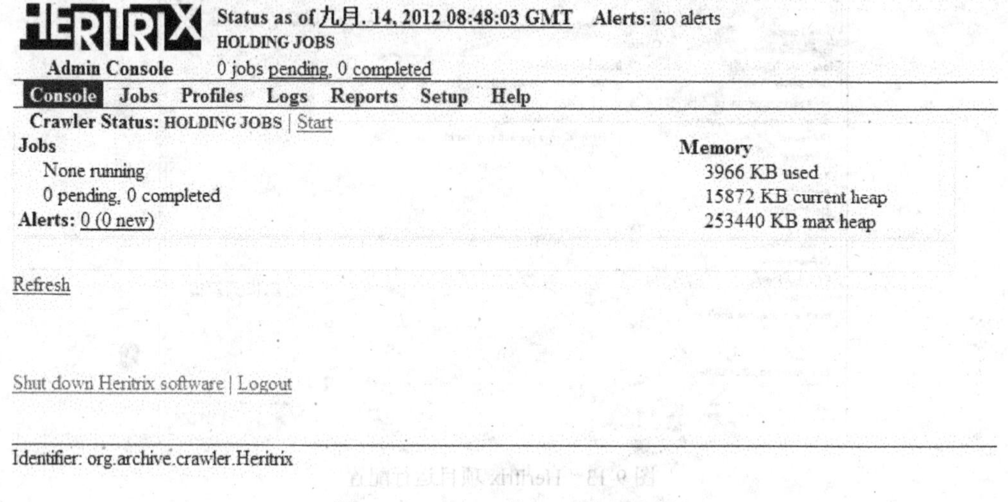

图 9-16　Heritrix 的 Web 管理界面

下面我们以武汉大学首页（http://www.whu.edu.cn/）为种子站点来创建一个爬取实例。

（1）在 Jobs 页面创建一个新的爬取任务，如图 9-17 所示，可以创建四种任务类型，其中 Based on existing job 是指基于一个已有的爬取任务为模板生成新的爬取任务，Based on a recovery 是指新的任务将根据前面任务中设置的状态点开始继续爬取，Based on a profile 是指按照某个特定模板来新建任务，With defaults 是指按默认的配置来生成一个任务。这里我们选择“With defaults”。

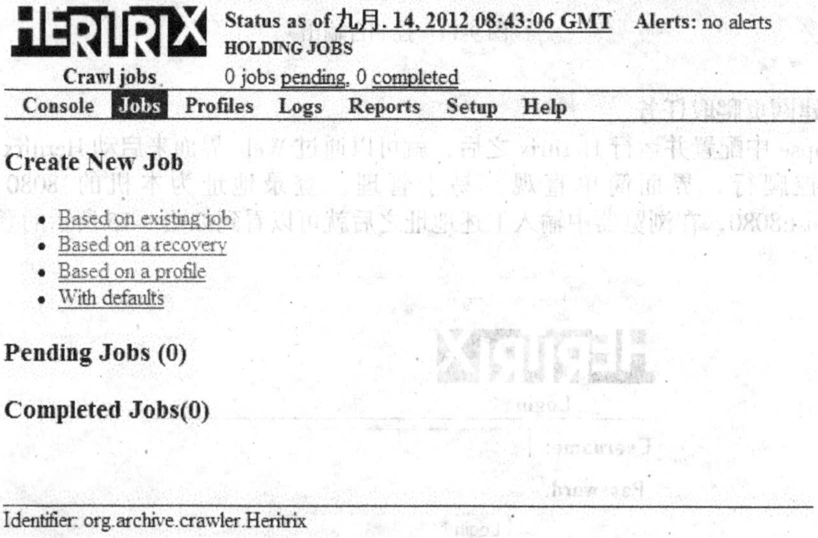

HERITRIX
Status as of 九月. 14, 2012 08:43:06 GMT Alerts: no alerts
HOLDING JOBS
Crawl jobs
0 jobs pending, 0 completed
Console Jobs Profiles Logs Reports Setup Help
Create New Job
Based on existing job
Based on a recovery
Based on a profile
With defaults
Pending Jobs (0)
Completed Jobs(0)
Identifier: org.archive.crawler.Heritrix

图 9-17　创建一个爬取任务

（2）输入任务相关信息，如图 9-18 所示。

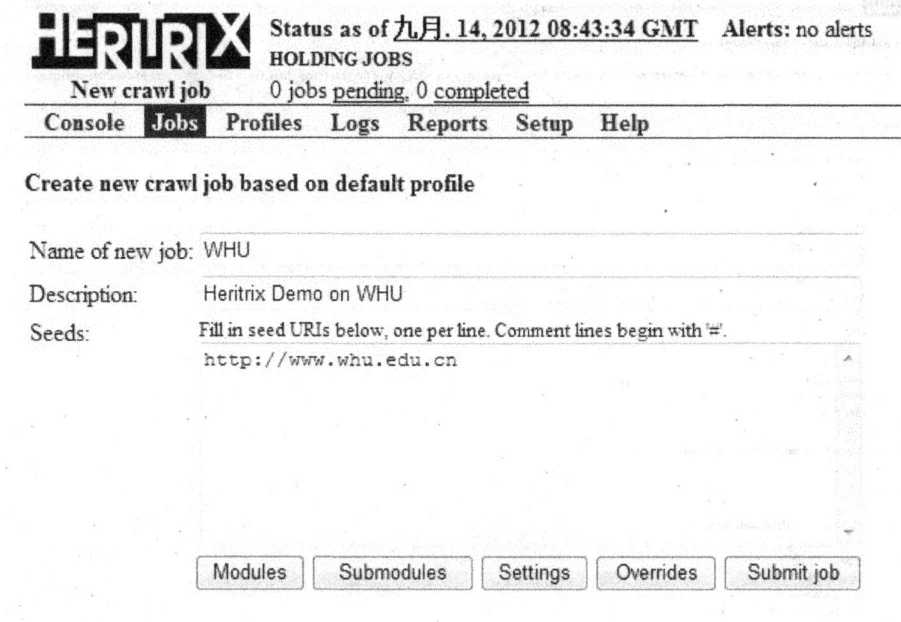

图 9-18　配置任务信息

（3）配置任务。图 9-18 中下方的按钮可以对爬取工作进行进一步的设置。点击 Modules 按钮可以配置任务的处理模块，一共有七项可配置的内容，我们依次进行说明。Select Crawl Scope 用于配置爬取网页链接的范围，BroadScope 则表示爬取范围不受限制，HostScope 表示爬取的范围局限在 Host 内。我们选择 BroadScope，并单击右边的 Change 按钮保存设置状态。Select URI Frontier 用于判断下一个被处理的 URL 是哪一个，并将处理器链解析出来的 URL 加入到等待处理的队列中去，我们使用默认值。Pre Processors 是整个处理器链的入口，由队列的处理器对爬取时的一些先决条件进行判断，这里我们使用默认值。Select Fetchers 是选择用于解析网络传输协议，如 DNS、HTTP 或 FTP 等，我们使用默认值。Select Extractors 是选择用于处理当前服务器返回的内容的解析器，这里我们使用默认值。Select Writers 用于选择 ARC 方式还是 Mirror 方式将所爬取到的信息以何种形式写入磁盘，我们选择镜像方式。Select Post Processors 用于选择爬取解析过程结束后的处理工作，我们使用默认值，设置如图 9-19 所示。

（4）点击 Settings 按钮，只需设置 user-agent 和 from。其中："@VERSION@" 字符串需要被替换成 Heritrix 的版本信息，"PROJECT_URL_HERE" 替换为完整的 URL 地址。"from" 属性设置正确的邮件地址。完成上述设置后点击 Submit job 按钮，返回控制台，可以看到创建的任务已处于 pending 状态。

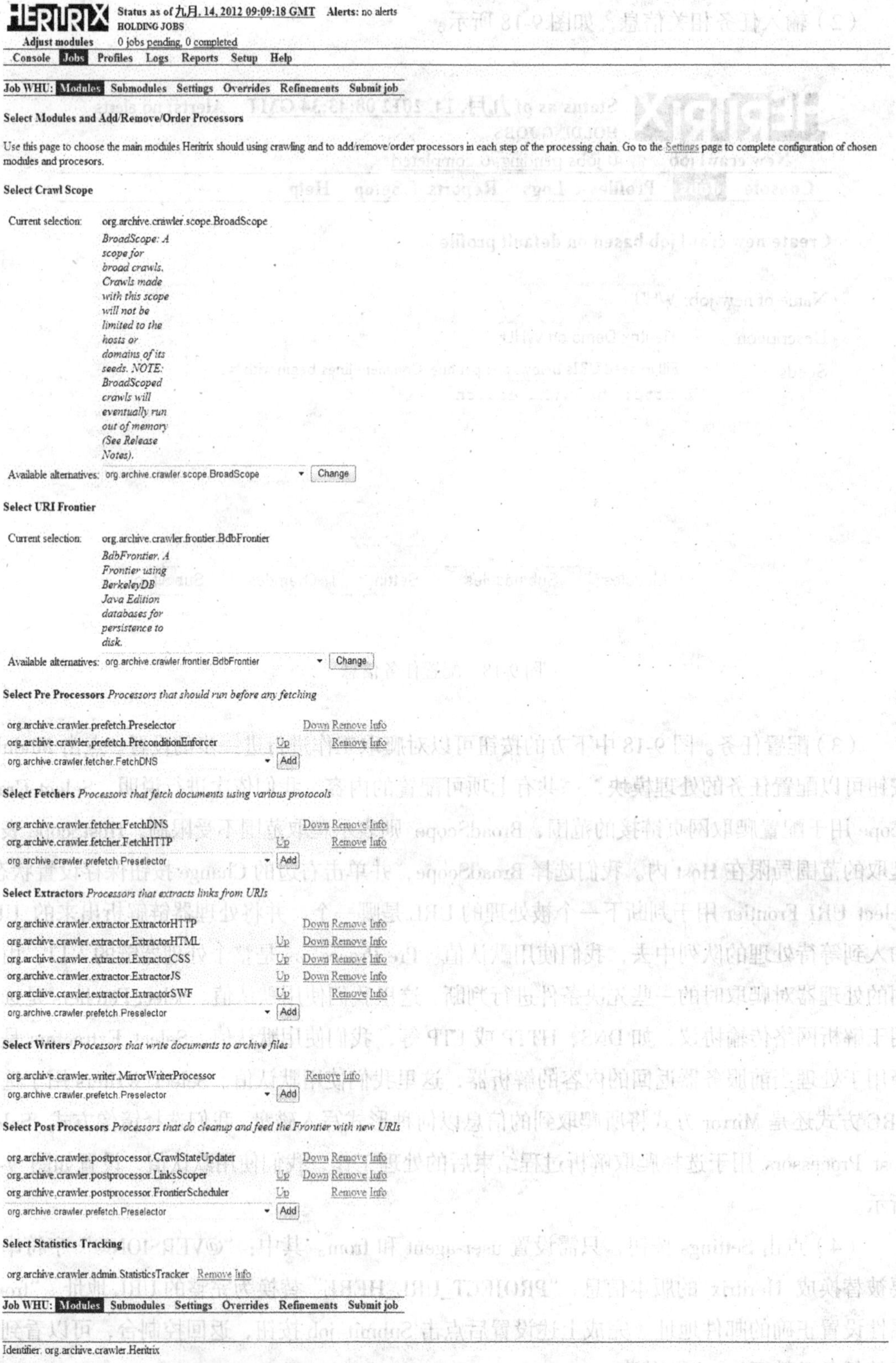

Status as of 九月, 14, 2012 09:09:18 GMT Alerts: no alerts
HOLDING JOBS

Adjust modules 0 jobs pending, 0 completed

Console Jobs Profiles Logs Reports Setup Help

Job WHU: Modules Submodules Settings Overrides Refinements Submit job

Select Modules and Add/Remove/Order Processors

Use this page to choose the main modules Heritrix should using crawling and to add/remove/order processors in each step of the processing chain. Go to the Settings page to complete configuration of chosen modules and procesors.

Select Crawl Scope

Current selection: org.archive.crawler.scope.BroadScope

BroadScope: A scope for broad crawls. Crawls made with this scope will not be limited to the hosts or domains of its seeds. NOTE: BroadScoped crawls will eventually run out of memory (See Release Notes).

Available alternatives: org.archive.crawler.scope.BroadScope [Change]

Select URI Frontier

Current selection: org.archive.crawler.frontier.BdbFrontier

BdbFrontier. A Frontier using BerkeleyDB Java Edition databases for persistence to disk.

Available alternatives: org.archive.crawler.frontier.BdbFrontier [Change]

Select Pre Processors *Processors that should run before any fetching*

org.archive.crawler.prefetch.Preselector Down Remove Info
org.archive.crawler.prefetch.PreconditionEnforcer Up Remove Info
org.archive.crawler.fetcher.FetchDNS [Add]

Select Fetchers *Processors that fetch documents using various protocols*

org.archive.crawler.fetcher.FetchDNS Down Remove Info
org.archive.crawler.fetcher.FetchHTTP Up Remove Info
org.archive.crawler.prefetch.Preselector [Add]

Select Extractors *Processors that extracts links from URIs*

org.archive.crawler.extractor.ExtractorHTTP Down Remove Info
org.archive.crawler.extractor.ExtractorHTML Up Down Remove Info
org.archive.crawler.extractor.ExtractorCSS Up Down Remove Info
org.archive.crawler.extractor.ExtractorJS Up Down Remove Info
org.archive.crawler.extractor.ExtractorSWF Up Remove Info
org.archive.crawler.prefetch.Preselector [Add]

Select Writers *Processors that write documents to archive files*

org.archive.crawler.writer.MirrorWriterProcessor Remove Info
org.archive.crawler.prefetch.Preselector [Add]

Select Post Processors *Processors that do cleanup and feed the Frontier with new URIs*

org.archive.crawler.postprocessor.CrawlStateUpdater Down Remove Info
org.archive.crawler.postprocessor.LinksScoper Up Down Remove Info
org.archive.crawler.postprocessor.FrontierScheduler Up Remove Info
org.archive.crawler.prefetch.Preselector [Add]

Select Statistics Tracking

org.archive.crawler.admin.StatisticsTracker Remove Info

Job WHU: Modules Submodules Settings Overrides Refinements Submit job

Identifier: org.archive.crawler.Heritrix

图 9-19 配置 Module

（5）启动任务。点击 Start 按钮启动任务，刷新一下即可看到爬取进度以及相关参数。同时可以暂停或终止爬取过程，如图 9-20 所示。进度条的百分比实际上是已经处理的链接数和总共分析出的链接数的比值，随着爬取工作不断进行，该数字也在不断变化。

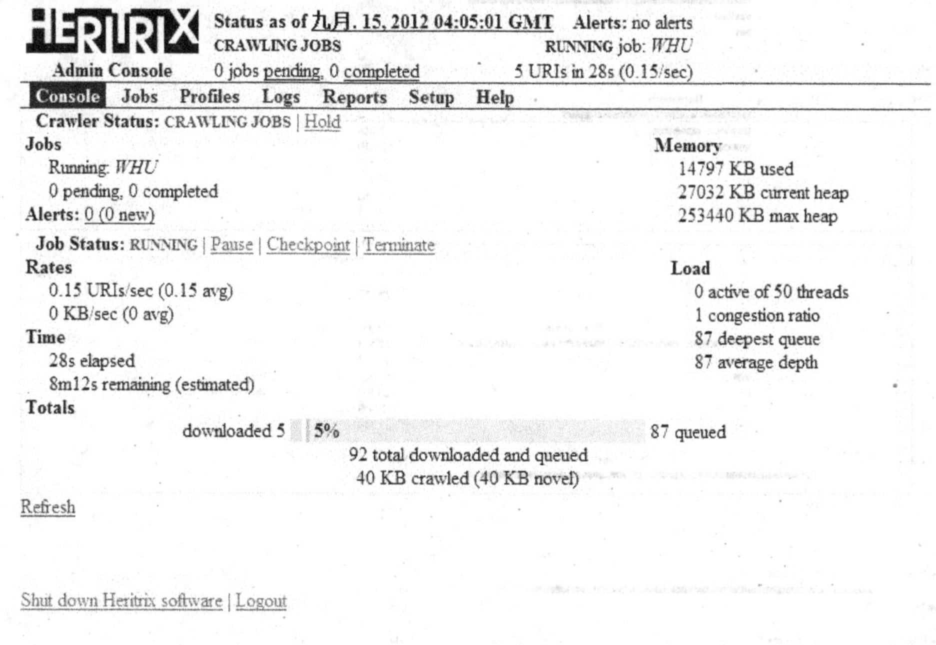

图 9-20　启动爬取任务

（6）查看爬取结果。在 HeritrixDemo 工程目录下自动生成 jobs 文件夹，包含本次爬取任务。爬取下来网页以镜像方式存放，也就是将 URL 地址按"/"进行切分，进而按切分出来的层次存储，如图 9-21 所示。

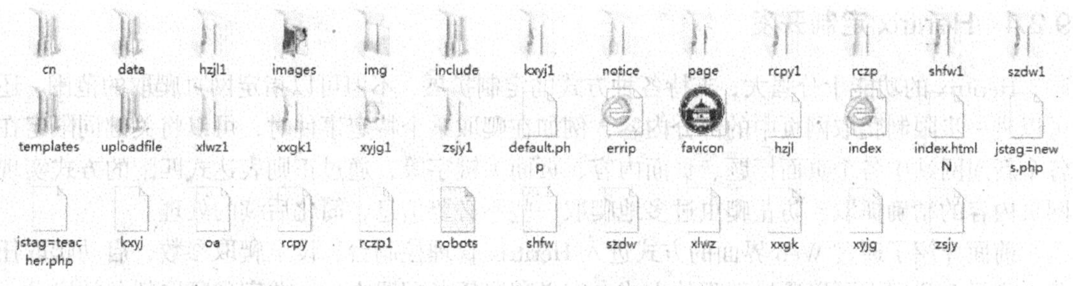

图 9-21　爬取到的网页

（7）查看爬取报告。当爬取任务结束之后，点击 Reports 按钮，可以查看已经完成任务的报告，如图 9-22 所示。

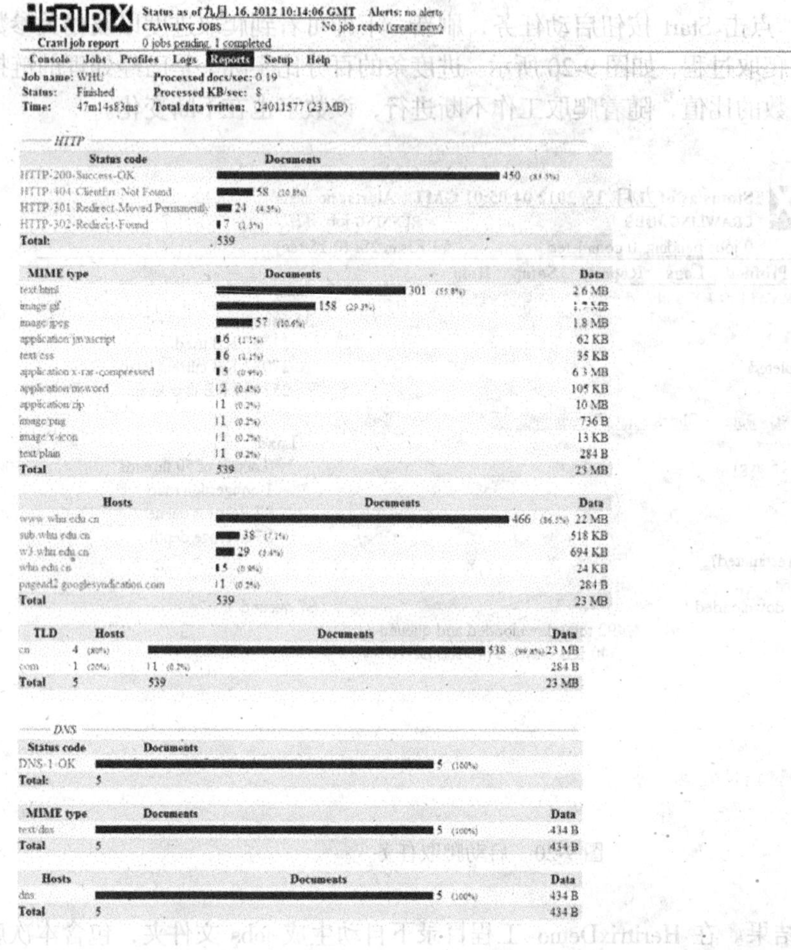

图 9-22　查看爬取报告

9.2.4　Heritrix 定制开发

Heritrix 的功能十分强大，支持各种方式的定制扩展，不但可以指定网页爬取的范围，还可以进一步限制爬取网页中的部分内容，例如在爬取某个特定事件时，可以将关键词限定在各个新闻网站中各个页面标题、页面内容、页面关键字等，通过正则表达式匹配的方式实现网页内容的精确抓取，防止爬虫过多地爬取一些不必要信息，简化后续的处理。

前面介绍了通过 Web 界面的方式进入 Heritrix 管理控制台，设定爬取参数，启动爬取任务。实际上我们也可以通过编程的方式自定义爬取任务配置文件，并实现爬取任务的启动。无论是 Web 界面启动，还是编程式启动，其核心在于配置文件 order.xml，order.xml 配置文件是 Heritrix 工作任务的核心，文件内的每个配置都关系到 Heritrix 的运行情况。通过对这个文件的配置，可以灵活地使用 Heritrix，例如可以控制抓取速度、优化电脑性能以及在某一次的抓取上继续抓取等。这也是 Heritrix 扩展灵活之所在。order.xml 的具体内容有如下 11 个组成部分：

（1）<meta></meta>，表示该抓取 JOB 的元素，包括任务名称、描述等，属于抓取任务

的背景信息，如表 9-1 所示。

表 9-1

节点	子节点	说　明
meta	name	Heritrix 抓取 JOB 的名字，由用户输入，用来区分不同的抓取 JOB
	description	Heritrix 抓取 JOB 的描述，由用户输入，用来描述该抓取 JOB
	operator	Heritrix 抓取 JOB 的操作者，由用户输入，Heritrix 没有默认值
	organization	Heritrix 抓取 JOB 的操作者所属组织，由用户输入
	audience	Heritrix 抓取 JOB 的用户或客户，由用户输入，可以为空
	date	提交该 Heritrix 抓取 JOB 的时间，由系统生成

（2）<controller></controller>，与抓取有关的所有参数，由于内容较多，并且 Heritrix 也已将其分成不同模块，这里做拆分说明，如表 9-2 所示。

表 9-2

节点	子节点	说　明
controller	settings-directory	Heritrix 的顶级目录
	disk-path	order.xml 所在目录，单个 Heritrix 实例的目录
	logs-path	用于保存 Heritrix 的日志文件
	checkpoints-path	用于保存 checkpoints（定点备份）文件的目录
	state-path	用于保存 crawler-state 文件的目录
	scratch-path	用于保存网页内容临时文件的目录
	max-bytes-download	最大下载字节数，当下载字节超出该值爬虫将停止下载。如果该值为 0 则表示没有限制
	max-document-download	最大文档下载数，当下载文档超出该值时爬虫将停止下载。如果该值为 0 则表示没有限制
	max-time-sec	最大时间抓取（秒），如果抓取时间超过该值，则爬虫将停止抓取。如果该值为 0 则表示没有限制
	max-toe-threads	最大线程数用于同时处理多个 URI
	recorder-out-buffer-bytes	每一个线程的输出缓冲区大小，也就是在内存里存放多大的字节数才写入到文件中
	recorder-in-buffer-bytes	每一个线程的输入缓冲区大小，也就是在内存里存放多大的字节数才写入到文件中
	bdb-cache-percent	分配给 DBB 缓存堆的百分比，默认为 0 则表示没有其他要求（通常 BDB 是需要 60%或者是最大值）
	scope	抓取范围，构造 CrawlScope，拆分说明
	http-headers	HTTP 协议，当处理爬虫 HTTP 协议时需要构造，拆分说明
	robots-honoring-policy	Robots.txt 协议控制，拆分说明

续表

节点	子节点	说明
controller	frontier	Frontier 调度器，拆分说明
	uri-canonicalization-rules	URL 规范化规则，URL 规范化规则有序列表，规则适用于从上至下列出的顺序，拆分说明
	pre-fetch-processors	预先处理链，在抓取前需要从网络获取或配置相关参数，拆分说明
	fetch-processors	获取链，拆分说明
	extract-processors	抽取链，拆分说明
	write-processors	写链，拆分说明
	post-processors	请求链，清理 URI 和在 URI 范围内填充新的 URI，拆分说明
	loggers	统计跟踪链，统计跟踪模块，指定用于监视抓取和写日志，以及报告和提供信息给用户接口，拆分说明
	credential-store	凭证存储，如登录凭证，拆分说明

（3）抓取范围：<newObject name="scope" class="org.archive.crawler.deciderules. Deciding Scope">，如表 9-3 所示。

表 9-3

节点	子节点	说　明
scope	enabled	是否运行这个组件
	seedsfile	种子文件名
	reread-seeds-on-config	是否每一个配置发生变化都要引发重新读取原始种子文件
	decide-rules	抓取范围限定的规则，对于垂直搜索无需关心此项
	rules	不同的规则
	rejectByDefault	根据默认规则拒绝
	acceptIfSurtPrefixed	如果抓取指定的 Host 页面就接受
	decision	决策
	surts-source-file	用于推断 SURT 前缀的文件，文件里的任何文件将转换为所提供的 SURT 前缀，显示在行里的 SURT 前缀都会通过+开始
	seeds-as-surt-prefixes	种子文件是否也应当解析成 SURT 前缀
	surts-dump-file	保存 SURT 前缀的文件，用于实际调试 SURTS 时
	also-check-via	是否也检查该 CrawlURI 中的 via
	rebuild-on-reconfig	当配置文件更改后，是否也跟着更改
	rejectIfTooManyHops	如果太多跳的话拒绝
	max-hops	最大跃点数
	acceptIfTranscluded	抓取域下的页面

续表

节点	子节点	说　明
scope	max-trans-hops	除去链接 L，PathFromSeed 的最大长度
	max-speculative-hops	抽取的链接 X，可能是链接 L 或者嵌入式 E，在 JS 里的最大个数，通过 pathFromSeed 判断
	rejectIfPathological	如果不合理就拒绝
	max-repetitions	一个 URL 相同目录段名最大重复次数，超过该值返回 REJECT
	rejectIfTooManyPathSegs	如果太多路径分段拒绝
	max-path-depth	URL 中段的次数是否超过该值，超过返回 REJECT
	acceptIfPrerequisite	如果前置要求就接受

（4）HTTP 协议<map name="http-headers">，如表 9-4 所示。

表 9-4

节点	子节点	说　明
http-headers	user-agent	用户代理，这个值字段必须包含有效的 URL，如此才可以用爬虫访问个人或者组织的网站
	from	联系人信息，该字段必须包含有效的 email，来代表使用本爬虫的个人或组织

（5）爬虫协议，如表 9-5 所示。

表 9-5

节点	子节点	说　明
robots-honoring-policy	type	爬虫协议类型
	masquerade	当爬虫遵循所有它声明的规则时伪装另一个代理，唯一相关的类型是：most-favored 和 most-favored-set
	custom-robots	如果 type 是 custom，则机器人自定义
	user-agents	如果 type 是 most-favored-set，代替的 user-agents

（6）Frontier 调度器：<newObject name="frontier" class="org.archive.crawler.frontier.BdbFrontier">，如表 9-6 所示。

表 9-6

节点	子节点	说　明
frontier	delay-factor	从同一个服务器（host）获取需要等待的间隔时间，可以预防无节制的抓取一个网站。通常是用该值去乘以上一个URL的抓取时间来表示下一个URL需要等待的时间
	max-delay-ms	最大的等待时间，单位毫秒
	min-delay-ms	最小等待时间，单位毫秒
	respect-crawl-delay-up-to-secs	当读取robots.txt时推迟抓取的时间，单位毫秒
	max-retries	已经尝试失败的URI的重新尝试次数
	retry-delay-seconds	默认多长时间我们重新去抓取一个检索失败的URI
	preference-embed-hops	嵌入或者重定向URI调度等级，例如，该值为1（默认也为1），调度时将比普通的link等级高，如果设置为0，则和link一样
	total-bandwidth-usage-KB-sec	爬虫所允许的最大宽带平均数，实际的读取速度是不受此影响的，当爬虫使用的宽带接近极限时，它会阻碍新的URI去处理，0表示没有限制
	max-per-host-bandwidth-usage-KB-sec	爬虫允许的每个域名所使用的最大宽带数，实际的读取速度不会受此影响，当爬虫使用的宽带接近极限时，它会阻碍新的URI去处理，0表示没有限制
	queue-assignment-policy	定义如何去分配URI到各个队列
	force-queue-assignment	强制URI的队列名字
	pause-at-start	在URI被尝试前，当爬虫启动后是否暂停？这个操作可以在爬虫工作前核实或调整爬虫。默认为false
	pause-at-finish	当爬虫结束时是否暂停，而不是立刻停止工作。这个操作可以在爬虫状态还是可用时，有机会去显示爬虫结果，并有可能去增加URI和调整setting，默认为false
	source-tag-seeds	是否去标记通过种子抓取的uri作为种子的遗传，用source值代替
	recovery-log-enabled	设置为false表示禁用恢复日志写操作，为true时表示你用checkpoint去恢复crawl销毁的数据
	hold-queues	当队列数量未达到时，是否不让其运行，达到了才运行。是否要去持久化一个创建的每个域名一个的URI工作队列直到他们需要一直繁忙（开始工作）。如果为false（默认值），队列会在任何时间提供URI去抓取。如果为true，则队列一开始（还有收集的URL）会处于不在活动中的状态，只有在Frontier需要另外一个队列使得所有线程繁忙的时候才会让一个新的队列处于活动状态

续表

节点	子节点	说　明
frontier	balance-replenish-amount	补充一定的数量去使得队列平衡，更大的数目则意味着更多的 URI 将在它们处于等待队列停用之前将被尝试
	error-penalty-amount	当队列中的一个 URI 处理失败时，需要另外处罚的数量.加速失活或问题队列，反应迟钝的网站完全退休，默认为 100
	queue-total-budget	单个队列所允许的活动的开支，队列超出部分将被重试或者不再抓取，默认为-1，则表示没有这个限制
	cost-policy	用于计算每个 URI 成本，默认为 UnitCostAssignmentPolicy 则认为每个 URI 的成本为 1
	snooze-deactivate-ms	任何 snooze 延迟都会影响队列不活动，允许其他队列有机会进入活动状态，通常设置为比在成功获取时暂停时间长，比链接失败短，默认为 5 分钟
	target-ready-backlog	准备积压队列的目标大小，这里多个队列将会进入准备状态即使线程不再等待，只有 hold-queues 为 true 时才有效，默认为 50

（7）预先处理链组件：<map name="pre-fetch-processors">，如表 9-7 所示。

表 9-7

节点	子节点	说　明
pre-fetch-processors	Preselector	该组件使用的类
	enabled	是否启用该组件
	Preselector#decide-rules	该组件的规则，可以忽略不符合规则的 URL 不处理
	rules	该组件的规则
	override-logger	如果启用则覆盖这个类的默认日志器，默认日志器将日志打印在控制台。覆盖的日志器将把所有日志发送到日志目录下的以本类命名的日志文件中。在 heritrix.properties 中设置好日志等级和日志格式，这个属性在重启后只获取一次
	recheck-scope	是否需要在这一步重新检索 Crawl Scope
	block-all	指定所有的 URIS（通常是由 host 给定）在这一步阻止
	block-by-regexp	指定允许所有在这里匹配这个正则表达式的则阻止
	allow-by-regexp	指定允许在这里所有匹配正则表达式的则允许，会对每个 URL 都进行判断
	Preprocessor	处理器
	enabled	启用

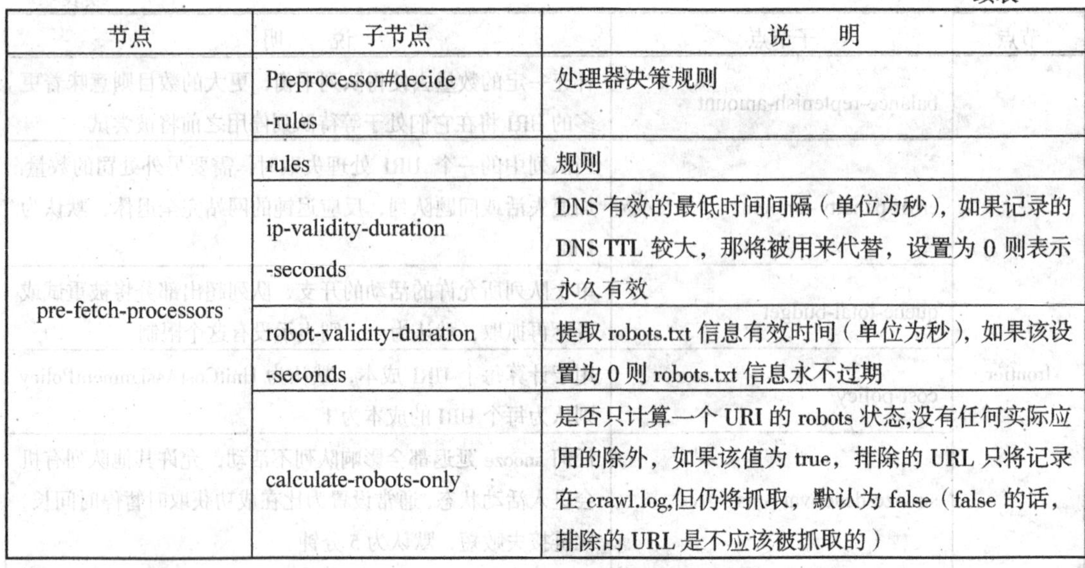

续表

节点	子节点	说　明
pre-fetch-processors	Preprocessor#decide-rules	处理器决策规则
	rules	规则
	ip-validity-duration-seconds	DNS 有效的最低时间间隔（单位为秒），如果记录的 DNS TTL 较大，那将被用来代替，设置为 0 则表示永久有效
	robot-validity-duration-seconds	提取 robots.txt 信息有效时间（单位为秒），如果该设置为 0 则 robots.txt 信息永不过期
	calculate-robots-only	是否只计算一个 URI 的 robots 状态,没有任何实际应用的除外，如果该值为 true，排除的 URL 只将记录在 crawl.log,但仍将抓取，默认为 false（false 的话，排除的 URL 是不应该被抓取的）

（8）抽取组件：<map name="extract–processors">，如表 9-8 所示。

表 9-8

节点	子节点	说　明
extract–processors	ExtractorHTTP	抽取 HTTP
	ExtractorHTTP#decide-rules	规则，用于忽略不符合规则的 URL
	ExtractorHTML	抽取 HTML，主要的抽取类
	ExtractorHTML#decide-rules	规则，用于忽略不符合规则的 URL
	extract-javascript	是否在 Javascript 里找链接，默认为 true
	treat-frames-as-embed-links	如果以上值为 true，FRAME/IFRAME 被当做嵌入式链接（像图片，hop-type 是 E），否则就把它们当做导航链接，默认为 true
	ignore-form-action-URLs	如果为 true，uri 中在 HTML FORM 中出现的 Action 属性将被忽略，默认为 false
	extract-only-form-gets	如果为 true，则 uri 中 HTML FORM 中只抽取 Method 为 get 的 URL，Method 为 post 时将被忽略
	extract-value-attributes	如果为 true，则抽取那些像链接的字符串，这种操作可能会抽取到有效的和无效的链接，默认为 true
	ignore-unexpected-html	如果为 true，则那种特殊格式的 URL，比如图片将不会被扫描，默认为 true

（9）写组件：<map name="write–processors">，如表 9-9 所示。

表 9-9

节点	子节点	说　明
write–processors	Archiver	自定义的写链
	Archiver#decide-rules	规则，用于忽略不符合规则的 URL
	case-sensitive	true 表示操作系统区分大小写
	character-map	这是一个键值对组，用 value 代替 key
	content-type-map	这是一个键值对组,用 value 代替 key
	directory-file	如果给定的 URL 不是明确的 HTML，则从这个 URL 去获取
	dot-begin	如果一个段以.开头，则用这个值替换它
	dot-end	如果一个目录以.结尾，则用这个值替换它。所有的操作系统除了 Windows，是建议使用的
	host-map	这是一个键值对组,如果一个 host 名字里匹配该 key，则用 value 值替换它
	host-directory	是否创建在 URL 在 host 命名中的子目录
	path	用于下载 html 文件的头目录
	max-path-length	文件系统路径最大长度
	max-segment-length	文件系统路径中段路径的最大长度
	port-directory	在 URL 中是否创建一个以 port 命名的子目录
	suffix-at-end	如果为 true，则后缀放在 URL 中查询段的后面.如果为 false 则放在前面
	too-long-directory	如果 URL 中目录都超过或者接近超过文件系统最大长度，超过部分它们都将用这个代替
	underscore-set	如果一个目录名在列表里忽略大小写，那么_将放在它前面，所有的文件系统除了 Windows，这个是不需要的

（10）请求链组件<map name="post-processors">里面可以配置自己的调度器，<!-- 请求链：清理 URI 和在 URI 范围内填充新的 URI -->，如表 9-10 所示。

表 9-10

节点	子节点	说　明
post-processors	Updater	状态更新器
	Updater#decide-rules	更新器决策规则
	LinksScoper	链接范围验证处理器
	LinksScoper#decide-rules	链接范围验证处理器决策规则
	override-logger	如果启用则覆盖这个类的默认日志器，默认日志器将日志打印在控制台，覆盖的日志器将把所有日志发送到日志目录下的以本类命名的日志文件中 在 heritrix.properties 中设置好日志等级和日志格式，这个属性在重启后只获取一次
	seed-redirects-new-seed	如果为 true,任何种子重定向的 URL，同样当做一个种子对待
	preference-depth-hops	种子重定向 URL hop 等级设置
	scope-rejected-URL-rules	拒绝 URL 的规则
	Scheduler	自定义的调度器
	Scheduler#decide-rules	调度器决策规则

（11）统计跟踪链组件<map name="loggers">

<!-- 统计跟踪链。统计跟踪模块，指定用于监视抓取和写日志，以及报告和提供信息给用户接口-->，如表 9-11 所示。

表 9-11

节点	子节点	说　明
loggers	crawl-statistics	统计类
	interval-seconds	写日志消息的时间间隔（秒）

编程实现 Heritrix 的流程图如图 9-23 所示：

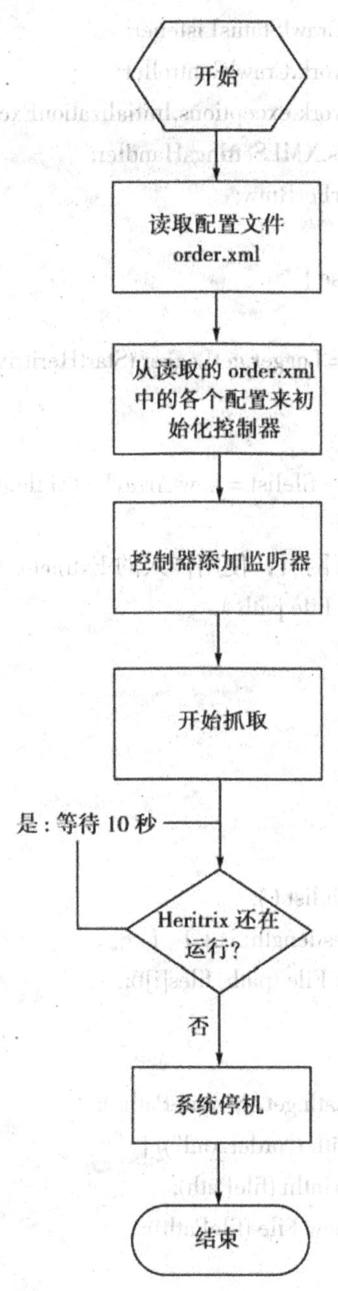

图 9-23　Heritrix 的扩展启动

具体代码如下：

```
package src.whu;
import java.io.File;
import java.util.ArrayList;
import java.util.logging.Level;
import java.util.logging.Logger;
import javax.management.InvalidAttributeValueException;
```

```
import org.archive.crawler.event.CrawlStatusListener;
import org.archive.crawler.framework.CrawlController;
import org.archive.crawler.framework.exceptions.InitializationException;
import org.archive.crawler.settings.XMLSettingsHandler;
import src.whu.extractor.ExtractorForRmw;

public class StartHeritrixByEclipse {

    private static Logger logger = Logger.getLogger (StartHeritrixByEclipse.class
            .getName ());

    private static ArrayList<File> filelist = new ArrayList<File>( );

    /* 遍历一个目录下的所有网页，使用传入的 Extractor */
    private static void traverse ( File path )
        throws Exception {
        if ( path == null ) {
            return;
        }

        if (path.isDirectory( )) {
            String[] files = path.list ( );
            for ( int i=0; i<files.length; i++ ) {
                traverse (new File (path, files[i]));
            }
        } else {
            String filePath = path.getAbsolutePath( );
            if (filePath.endsWith ("order.xml")) {
                System.out.println (filePath);
                filelist.add (new File (filePath));
            }
        }
    }

    /**
     * @param args
     */
    public static void main (String[] args) {
        // TODO Auto-generated method stub
        File dir = new File ("D:/Heritrix/workspace/HeritrixProject/order");
```

```
//File dir = new File ( "D:/order" ) ;
try {
      traverse ( dir ) ;
} catch  ( Exception e1 )  {
      e1.printStackTrace ( ) ;
}

for ( int i=0; i<filelist.size ( ) ; i++ )  {
      File file = filelist.get ( i ) ;     //order.xml 文件

      CrawlStatusListener listener = null;//监听器
      XMLSettingsHandler handler = null;   //读取 order.xml 文件的处理器
      CrawlController controller = null;   //Heritrix 的控制器
      try {
            handler = new XMLSettingsHandler ( file ) ;
            handler.initialize ( ) ;//读取 order.xml 中的各个配置

            controller = new CrawlController ( ) ;//
            controller.initialize ( handler ) ;//从读取的 order.xml 中的各个配置来初始化控
制器
            if  ( listener != null )  {
                  controller.addCrawlStatusListener ( listener ) ;//控制器添加监听器
            }

            controller.requestCrawlStart ( ) ;//开始抓取

            // 如果 Heritrix 还一直在运行则等待
            while  ( true )  {
                  if  ( controller.isRunning ( )  == false )  {
                        break;
                  }
                  Thread.sleep ( 10000 ) ;
            }

            //如果 Heritrix 不再运行则停止
            controller.requestCrawlStop ();

            logger.log (Level.SEVERE, "Successfully fetch " + file.getName());
```

```
            } catch (InvalidAttributeValueException e) {
                // TODO Auto-generated catch block
                e.printStackTrace();
            } catch (InitializationException e) {
                // TODO Auto-generated catch block
                e.printStackTrace();
            } catch (InterruptedException e) {
                // TODO Auto-generated catch block
                e.printStackTrace();
            }
        }
    }
}
```

9.3 中文语言处理技术

如何用计算机来处理人类的语言是中文语言处理的核心，它属于一个多学科交叉的研究领域，涵盖计算机、语言学、统计学、逻辑学、认知科学等多个学科。中文语言处理的研究内容包括：语言计算（语音与音位、词法、句法、语义、语用等各个层面上的计算），语言资源建设（计算词汇学、术语学、电子词典、语料库、知识本体等），机器翻译或机器辅助翻译，汉语和少数民族语言文字输入输出及其智能处理，中文手写和印刷体识别，中文语音识别及文语转换，信息检索，信息抽取与过滤，文本分类、中文搜索引擎，以自然语言为枢纽的多媒体检索，与语言处理相关的数据挖掘、机器学习、知识获取、知识工程、人工智能研究，与语言计算相关的语言学研究等[10]。

在内容安全方面，尤其是互联网内容安全应用方面，不但要确保信息内容的安全，还要确保信息内容符合法律法规要求和道德规范。因此，信息内容安全在内容处理方面亟需中文语言处理技术的支持。本节主要介绍中文语言处理技术中最为基础的分词技术及 ICTCLAS 软件。

9.3.1 ICTCLAS 简介

词是最小的能够独立活动的有意义的语言成分。在汉语中，词与词之间不存在分隔符，词本身也缺乏明显的形态标记。因此，中文信息处理的特有问题就是如何将汉语的字串分割为合理的词语序列，即汉语分词。汉语分词是句法分析等深层处理的基础，也是机器翻译、信息检索和信息抽取等应用的重要环节[11]。中国科学院刘群等人提出了一种基于层叠隐马模型的方法，在将汉语分词、切分排歧、未登录词识别、词性标注等词法分析任务融合到一个相对统一的理论模型中，并基于该方法设计并实现了计算所汉语词法分析系统 ICTCLAS（Institute of Computing Technology，Chinese Lexical Analysis System），主要功能包括中文分词；词性标注；命名实体识别；新词识别；同时支持用户词典[12]。

ICTCLAS 软件可以在 http://ictclas.org/ictclas_download.aspx 下载。目前的版本是 5.0。

ICTCLAS分词速度单机500KB/s，分词精度98.45%，API不超过100kb，各种词典数据压缩后不到3M，是目前最好的汉语词法分析器之一。ICTCLAS 2011C/C++/C#版、JNI版均支持多线程调用，支持GB2312、GBK、UTF-8、BIG5等编码，对Windows7支持良好，并支持大用户词典。

图9-24是ICTCLAS自带Demo的图形化界面：

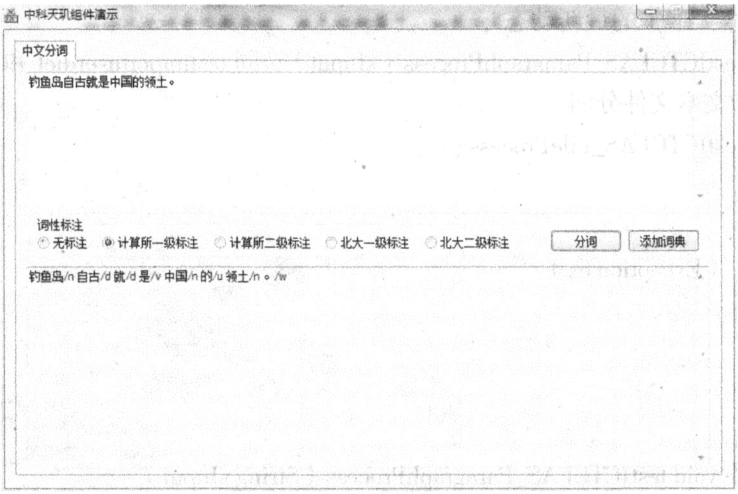

图9-24 ICTCLAS演示程序

9.3.2 ICTCLAS使用

使用ICTCLAS时，可以将其作为程序库导入到自己的应用程序中，通过调用ICTCLAS的编程接口，得到分词信息。在《中科院计算所ICTCLAS 5.0接口文档》中，包括了9个C++接口、8个JNI接口和1个C#接口，可以进行ICTCLAS初始化、退出、段落处理、文件处理、导入用户字典等操作。在ICTCLAS5.0开发包中自带的示例程序在Windows环境下JNI的使用步骤如下：

1. 安装JDK,设置JAVA环境变量；
2. 确定工程目录下有有效的授权文件user.lic；
3. 点击桌面开始->运行，键入cmd进入DOS界面的命令行；
4. 进入到工程所在目录；
   >cd 工程所在路径\IctClas_jni_demo
5. 编译 javac TestMain.java
6. 执行 java TestMain

其中，TestMain的代码如下所示[12]：

```
import ICTCLAS.I3S.AC.ICTCLAS50;
import java.util.*;
import java.io.*;
class TestMain
{    //主函数
```

```
public static void main ( String[ ] args )
{
    try
    {
        //字符串分词
        String sInput = "随后温总理就离开了舟曲县城，预计温总理今天下午就回到北京。以上就是今天上午的最新动态";
        testICTCLAS_ParagraphProcess ( sInput ) ;//同 testimportuserdict 和 testSetPOSmap
        //文本文件分词
        testICTCLAS_FileProcess ( );


    }
    catch  ( Exception ex )
    {
    }
}

public static void testICTCLAS_ParagraphProcess ( String sInput )
{
    try
    {
        ICTCLAS50 testICTCLAS50 = new ICTCLAS50 ( );
        String argu = ".";
        //初始化
        if ( testICTCLAS50.ICTCLAS_Init (argu.getBytes ("GB2312") ) == false )
        {
            System.out.println ( "Init Fail!" ) ;
            return;
        }
        //设置词性标注集 (0 计算所二级标注集，1 计算所一级标注集，2 北大二级标注集，3 北大一级标注集)
        testICTCLAS50.ICTCLAS_SetPOSmap ( 2 ) ;

        //导入用户词典前分词
        byte nativeBytes[ ] = testICTCLAS50.ICTCLAS_ParagraphProcess (sInput.getBytes ("GB2312" ) , 0, 0); //分词处理
        System.out.println (nativeBytes.length);
        String nativeStr = new String (nativeBytes, 0, nativeBytes.length, "GB2312");
        System.out.println ("未导入用户词典的分词结果：  " + nativeStr); //打印结果
```

```
            //导入用户字典
            int nCount = 0;
            String usrdir = "userdict.txt"; //用户字典路径
            byte[ ] usrdirb = usrdir.getBytes ( );//将 string 转化为 byte 类型
            //导入用户字典,返回导入用户词语个数第一个参数为用户字典路径，第二个参数为用户字典的编码类型
            nCount = testICTCLAS50.ICTCLAS_ImportUserDictFile (usrdirb, 0) ;
            System.out.println ("导入用户词个数" + nCount) ;
            nCount = 0;

            //导入用户字典后再分词
            byte nativeBytes1[ ] = testICTCLAS50.ICTCLAS_ParagraphProcess (sInput.getBytes ("GB2312"), 2, 0);
            System.out.println （nativeBytes1.length）;
            String nativeStr1 = new String (nativeBytes1, 0, nativeBytes1.length, "GB2312") ;
            System.out.println ("导入用户词典后的分词结果：  " + nativeStr1) ;
            //保存用户字典
            testICTCLAS50.ICTCLAS_SaveTheUsrDic ( );
            //释放分词组件资源
            testICTCLAS50.ICTCLAS_Exit ( );
        }
        catch （Exception ex）
        {
        }

    }

    public static void testICTCLAS_FileProcess ( )
    {
        try
        {
            ICTCLAS50 testICTCLAS50 = new ICTCLAS50 ( );
            //分词所需库的路径
            String argu = ".";
            //初始化
            if （testICTCLAS50.ICTCLAS_Init (argu.getBytes ("GB2312")) == false）
            {
                System.out.println（"Init Fail!"）;
                return;
            }
```

```
            //输入文件名
            String Inputfilename = "test.txt";
            byte[ ] Inputfilenameb = Inputfilename.getBytes ( );//将文件名 string 类型转为 byte 类型

            //分词处理后输出文件名
            String Outputfilename = "test_result.txt";
            byte[ ] Outputfilenameb = Outputfilename.getBytes ( );//将文件名 string 类型转为 byte 类型

            //文件分词（第一个参数为输入文件的名,第二个参数为文件编码类型,第三个参数为是否标记词性集 1 yes,0 no,第四个参数为输出文件名）
            testICTCLAS50.ICTCLAS_FileProcess（Inputfilenameb, 0, 0, Outputfilenameb）;

            int nCount = 0;
            String usrdir = "userdict.txt"; //用户字典路径
            byte[ ] usrdirb = usrdir.getBytes ( );//将 string 转化为 byte 类型
            //第一个参数为用户字典路径，第二个参数为用户字典的编码类型（0:type unknown;1:ASCII 码;2:GB2312,GBK,GB10380;3:UTF-8;4:BIG5）
            nCount = testICTCLAS50.ICTCLAS_ImportUserDictFile（usrdirb, 0）;//导入用户字典,返回导入用户词语个数
            System.out.println（"导入用户词个数" + nCount）;
            nCount = 0;

            String Outputfilename1 = "testing_result.txt";
            byte[ ] Outputfilenameb1 = Outputfilename1.getBytes ( );//将文件名 string 类型转为 byte 类型

            //文件分词（第一个参数为输入文件的名,第二个参数为文件编码类型,第三个参数为是否标记词性集 1 yes,0 no,第四个参数为输出文件名）
            testICTCLAS50.ICTCLAS_FileProcess（Inputfilenameb, 0, 0, Outputfilenameb1）;

        }
        catch （Exception ex）
        {
        }

    }
}
```

9.4　小结

本章首先介绍网络数据包的获取与分析技术，包括 WinPcap 及 Ethereal 等工具的使用说明；其次介绍互联网 Web 页面的获取与分析技术，包括网络爬虫 Heritrix 的安装、配置、使用和开发等；最后介绍语义信息处理技术，包括中文分词软件 ICTCLAS 等工具的使用说明，通过本章的学习，帮助学生掌握网络数据获取、Web 页面获取以及中文信息处理等方法，为信息内容安全的课外实践打下扎实基础。

参考文献

[1] Liqiang Zhang, Huanguo Zhang. An introduction to data capturing. ISECS 2008: 457-461

[2] Sabeel Ansari, Rajeev S.G. and Chandrashekar H.S. Packet Sniffing: A Brief Introduction. IEEE Journal, Dec, 2002

[3] S McCanne and V Jacobson. The BSD Packet Filter: A New Architecture for User-lever Packet Capture. Proceedings of the 1993 Winter USENIX Technical Conference. San Diego, CA, 1993

[4] 李聪. 局域网数据监听与分析. 武汉大学硕士论文, 2005

[5] Heritrix 官方主页，http://crawler.archive.org/index.html

[6] Gordon Mohr, Michael Stack, Igor Ranitovic,.etc. An Introduction to Heritrix.

[7] John Erik Halse : Heritrix developer documentation. http://crawler.archive.org/articles/ developer_manual.html

[8] Kristinn Sigurdsso: Heritrix User Manual. http://crawler.archive.org/articles/user_manual/ index.html

[9] 郭艳芬. 利用 Heritrix 构建特定站点爬虫. http://www.ibm.com/developerworks/cn/opensource/os-cn-heritrix/

[10] 清华大学自然语言处理网站，http://nlp.csai.tsinghua.edu.cn/site2/

[11] 刘群, 张华平, 俞鸿魁, 程学旗. 基于层叠隐马模型的汉语词法分析. 计算机研究与发展, 2004, 41（8）:1421-1434

[12] 中科院计算所 ICTCLAS 5.0 接口文档. http://www.ictclas.org